Praxisleitfaden Corporate Digital Responsibility

Saskia Dörr

Praxisleitfaden Corporate Digital Responsibility

Unternehmerische Verantwortung
und Nachhaltigkeitsmanagement
im Digitalzeitalter

 Springer Gabler

Saskia Dörr
WiseWay berät Unternehmen
Bonn, Nordrhein-Westfalen
Deutschland

ISBN 978-3-662-60591-2   ISBN 978-3-662-60592-9   (eBook)
https://doi.org/10.1007/978-3-662-60592-9

Die Deutsche Nationalbibliothek verzeichnet diese Publikation in der Deutschen Nationalbibliografie; detaillierte bibliografische Daten sind im Internet über http://dnb.d-nb.de abrufbar.

Illustrationen: BOSSE UND MEINHARD, Bonn

Springer Gabler ist ein Imprint der eingetragenen Gesellschaft Springer-Verlag GmbH, DE und ist ein Teil von
Springer Nature.
Die Anschrift der Gesellschaft ist: Heidelberger Platz 3, 14197 Berlin, Germany

Wir wissen, wo du bist. Wir wissen, wo du warst. Wir wissen mehr oder weniger, worüber du nachdenkst.

(Eric Schmidt, Ex-CEO Google, 2010)

Digital ist eine tolle Sache mit Nebenwirkungen, die wir zähmen müssen, sonst zähmt sie uns. Wir können von Bio lernen, vom Wilden Westen und von Analog. Und etwas tun.

(Andre Wilkens 2015, S. 224)

Grußwort von Ulrich Kelber, Bundesbeauftragter für den Datenschutz und die Informationsfreiheit

Seit Beginn der Industrialisierung hat sich die Ansicht, für was Unternehmen Verantwortung übernehmen sollen und müssen, radikal gewandelt. Schon der Schritt von der reinen Gewinnmaximierung für Eigentümer und Anleger zur Verbesserung der Arbeitsbedingungen für die eigenen Arbeiterinnen und Arbeiter war ein großer, aber der nicht letzte notwendige Schritt.

Wer sich noch daran erinnern kann, welche Abwasserkloaken die meisten unserer Flüsse in den 70er Jahren des letzten Jahrhunderts waren (ich bin am Rhein groß geworden), der weiß, wie wichtig und notwendig das Umdenken über den Umgang mit unserer Natur war, welche Fortschritte durch politische und unternehmerische Entscheidungen erzielt wurden, um unsere Umwelt besser vor Abgasen, Dreck und gefährlichen Abwässern zu schützen.

Der nächste große Schritt, die Beachtung der Nachhaltigkeit in möglichst allen Unternehmensprozessen, setzte darauf auf, weil der Schutz von Menschen und Umwelt nicht ausreicht, um mit den natürlichen Ressourcen unseres Planeten langfristig zu leben und zu arbeiten. Sie setzt auf das Regenerationsprinzip, den gerechten – weltweit und generationengerechten – Umgang mit den natürlichen Ressourcen und die Integration zwischen Wirtschaft und Umwelt.

Nachhaltige Unternehmensführung beruht heute auf dem Drei-Dimensionen-Modell (wirtschaftliche und soziale Entwicklung und Umweltschutz). Im Zeitalter der umfassenden Digitalisierung in das wir zunehmend übergehen, kommt auf die Unternehmen eine neue, vierte Dimension zu, die Frage des digital-ethischen Handelns.

Natürlich trägt die Digitalisierung durchaus auch zu nachhaltigem, modernen Wirtschaften bei, wenn sie hilft, Rohstoffe effizienter einzusetzen, die Warenketten zu optimieren und Energie zu sparen, aber in den nächsten Jahren wird es um weit mehr gehen. Die Möglichkeiten immer größere Datenmengen zu sammeln und zu analysieren können sicher zu interessanten neuen Produkten und neuen Märkten führen, sie sind aber auch mit großen Risiken behaftet, weil sie die Privatsphäre von Nutzern und Kunden gefährden und über die algorithmische Entscheidungen Bürgerinnen und Bürger diskriminieren können. Solche Pannen, Fehler, Gesetzesverstöße und unfaire Verhaltensweisen kosten Vertrauen. Sie kosten das Vertrauen von Kunden und Nutzern und dies können sich Unternehmen heute nicht mehr leisten, sie sind längst zum großen unternehmerischen Risiko geworden.

Darüber hinaus herrscht – leider – ein tiefes Misstrauen gegenüber dem Einsatz von Künstlicher Intelligenz (KI) und Algorithmen. Das Gefühl oder aber auch die tatsächliche Gefahr der Fremdbestimmung und Lenkung durch Algorithmen, die Angst vor KI-Systemen, die über Menschen bestimmen und die der Mensch nicht mehr steuern oder stoppen kann, ist real und sollte ernst genommen werden.

Die deutsche Datenschutzkonferenz hat deswegen in ihrer Hambacher Erklärung gefordert, dass die KI „den Menschen nicht zum Objekt" machen dürfe und „transparent, nachvollziehbar und erklärbar" sein müsse. Der Einsatz von KI braucht klare Verantwortlichkeiten sowie technische und organisatorische Standards. Dies wird in den nächsten Jahren eine wichtige Aufgabe der Wirtschaft, aber natürlich auch von Wissenschaft und Politik sein.

Das vorliegende Buch liefert praktische, schnell umsetzbare Analysen, Hilfen und Anwendungsbeispiele, wie eine Corporate Digital Responsibility (CDR) ermittelt und umgesetzt werden kann, die diese Herausforderung annimmt. In sechs Schritten wird erarbeitet, was Digitalisierung kennzeichnet, warum es Sinn macht sie mit der Nachhaltigkeitsfrage gemeinsam zu denken und welche Fehler passieren können. Es folgt die Analyse des eigenen Unternehmens, Methoden zur Umsetzung im eigenen Unternehmen, praktische Herausforderungen und welche Wirkungen erzielt werden können.

Insgesamt bietet das Buch eine praxisorientierte Herangehensweise um auch im digitalen Zeitalter die Grundwerte solider, verantwortungsbewusster und ethischer Unternehmensführung zu identifizieren und umzusetzen. Ich bin sicher, dass es für die Verantwortlichen in den Unternehmen eine hilfreiche Handreichung hin zur CDR ist.

Bonn	Ulrich Kelber
September 2019	Bundesbeauftragter für den
	Datenschutz und die Informationsfreiheit

Vorwort von Prof. Dr. Holger Petersen

Verantworten ist menschlich

Ein Mann wollte etwas über das Denken seines Computers erfahren; darüber, wie sich sein Rechner in Zukunft in puncto Intelligenz entwickeln würde. Also fragte er ihn: „Rechnest du damit, dass du jemals wie ein Mensch denken wirst?" Die Maschine machte sich an die Arbeit, analysierte sowohl ihre softe als auch harte Ware sowie ihre vorgegebenen Ablaufroutinen. Das Fazit, das sie anschließend ausgab: „Da fällt mir eine Geschichte ein …" (Müller-Friemauth und Kühn 2016, S. 1)

Geschichten stellen Charaktere und Ereignisse in einen Sinnzusammenhang. Sie entzünden sich an Konflikten, knüpfen Beziehungen, bergen überraschende Möglichkeiten und lassen Gefahren aufziehen. Ihre Auflösung finden sie zum Beispiel am Ende einer Heldenreise in neuen Erkenntnissen, einer veränderten Welt und Weltsicht sowie gereiften Akteuren, deren Erlebnisse und Erfahrungen im Leben ihre Spuren hinterlassen haben. Das alles ist menschlich, ebenso wie die Fähigkeit, Geschichten zu erzählen, zu verstehen und ihren Sinn auszudeuten.

Lebensspuren können eingelesen werden. Sie lassen sich als Daten von Algorithmen verarbeiten, um im Abgleich Korrelationen aufzudecken, Muster zu erkennen, Wahrscheinlichkeiten zu berechnen und Vorhersagen zu treffen. Auch das ist einerseits menschlich, andererseits jedoch technisch übertragbar auf Maschinen, die in der Erledigung solcher Aufgaben eine übermenschliche Leistungsfähigkeit entwickeln können.

Mit dieser Fähigkeit bergen Instrumente der Digitalisierung überraschende Möglichkeiten, die sich in neuen Geschichten effektvoll in Beziehung setzen lassen. Solche Geschichten über Anything 4.0, Big Data, neuronale Netze, Robotik oder selbststeuernde Drohnen erzählt weiterhin der Mensch, auch wenn er den Dingen wie in steinalten Zeiten magische Eigenschaften andichtet, etwa die Fähigkeit zu denken, zu lernen oder zu fühlen. Verantwortlich für den Ausgang der Erzählung, ihre Animationskraft und ihre Wirkung auf andere bleibt ebenfalls der Mensch.

Spannende Geschichten, die in dieser Weise nur darauf warten, erdacht, verbreitet und im Leben erprobt zu werden, behandeln die zukünftige Beziehung zwischen Digitalisierung und Nachhaltigkeit. Die Kombination aus technischen Optionen der digitalen

Datenverarbeitung sowie sinnhaften ökologischen und sozialen Zielen bietet einen Möglichkeitsspielraum, der reichhaltiger kaum sein könnte. Gefragt sind Ideen, wie es Menschen mithilfe digitaler Techniken gelingen kann, die Lebensqualität auf Erden dauerhaft zu sichern und möglichst viele Menschen zu einem selbstbestimmten Leben jenseits von Armut und Raubbau zu befähigen. Gefragt sind ebenso Drachentöter, die aufziehenden Gefahren der Digitalisierung entschlossen entgegenziehen.

Einen fulminanten Aufschlag hierzu liefert dieses Buch. Auf Basis einer umfassenden Darstellung der digitalen Ausgangslage, einer fundierten Analyse ihrer Probleme und Potenziale und mit vielen Ideen zum Anpacken entwickelt Saskia Dörr einen systematischen Prozess mit überzeugenden Vorschlägen, wie sich Verantwortung in der digitalen Welt unternehmerisch wahrnehmen lässt.

Ein wichtiges Buch zu einem großen Thema. Das war überfällig und füllt eine tiefe Lücke in der bisherigen Managementliteratur aus. Es lädt buchstäblich dazu ein, sich an den Anfang einer Heldenreise zu begeben, um vernetzt mit Gleichgesinnten sinnvolle Abenteuer zur Rettung und Bereicherung des Lebens in einem Raum fast unbegrenzter Möglichkeiten zu bestehen. Den Ausgang bildet die Fragestellung, welche wahren Geschichten wir unseren Kindern und anderen Menschen aus unserer Arbeit und über unsere Arbeit erzählen wollen, heute und in Zukunft.

Als solche bleiben wir unersetzlich, weshalb auch dieses Vorwort von einem Menschen verfasst wurde.

Elmshorn	Prof. Dr. Holger Petersen
September 2019	Professur für Nachhaltigkeitsmanagement
	NORDAKADEMIE – Hochschule der
	Wirtschaft, Elmshorn

Vorwort von Prof. Dr. Peter Seele

Corporate Digital Responsibility: Oder wie wir der „Freakwave" begegnen können
Auf offener See sind die mächtigsten Wellen diejenigen, die für kurze Momente entstehen, wenn sich die Amplituden zweier Wellen überlagern und vereinen. Auch hochseetaugliche Lastschiffe können von solchen „Freakwaves" und ihrer unvorhersagbaren Energiefreisetzung in Schieflage gebracht werden. Ein wenig verhält es sich gegenwärtig mit der Digitalisierung und der Nachhaltigkeit als den beiden Wellen – und der Wirtschaft und ihren Unternehmen als den Schiffen in stürmischer See. Sowohl Digitalisierung und Nachhaltigkeit halten die starke Botschaft bereit, dass es so wie bisher nicht weitergehen würde: die Digitalisierung mit ihren Werkzeugen, ihrer Geschwindigkeit und Automatisierung von Prozessen stellt bestehende Geschäftsmodelle, administrative Vorgänge und Produkte auf den Kopf – oder reißt den Kopf gleich ab. Die Nachhaltigkeit hingegen ist eher ein nach wie vor leises Signal, eine Stimme, die aber klar und deutlich die Botschaft vermittelt, dass es mit der ausbeuterischen Wirtschaft so nicht weitergeht. Und je länger man die Stimme vernimmt, desto klarer wird es, dass dies kein normative Sollen ist, sondern ein wissenschaftlich validiertes Ausrufezeichen für die Überkonsumption von Ressourcen und die dadurch veranlassten Veränderungen in der Biosphäre. Beiden Themen kommt die Eigenschaft zu, „disruptiv" zu sein. Beide gemeinsam – und diese Kombination zeichnet sich mehr und mehr ab – mögen ein Transformationspotenzial auslösen, dessen Auswirkungen man sich so recht nicht vorstellen kann.

Antworten, die man bisher fand, drücken sich in den Konzepten der Corporate Social Responsibility (CSR) oder der Industrie 4.0 aus. CSR versucht die sozialen und umweltspezifischen Herausforderungen von Unternehmen zu adressieren. Was als freiwillige Selbstverpflichtung begann, wird zunehmend zu einer Compliance-Übung für Unternehmen, da Umweltauflagen und Berichtspflichten für CSR-Inhalte gesetzlich verpflichtend sind (vgl. Cominetti und Seele 2016). CSR kommt auch gut an bei Verbrauchern und Gesetzgebern, weshalb sich viele Unternehmen gerne ein grünes Mäntelchen umlegen – um sodann von Nichtregierungsorganisationen oder den Medien als vierter Gewalt im Staat des Greenwashings beschuldigt zu werden (vgl. Seele und Gatti 2017). Die Industrie 4.0 hingegen ist der Sammelbegriff für eine (weitere) industrielle

Revolution, hier die der digitalen Technologie und deren disruptives Potenzial durch Datafizierung, Überwachung, Vorhersage und Automatisierung (vgl. Seele 2017). Durch die Digitalisierung werden Geschäftsmodelle umgekrempelt, Arbeitsplätze, insbesondere repetitive, ersetzt und insbesondere Prozesse überwacht und kontrolliert.

Diese beiden Strömungen der Veränderung, um im Bild zu bleiben: diese beiden Großwellen, können aber auch in Kombination und als Einheit gesehen werden, um jene „Freakwave" zu erzeugen. Beide Trends zusammen würden eine gänzlich neue Gesellschaft und Wirtschaft erzeugen, die auch grundlegende Pfeiler und Stützen von Normen und Rechten herausfordert. Kann man die Freiheit des Marktes weiter gewährleisten, wenn die Nachhaltigkeit gebietet, Freiheiten einzuschränken (vgl. Seele 2016)? Wenn wir alles vermessen und bewerten können, müssten Scores für Menschen und Unternehmen nicht auch in den Dienst der Nachhaltigkeit gestellt werden? Wenn lückenlose Überwachung möglich ist, können wir dann weiter Kinderarbeit und Menschenrechtsverletzungen zulassen? Und wie steht es um die Privatheit im digitalen Zeitalter für Mensch und Unternehmen (vgl. Seele und Zapf 2017).

Unternehmen müssen sich also nicht nur auf Digitalisierung und Nachhaltigkeit einstellen, sondern auch drittens, auf die Kombination der beiden als eigenem, drittem Topos. Diesen Dreischritt zu thematisieren, verständlich zu machen und in Arbeitsschritte zu operationalisieren dient das Konzept dieses Buchs: Corporate Digital Responsibility.

Lugano   Prof. Dr. Peter Seele
September 2019   Lehrstuhl Corporate Social Responsibility
                                                              and Business Ethics
                                 Università della Svizzera italiana, Lugano, Schweiz

Vorwort der Autorin

Die „Vierte industrielle Revolution" war im Jahr 2016 im Herzen der deutschen Wirtschaft angekommen und „Pokémon Go" wurde binnen weniger Wochen von bis zu 45 Mio. Menschen rund um den Globus täglich gespielt. Überwachung der Privatsphäre gegen Spielspaß. Die Nutzer waren ohne Chance überhaupt zu verstehen, welche persönlichen Daten sie warum wofür preisgeben – und ohne Wahl, wenn sie dabei sein wollten. Die deutsche Wirtschaft machte sich auf den Weg zu digitalisieren.

Parallel dazu erschien das Update der deutschen Nachhaltigkeitsstrategie. Wie auch schon zuvor die von über 190 Nationen verhandelten „Sustainable Development Goals" (SDG) war sie so gut wie „frei" von den globalen wirtschaftlichen und gesellschaftlichen Umwälzungen der Digitalisierung. Es schien, als existierten die beiden „Megatrends" Digitalisierung und Nachhaltigkeit nebeneinander in parallelen Welten ohne Überschneidung.

Für mich wurde klar, dass die beiden Themenkomplexe, die die Zukunft maßgeblich bestimmen, sowohl gesellschaftlich als auch in die Unternehmensführung zusammen gedacht werden müssen. Seitens Wissenschaft und Politik, Vereinten Nationen und gesellschaftlichen Gruppen hat die Debatte inzwischen begonnen.

Doch obwohl auch Wirtschaft und Unternehmen bereits den Handlungsbedarf sehen, gibt es bisher keinen praxisnahen Überblick, was Digitalisierung für eine verantwortungsvolle Unternehmensführung bedeutet und wie dies angegangen werden kann. Der vorliegende Praxisleitfaden möchte diese Lücke schließen. Ich beschreibe darin, wie Unternehmen neue Chancen mit „Big Data", Algorithmen, Robotern und Co. suchen und dabei den Erfolg im Zuge der Digitalisierung gesellschaftlich verantwortlich gestalten können. Ich strukturiere die „Corporate Digital Responsibility" für Führungspersönlichkeiten in Unternehmen, Corporate-Responsibility-Verantwortliche, Nachhaltigkeitsberater und alle Interessierten und mache sie mit zahlreichen Arbeitshilfen zugänglich. Sie stehen zum Download unter https://wiseway.de/cdrbuch zur Verfügung. Der Praxisleitfaden soll eine Einladung sein, die Rahmenbedingungen und Möglichkeiten einer verantwortungsvollen Digitalisierung kennenzulernen und selbst unternehmerisch auszugestalten.

Seit Anfang der 90er Jahre des letzten Jahrhunderts fasziniert mich die globale Vernetzung via Internet. Seit über 20 Jahren beschäftigte ich mich professionell mit dem Management von Internet, Daten und Technologien, seit zehn Jahren mit nachhaltigem Wirtschaften. Als ich 2012 meine Masterarbeit an der Leuphana Universität Lüneburg über Nachhaltigkeitsmanagement in der Telekommunikation schrieb, ahnte ich nichts von der „digitalen Transformation", die nur wenig später ihre ersten Vorboten schickte. Ich empfinde es als glücklichen Zufall der Zeitgeschichte, dass damit mein Fachgebiet in die Mitte von Wirtschaft und Gesellschaft „katapultiert" wurde.

Für mich birgt die Digitalisierung zunächst unvorstellbare neue Möglichkeiten. Diese Möglichkeiten sollten an allererster Stelle den Menschen dienlich sein. Sie stellt eben kein reines Technologiethema (der Machbarkeiten) dar, sondern ist von allen Teilen der Gesellschaft – und nicht nur der Wirtschaft – im besten Sinne zu gestalten. Als ethischen „Kompass" für ihre Entwicklung sollten unsere Grund- und Verfassungswerte Humanität, Solidarität und Verantwortung sowie zur Konkretisierung die SDG dienen. Ich bin davon überzeugt, dass eine digitaltechnologische Entwicklung nachhaltig und zum Wohl von Mensch, Gemeinschaft und Umwelt machbar ist. Dabei ist dies nicht als limitierendes Konzept zu verstehen, sondern als Treiber für Innovation und neuer Potenziale für unternehmerische Lösungen. Diese Haltung bildet den Kontext dieses Buchs.

Ich knüpfe das Buch fachlich an Nachhaltigkeitsmanagement bzw. Corporate Responsibility (CR) an und gehe von der Verantwortung von Unternehmen für die Wert- und Schadschöpfung aus digitalen Anwendungen aus. Eine Diskussion um die gesellschaftliche Bewertung von digitalen Praktiken sowie digitale Ethik ist nötig und verläuft parallel dazu. An einigen Stellen verbindet sie sich mit CR und wird sie verändern. Darüber hinaus bieten die Erkenntnisse und Methoden der CR heute bereits eine geeignete Grundlage mit den Herausforderungen in der Unternehmensführung umzugehen.

Als Pionierin ein Buch in einem noch jungen Fachgebiet zu schreiben, ist riskant. Ich habe mich dennoch dafür entschieden, denn es ist mir eine Herzensangelegenheit, die Entwicklung in Theorie und Praxis zu befördern und Nachfolgenden eine „Trittleiter" für weitere Schritte zu bieten. Nicht zuletzt wünsche ich mir, dass es uns in Europa gelingt, gemeinsam einen „europäischen Weg" der Digitalisierung zu entwickeln.

Bonn   Dr. Saskia Dörr
September 2019   WiseWay berät Unternehmen, Bonn

Danksagung

Ich danke dem Team des Springer Gabler-Verlags, insbesondere Christine Sheppard und Janina Tschech, für die Unterstützung der Buchidee und bei der Publikation. Herzlichen Dank an Michael Meinhard von BOSSE UND MEINHARD, der das Buch mit der wunderbaren Gestaltung der Grafiken in höchstem Maße bereichert hat. Ohne die intensiven Diskussionen zu Digitalisierung und ihre Auswirkungen auf die Gesellschaft mit Damian Paderta im „WerteLabor" seit Sommer 2017 wäre das Buch nicht entstanden: Danke, Damian, für Inspiration und Begleitung in das Neuland.

Mein ganz besonderer Dank gilt Professor Dr. Holger Petersen, Professur für Nachhaltigkeitsmanagement an der NORDAKADEMIE Elmshorn, für seine Bereitschaft eines „wissenschaftlichen Schulterblicks". Er hat das Buch vor dem Hintergrund seiner großen Expertise vorab gelesen und mir äußerst wertvolle Hinweise zu Ergänzung und Verbesserung gegeben. Für diese unschätzbare Unterstützung möchte ich mich ganz nachdrücklich bedanken! Herzlichen Dank gilt auch Professor Dr. Peter Seele, Lehrstuhl Corporate Social Responsibility and Business Ethics an der Università della Svizzera italiana Lugano, für das positive Feedback zum Buch. Dass das Werk den Augen dieser Experten Stand gehalten hat, ist dabei für mich persönlich von besonderer Bedeutung. Vielen Dank an Sie beide für die wunderbare Ergänzung des Buchs durch Ihre Vorwörter, die zum Thema hin führen und das Buch in seine Kontexte einbetten.

Ich empfinde es als besondere Ehre, dass der Bundesbeauftragte für den Datenschutz und die Informationsfreiheit Ulrich Kelber das Buch mit einem Grußwort einleitet. Es zeigt die Bedeutung des Themas auch in der politischen Debatte und ich danke vielmals für die damit erwiesene Anerkennung.

Mein herzlicher Dank gilt den Unternehmensvertreterinnen und -vertretern Ivona Crnoja, Dr. Teresa Haller-Mangold, Aleksandra Hilarski, Sindy Leffler-Krebs, Manuela Mackert, Thomas Mickeleit, Roman Reifschneider, Isabel Richter, Markus Steinhauser, Sebastian Sooth, Andreas Tegge und Michael Vollmann, die sich meist spontan auf Anfrage bereit erklärten Praxisbeispiele beizutragen und meine Fragen zu beantworten. Auch diese Offenheit ist ein Teil gelebter Unternehmensverantwortung.

Die Grundlage für dieses Buch bilden meine Werte und Überzeugungen. Für die Klarheit, in der sie ausgeprägt sind, danke ich meinen Eltern; für den alltäglichen Ansporn, sie umzusetzen, meinem Lebenspartner. Danke, Michael, für Dein uneingeschränktes Vertrauen und die liebevolle Unterstützung dabei, „dran zu bleiben"! Von unzähligen Menschen, Freunden, Kollegen, Unternehmern, Professoren und Experten durfte ich im Laufe der letzten Jahrzehnte zu Naturwissenschaften, Technologie, Management und Nachhaltigkeit lernen – von manchen persönlich, von anderen im digitalen Austausch. Sie haben mich mit ihrer Expertise, ihrer Haltung und ihren Meinungen beeindruckt und inspiriert. Dafür bin ich dankbar.

Die Idee zu einem Buch – jenseits einer konkreten inhaltlicher Ausrichtung – „erschien" im Sommer 2016 auf der Tromm. Herzlichen Dank an Carlo Schmitt und den Teilnehmern des Seminars für die wegweisende Anregung.

Im Buch wird aus Gründen der besseren Lesbarkeit meist die männliche Form verwendet. Sie bezieht sich auf Personen jedweden Geschlechts.

Inhaltsverzeichnis

1   Know-How! Neue Unternehmensverantwortung für die digitale
Gesellschaft   1
1.1   Ein transformativer Sturm der Weltwirtschaft?   2
1.2   Was sich im Digitalzeitalter verändert   5
    1.2.1   Stand der Digitalisierung   6
    1.2.2   Daten und „Prosumenten" als Quelle neuer Wertschöpfung   8
    1.2.3   Exponentielle technologische Entwicklung
        und Marktdynamik   9
    1.2.4   Neue gesellschaftliche Probleme entstehen   10
1.3   Was Big Data, KI und Co. für Unternehmen bedeuten   11
    1.3.1   Digitale Transformation und Digitale Ökonomie   11
    1.3.2   Digitalisierung und Digitaltechnologien   13
    1.3.3   Daten als Rohstoff – die neue Wertschöpfungskette   17
    1.3.4   Plattformen und Plattformökonomie   19
1.4   Wieso Unternehmensverantwortung auf dem Prüfstand steht   21
    1.4.1   Digitale Geschäftsmodelle   22
    1.4.2   Industrie 4.0 und das industrielle Internet der Dinge   23
    1.4.3   Neue Arbeit   24
    1.4.4   Kritische Verbraucher   26
    1.4.5   Neuer Wettlauf um Vertrauen   27
    1.4.6   Verantwortung in der digitalen Wirtschaft bisher
        mangelhaft?   28
    1.4.7   „Digitale Ethik"   30
    1.4.8   Spielräume der digitalen Gesellschaft   32
    1.4.9   Nachhaltigkeit im Zeitalter der Digitalisierung   33
    1.4.10 Unternehmensverantwortung verändert sich mit der
        Digitalisierung   35
1.5   Wie sich CR zu Corporate Digital Responsibility entwickelt   38

	1.5.1	Definition von CDR	38
	1.5.2	Ziele der CDR	40
	1.5.3	Voraussetzungen	42
	1.5.4	Das Ökosystem der digitalen Stakeholder	43
	1.5.5	„Gläserne Nutzer" als neue Stakeholder	44
	1.5.6	Gesellschaftliche Interessen als Wettbewerbsvorteil	45
	1.5.7	Business Case für (digitale) Nachhaltigkeit	48
	1.5.8	Verantwortung in der VUCA-Welt	50
1.6	Wie CDR (immer wieder) in sechs Schritten umgesetzt werden kann		51
	1.6.1	CDR als Experimentierraum	54
	1.6.2	CDR ist für alle Branchen und Sektoren relevant	55
Literatur			56

2 Watch it! Digitalisierung und Nachhaltigkeit zusammen denken 59

2.1	Wie Digitalisierung Mensch und Gesellschaft nützt		60
	2.1.1	Mehr Bequemlichkeit im Netz	60
	2.1.2	Gemeinwohl digital gestalten	61
	2.1.3	Digitalisierung für nachhaltige Entwicklung einsetzen	62
2.2	Welche „unerwünschten Nebenwirkungen" die Digitalisierung zeigt		63
	2.2.1	Lücke digitaler Fähigkeiten und „digitales Abseits"	64
	2.2.2	Ungleicher Zugang zu Digitaltechnologie und ihren Vorteilen	66
	2.2.3	Ohne Gemeinwohl	67
	2.2.4	Zentralisieren statt Teilen	69
	2.2.5	„Nichts kann schief gehen … schief gehen… schief gehen."	70
	2.2.6	Digitale Ungerechtigkeit	71
	2.2.7	Im Takt der Maschinen	72
	2.2.8	Manipulation und Überwachung	75
	2.2.9	Missbräuchliche Nutzung von Kundendaten	76
	2.2.10	Druck auf Gemeinschaft und Wohlbefinden	79
	2.2.11	Mutloses „weiter so"	81
	2.2.12	Technikgläubigkeit oder wirkliche Chance für die Nachhaltigkeit?	83
	2.2.13	Konsum 4.0	84
	2.2.14	Circular Economy – nur ein magischer Trick?	85
	2.2.15	Mehr Treibhausgase und Elektronikschrott	88
Literatur			91

3 Zoom in! Digital Responsibility im Unternehmen bestimmen 93

3.1	Wie der Stand im Unternehmen konkret überprüft werden kann		94
	3.1.1	Digital Responsibility Check	94
	3.1.2	Digital Responsibility Kompass	99
3.2	Welche Verantwortungs-Cluster bestehen		101
	3.2.1	Digitale Mündigkeit	102

3.2.2   Digitale Vielfalt 102

3.2.3   Neu belebte Ehrbarkeit. 103

3.2.4   „Open up & Share" 104

3.2.5   Zähmung der Künstlichen Intelligenz 105

3.2.6   Digitale Nachhaltigkeit 107

3.2.7   Transformation der Arbeitsplätze. 108

3.2.8   Persönlichkeitsschutz im Netz. 109

3.2.9   Datenermächtigung 111

3.2.10 Design für mehr Menschlichkeit 112

3.2.11 „Grüne Nischen" und Social Impact 113

3.2.12 Technologie-Einsatz für SDG 114

3.2.13 Ethisches Marketing. 115

3.2.14 „Zero Waste" 116

3.2.15 Ökologischer Fußabdruck der Bits und Bytes 117

Literatur. 119

4   Just do! Umsetzung im Unternehmen anpacken 121

4.1   Digital Responsibility strategisch gedacht. 122

4.1.1   14 Fragen, die sich Unternehmenslenker stellen sollten 122

4.1.2   Potenziale der CDR identifizieren 123

4.2   Wie auf Corporate Responsibility aufgebaut werden kann 127

4.2.1   CR- Instrumente für das Digitalzeitalter nutzen 127

4.2.2   Neue Stakeholder einbeziehen. 135

4.3   Mit „digitalen" Selbstverpflichtungen erste Schritte gehen. 139

4.3.1   Branchenübergreifende Initiativen. 140

4.3.2   Funktionsbezogene Selbstverpflichtungen
        im Personalbereich. 141

4.3.3   Technologiebezogene Richtlinien zu Künstlicher
        Intelligenz. 142

4.3.4   Initiativen zum digitalen Verbraucherschutz 145

4.4   Wie digitale Innovation mit Verantwortung gefördert werden kann 146

4.4.1   Innovationsmethoden für Nachhaltigkeit und digitale
        Verantwortung 147

4.4.2   Startups – auch zukunftsorientiert? 150

4.4.3   Nachhaltige Geschäftsmodelle und die Digitalisierung. 152

Literatur. 156

5   Mind the Gap! Herausforderungen in der Praxis meistern 159

5.1   Mit welchen Stolperfallen zu rechnen ist. 160

5.1.1   Vorsicht: komplex! 160

5.1.2   Umsetzungsbarrieren im Unternehmen 163

5.1.3   Tipps zum Betreten von Neuland. 167

5.2   Von Pionieren lernen: Praxisbeispiele 167

5.2.1   Digitale Vielfalt: Microsoft und Coding-Kompetenzen
         für Benachteiligte.   169
5.2.2   Zähmung der Künstlichen Intelligenz: Deutsche Telekom
         und die freiwillige Selbstverpflichtung zum Einsatz von KI.   172
5.2.3   Digitale Nachhaltigkeit: Deutsche Bahn und das
         Open-Data-Portal für Mobilität   175
5.2.4   Transformation der Arbeitsplätze: Testbirds und der
         Code of Conduct für Crowdworking   178
5.2.5   „Grüne Nischen" und Social Impact: nebenan.de und die
         Stärkung der Nachbarschaft.   181
5.2.6   Ethisches Marketing: Avocadostore und der Konsumverzicht
         am Black Friday.   184
5.2.7   Ökologischer Footprint von Bits und Bytes: Konica Minolta
         und klimaneutrales Drucken   186
Literatur.   189

6   Go for impact! Wirkung zeigen   191
6.1   Warum Wirkung gefordert ist   192
      6.1.1   „Ethisches Theater" als Risiko.   193
6.2   Wie eine Wirkung von digitaler Verantwortung zu erzielen ist   194
      6.2.1   Fünf Stufen der CDR im Unternehmen   194
      6.2.2   Mehr Unternehmenswert   196
      6.2.3   Messen von digitaler Verantwortung   197
      6.2.4   CDR-Reporting bisher ohne Standards   199
6.3   Wie der digitale Wandel in Unternehmen nachhaltig gestaltet
      werden kann.   200
Literatur.   201

Weiterführende Literatur.   203

Über die Autorin

 **Dr. Saskia Dörr** ist Nachhaltigkeitsmanagerin und Digitalexpertin mit über zwanzig Jahren Erfahrung in Management-Positionen der Informations- und Kommunikationsbranche.

Als Gründerin der Unternehmensberatung WiseWay unterstützt sie ihre Kunden auf dem Weg zu einer nachhaltigen und ethischen Digitalisierung. Sie verbindet ihre managementpraktische Erfahrung in digitalen Innovations- und Produktbereichen mit ihrer methodischen Expertise, um „Corporate Digital Responsibility" für eine Umsetzung in der Unternehmensführung zugänglich zu machen.

Saskia Dörr hat in Madrid und Oxford Managementstudien absolviert und einen MBA-Abschluss am Center for Sustainability Management der Leuphana Universität Lüneburg erlangt. Am Beginn ihrer beruflichen Laufbahn standen Studium und Promotion in den Naturwissenschaften. Sie ist regelmäßig als Dozentin und Speakerin tätig.

Abkürzungsverzeichnis

AR   Augmented Reality, engl. für Erweiterte Realität
B2B2C   Business-to-Business-to-Consumer, engl. für Kommunikationsbeziehung zu
            Konsumenten über Partnerunternehmen
BMJV   Bundesministerium für Justiz und Verbraucherschutz
BMWi   Bundesministerium für Wirtschaft und Energie
BMZ   Bundesministerium für Zusammenarbeit
CDR   Corporate Digital Responsibility, engl. für gesellschaftliche Digitalver-
            antwortung
CR   Corporate Responsibility, engl. für gesellschaftliche Unternehmensver-
            antwortung
CSR   Corporate Social Responsibility, engl. für gesellschaftliche Unternehmens-
            verantwortung
DIN   Deutsches Institut für Normung
DIVSI   Deutschen Institut für Vertrauen und Sicherheit im Internet
DSGVO   EU-Datenschutzgrundverordnung
G20   Gruppe der zwanzig wichtigsten Industrie- und Schwellenländer
GAFA   Google, Apple, Facebook, Amazon, die Digitalkonzerne des „Silicon Valley"
GG   Grundgesetz
GPS   Global Positioning System, engl. für Globales Positionsbestimmungssystem
IEEE   Institute of Electrical and Electronics Engineers, engl. für Institut für Elektro-
            und Elektronikingenieure
IKT   Informations- und Kommunikationstechnik
ILO   International Labour Organization, engl. für Internationale Arbeits-
            organisation
IoT   Internet of Things, engl. für Internet der Dinge
ISO   International Organization for Standardization, engl. für Internationale Orga-
            nisation für Normung
IT   Informationstechnologie

ITK	Informations- und Telekommunikationsindustrie/-branche
KI	Künstliche Intelligenz
KMU	Kleine und mittlere Unternehmen
Lidar	Light detection and ranging, engl. für optische Abstands- und Geschwindigkeitsmessung
MINT	Mathematik, Informatik, Naturwissenschaft und Technik (Unterrichts- und Studienfächer bzw. Berufe)
NGO	Non-Governmental Organisation, engl. für Nichtregierungsorganisation
OECD	Organisation for Economic Co-operation and Development, engl. für Organisation für wirtschaftliche Zusammenarbeit und Entwicklung
SDG	Sustainable Development Goals, engl. für Globale Nachhaltigkeitsziele
UN	United Nations, engl. für Vereinte Nationen
VR	Virtual Reality; engl. für Virtuelle Realität
VUCA	Akronym für „volatile" (unberechenbar), „uncertain" (unsicher), „complex" (complex) and „ambiguous" (mehrdeutig)
WBGU	Wissenschaftlicher Beirat der Bundesregierung Globale Umweltveränderungen

Know-How! Neue Unternehmensverantwortung für die digitale Gesellschaft

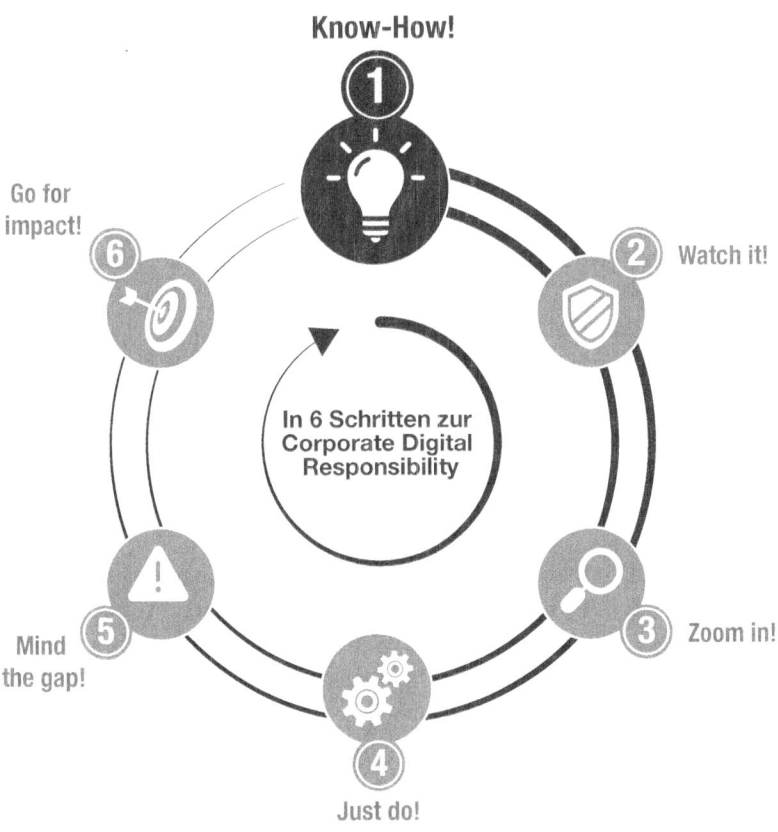

© Springer-Verlag GmbH Deutschland, ein Teil von Springer Nature 2020
S. Dörr, *Praxisleitfaden Corporate Digital Responsibility*,
https://doi.org/10.1007/978-3-662-60592-9_1

Zusammenfassung

Daten und digitale Technologien verändern Unternehmen und Wirtschaft in bisher ungekanntem Maße. Ziel ist es, CR-Experten und Nachhaltigkeitsverantwortlichen einen Einstieg in die Digitalisierung als Fachgebiet der Unternehmensverantwortung zu geben. Daher werden zunächst einige grundlegende technologische Entwicklungen, die die Digitalisierung kennzeichnen, dargestellt sowie ihre Wirkung auf Wirtschaft und Unternehmen ausgeführt. Danach wird begründet, weshalb Digitalisierung eine Veränderung der Unternehmensverantwortung nach sich zieht und wie sich Corporate (Social) Responsibility zu Corporate Digital Responsibility (CDR) erweitert. CDR wird definiert und bestehende Konzepte des CR- oder Nachhaltigkeitsmanagements darauf bezogen. Zuletzt wird CDR als Querschnittsthema begründet und skizziert, wie CDR als eine Innovation der Corporate Responsibility in sechs Schritten umgesetzt werden kann. Damit wird auf die weiteren Inhalte des Buchs verwiesen.

1.1 Ein transformativer Sturm der Weltwirtschaft?

Digitalisierung und Nachhaltigkeit verfolgen unterschiedliche Utopien: Für die „vierte industrielle Revolution" bestehen hohe Erwartungen an die wirtschaftlichen Effekte: vom Wachstumsmotor bis hin zu Allmachts- oder alternativ Weltuntergangsszenarien. Nachhaltigkeit dahingegen gilt als „moralischer und ökonomischer Imperativ des 21. Jahrhunderts" und wird von Institutionen wie den United Nations, Kirchen oder den G20 und zivilgesellschaftlichen Bewegungen wie #FridayForFuture unterstützt. Digitalisierung und Nachhaltigkeit gemeinsam ist ihre transformative Wirkung auf die Art und Weise, wie wir leben.

> „Digitalisierung und Nachhaltigkeit: Winde des Wandels, die aus zwei verschiedenen Richtungen wehen, verschmelzen zu einem perfekten transformativen Sturm in der Weltwirtschaft." (Kiron und Unruh 2018)

Beide Effekte wirken in hohem Maße auf Märkte und Organisationen. Beispielsweise beim Thema „saubere Technologie", bei umweltfreundlicher Produktion oder beim Wandel einer Marke zu einem nachhaltigen Unternehmen. Unternehmen können davon profitieren, wenn sie Nachhaltigkeit Digitalisierung konvergent betrachten, da beide die Markt- und Organisationsbedingungen verändern. Es ergeben sich Chancen für Reputation, Verbrauchervertrauen und Innovation.

Daher lohnt sich ein zukunftsgerichteter Blick auf ihre Wechselwirkung für Unternehmer und Führungspersönlichkeiten, denen gesellschaftliche Verantwortung wichtig ist. Es ist das Ziel des Buchs, sie dabei zu unterstützen, eine förderliche Rolle für ein zukunftsfähiges unternehmerisches Handeln in der digitalen Welt wahrzunehmen.

Digitalisierung und Nachhaltigkeit sind wesentliche Einflussfaktoren für die globale Wirtschaft, aber sie sind nicht gleichwertig: Digitalisierung beruht auf einer technologischen Entwicklung, die grundsätzlich nicht aufzuhalten ist. Nachhaltigkeit dahingegen ist ein gewünschtes Gleichgewicht aus Verbrauch und Reproduktion bei hoher Lebensqualität für alle Menschen. Digitalisierung kann Nachhaltigkeit fördern oder mindern und sie schafft selbst weitere gesellschaftliche Herausforderungen.

- Digitalisierung kann Nachhaltigkeit fördern: Digitale Tools reduzieren den ökologischen Fußabdruck oder können Rohstoffe in einer fairen Lieferkette verfolgen. Manche gehen davon aus, dass nur mit Hilfe digitaler Technologien die „Sustainable Development Goals" der United Nations (UN) bis 2030 noch erreicht werden können. Dematerialisierung – ein Kernversprechen der Digitalisierung – könnte zum Beispiel die Kohlendioxidemissionen um 20 % gegenüber „Business as usual" reduzieren, so eine Studie der Global e-Sustainability Initiative. Künstliche Intelligenz (KI) kann für Klimaschutz und Biodiversität eingesetzt werden. Hochrechnungen der UN-Studie „2030 Vision" gehen von einem Marktvolumen von 12 Billionen US$ durch Kosteneinsparungen und neue Umsätze aus dem Einsatz von Digitalisierung für nachhaltige Entwicklung aus.
- Digitalisierung stellt selbst eine Herausforderung für eine faire, gerechte und umweltfreundliche Entwicklung dar: Denn auch „Bits und Bytes" haben eine materielle Grundlage. Beispielsweise werden Smartphones immer schneller ausrangiert und landen in den ärmeren Regionen der Welt, um dort ohne Gesundheits- oder Umweltschutz entsorgt zu werden: Der „Müllberg" des Elektroschrotts ist inzwischen weltweit 43 Megatonnen groß. Und obwohl sie immer energieeffizienter werden, führt die Mehrnutzung zu einem Anstieg des Energieverbrauchs. In Europa trägt Informations- und Kommunikationstechnologie zu 4 % zu den Treibhausgasemissionen bei, die „schmutzige" Luftfahrt nur zu 3 %. Als zukunftsweisend gilt es, einen „Net Zero Carbon Footprint", d. h. eine neutrale CO2-Bilanz über den Lebenszyklus von Produkten, zu erzielen, und „Zero Waste", d. h. „Null Abfall" beispielsweise durch eine digital-gestützte „Circular Economy", anzustreben.
- Digitales Business zeigt eigene „unerwünschte Nebenwirkungen" und erzeugt Risiken für Gesellschaft und Unternehmen: Mit der Digitalisierung geht die Sammlung großer Datenmengen von individuellen Nutzern einher. Das bringt wichtige geschäftliche Vorteile und hilft Unternehmen durch Personalisierung Produkte der nächsten Generation zu entwickeln und neue Märkte erschließen. Dabei entstehen neue Schwachstellen, wie die Angreifbarkeit digitaler Unternehmens-Assets durch Cyberkriminalität oder die Legitimität digitaler Geschäftsmodellen, die die Privatsphäre von Nutzern minimieren. Die Diskussion um die ethischen Grenzen des Einsatzes von Big Data, KI und Co. läuft. Nach einer Studie ConPolicy-Instituts erwartet die Mehrzahl von Bürgerinnen und Bürger Verantwortung für die gesellschaftlichen und kulturellen Folgen der Digitalisierung sowohl von Staat und Politik (83 %) als auch von den Unternehmen (88 %). Aber die meisten sind auch der Meinung, dass dieser Verantwortung bisher nicht ausreichend nachgekommen wird.

Abb. 1.1 Krise des Vertrauens durch die „Nebenwirkungen" der Digitalisierung. (Eigene Darstellung, Grafik mit freundlicher Genehmigung von © BOSSE UND MEINHARD 2019. All Rights Reserved)

Die damit verbundenen Unsicherheiten führen zu einer Krise des Vertrauens gegenüber Unternehmen, dies zeigen eine Reihe Studien zum Beispiel von der Unternehmensberatung Accenture oder dem Verband Bitkom. Kunden fühlen sich verunsichert durch Daten- „Hacks" und missbräuchlicher Nutzung von persönlichen Daten. Sie verlangen aktive Datenkontrolle und eine „Daten-Dividende", wenn sie Daten kommerziell nutzbar machen sollen. „Personalisierte" Manipulationen von Kaufverhalten durch Online-Werbung, wirtschaftliche Diskriminierungen durch „Profiling" oder Überwachung durch KI am Arbeitsplatz korrumpieren das Menschenrecht auf Integrität und Privatsphäre. Es herrscht Misstrauen gegenüber dem Einsatz von Künstlicher Intelligenz und Algorithmen. (Vgl. Abb. 1.1)

Mit einer stärkeren Regulierung ist zu rechnen – wie diese aussehen wird, ist heute noch unklar. Zum Erhalt des Vertrauens von Kunden und Öffentlichkeit passen sich Unternehmen heute durch digital-ethisches Handeln den veränderten Erwartungen an: Sie geben bspw. Kunden Kontrolle über die eigenen Daten, steigern deren Vorteile für den Austausch der Daten, stärken das Gemeinwohl, indem sie Datenpools öffnen oder den Einsatz von Künstlicher Intelligenz im Unternehmen beschränken bzw. überprüfbar machen.

Mit dem konvergieren von Digitalisierung und Nachhaltigkeit entwickelt sich Unternehmensverantwortung zu Corporate Digital Responsibility (CDR). CDR bezieht sich einerseits auf die Beachtung digitaler Nachhaltigkeit und anderseits auf Berücksichtigung der sozialen, ökonomischen und ökologischen Wirkungen digitalen Unternehmenshandelns in der Welt. Dabei handelt es sich um freiwillige unternehmerische Aktivitäten, die über das gesetzlich Vorgeschriebene hinausgehen. Sie kann für Fairness sorgen und die digitale Transformation zum gemeinsamen Vorteil aller sowie einer nachhaltigen Entwicklung gestalten helfen.

Aufgrund des tiefgreifenden digitalen Wandels, der alle Branchen umfasst, handelt es sich nicht nur um ein Verantwortungsgebiet der Digital-, IT- oder ITK-Branche: CDR ist vielmehr für alle Unternehmen mit digitalen Unternehmensprozessen und Geschäftsmodellen von Bedeutung. Das Buch zeigt systematisch praxisorientierte Ansätze und Vorgehensweisen auf, wie Unternehmen Wettbewerbsvorteile für einen Business Case für (digitale) Nachhaltigkeit aufbauen können, von dem sowohl Unternehmen als auch Gesellschaft bzw. Umwelt profitieren. Ziel ist es, den „transformativen Sturm in der Weltwirtschaft" für den Aufbau der Wettbewerbsfähigkeit zu nutzen.

1.2   Was sich im Digitalzeitalter verändert

Die Digitaltechnologien verändern seit einigen Jahren die Unternehmenslandschaft – in Deutschland und der gesamten Welt. Grundlage vieler innovativer Geschäftsmodelle ist die Generierung individueller, spezifischer, „real-time"-Daten und ihre weitere wirtschaftliche Ausnutzung beispielsweise über Big-Data-Analysen oder dem Anlernen von Künstlichen Intelligenzen. Eine dynamische Beschleunigung der Entwicklung wird erwartet.

Die Chancen für wirtschaftliches Wachstum und weitere Verbesserung von Lebensbedingungen sind immens. Zudem wird den Digitaltechnologien das Potenzial attestiert zur Lösung der großen Herausforderung der globalen Gemeinschaft beizutragen. Beispielsweise beim Kampf gegen den Klimawandel, Verbesserung des Zugangs zu Bildung, zum Gesundheitswesen und in der Landwirtschaft.

Die Veränderung der Wirtschaft durch die Digitaltechnologie tritt heute bereits mehr und mehr in die Lebensrealität von Bürgern, Verbrauchern, Beschäftigten und Privatpersonen ein. Beispielsweise greifen 35 Mio. Deutsche auf virtuelle Sprachassistenten auf Smartphone oder PC zurück, 8,7 Mio. nutzen digitale Assistenten wie „Amazon Echo" oder „Google Home" zu Hause und 35 % aller Männer können sich vorstellen, ein selbstfahrendes Auto zu kaufen (vgl. Statista 2016, 2017; Bundesverband Digitale Wirtschaft 2019a, S. 6). Die Mechanismen der digitalen Transformation verändern die Arbeits- und Lebenswelten.

▶ **Definition**
In der „digitalen Gesellschaft" sind „digitale Technologien auf viele verschiedene, komplexe und sogar widersprüchliche Arten in die Strukturen der Gesellschaft verstrickt".

„Die Informationsgesellschaft wird als eine Gesellschaft beschrieben, die auf die Berechnung von Informationen angewiesen ist und die die Rolle der digitalen Technologien in der Gesellschaft betont. Der Übergang zu einer rechnergestützten Informationsgesellschaft kann als eine Verschiebung vom vorherigen digitalen Zeitalter in eine neue postdigitale Welt gesehen werden, in der sich das Digitale vollständig verflochten hat und konstitutiv für den Alltag und die sogenannte digitale Wirtschaft ist." (Dufva und Dufva 2019, S. 18, eigene Übersetzung, vgl. auch Berry 2015, S. 15; Berry 2016). Mit „Digitalzeitalter" ist die zeitliche Phase gemeint, die durch die „digitale Gesellschaft" geprägt wird.

In Deutschland ist ein Zögern bei der Umsetzung dieser Digitaltechnologien zu bemerken. Es zeigt sich auch in vielerlei Studien, die darstellen, dass Deutschland und die deutsche Wirtschaft im Wandel nicht die Spitzenposition oder Vorreiterrolle einnimmt, die nach Wirtschaftsstärke und Bildung zu erwarten wäre. Das zeigt sich ebenso in einer bisher ambivalenten Haltung der Bürger und Verbraucher gegenüber der Digitalisierung

Diese Zögerlichkeit scheint jedoch durchaus berechtigt: Anwendungen der Digitaltechnologie interferieren mit den demokratischen Gesellschaftswerten, aber ausreichend schützende Gesetze und Regularien fehlen. Bedarf an einer politischen Diskussion um eine Interessensabwägung besteht; eine breitere gesellschaftliche Diskussion hat gerade begonnen.

Jetzt geht es darum, die gesellschaftlichen und individuellen Chancen der Digitaltechnologien zu begreifen, die Risiken zu erkennen und zu beseitigen. „Eine neue Partnerschaft zwischen Geist und Maschine herzustellen, ist keine naive Utopie, sondern rationale Aufgabe." (Meier 2017). Diese Aufgabe besteht nicht nur für Politik und Zivilgesellschaft, sondern auch für Wirtschaft und Unternehmen als relevante Stakeholder einer gesellschaftlichen Zukunftsgestaltung.

1.2.1 Stand der Digitalisierung

Unternehmen starteten erst vor einigen wenigen Jahren Pilotprojekte zur „Industrie 4.0" (der Begriff wurde auf der Hannover Messe 2011 geprägt), führten erste „Digital-Readiness-Checks" durch und erprobten neue „digitale" Geschäftsmodelle. Ziel ist es, die Umwälzungen der Branchen, die die neuen Technologien mit sich bringen, zum Vorteil des eigenen Unternehmens zu nutzen und im globalen Marktgeschehen die Nase vorne zu haben.

Dabei ist die Digitalisierung nicht neu – im Grunde genommen startete sie vor 60 Jahren mit der Entwicklung der ersten Computer. Die Entwicklung beruht auf den Fortschritten der Informationstechnologie und Telekommunikation sowie dem Ausbau des (mobilen) Internets in den letzten Jahrzehnten (vgl. Châlons und Dufft 2016). Doch die Qualität der Entwicklung hat sich in jüngster Zeit geändert.

„Im Fokus des Digitalisierungshypes steht nicht etwa die Übertragung von analoger Information auf ein digitales Medium. Vielmehr geht es um die Übertragung des Menschen und seiner Lebens- sowie Arbeitswelten auf eine digitale Ebene. Menschen brechen aus der lokalen Offline-Welt aus und wollen omnipräsent, vernetzt und always-on sein. Sie verstehen sich selbst als Individuen in der immer gegenwärtigen Sphäre der Digital Community." (Hamidian und Kraijo 2017, S. 5).

Treiber des Digitalisierungstrends in Deutschland sind die Entwicklung des „Silicon Valley", dem Hauptsitz der großen Digitalkonzerne rund um Palo Alto im US-Bundesstaat Kalifornien: Google, Apple, Facebook und Amazon, auch GAFA genannt. Technologieunternehmen mit auf der sog. Plattformökonomie beruhenden Geschäftsmodellen verdrängten in diesem Jahrzehnt die klassischen Industriekonzerne fast vollständig von ihren Spitzenplätzen der größten und wertvollsten Unternehmen der Welt (vgl. Schmidt 2018, vgl. Abb. 1.2).

Digitalisierung bildet für das Bundesministerium für Wirtschaft und Energie einen Politikschwerpunkt. Dazu veröffentlichte es folgende Informationen zum Stand der Umsetzung:

- 25 % der Unternehmen der gewerblichen Wirtschaft sind bereits hoch digitalisiert (2017).

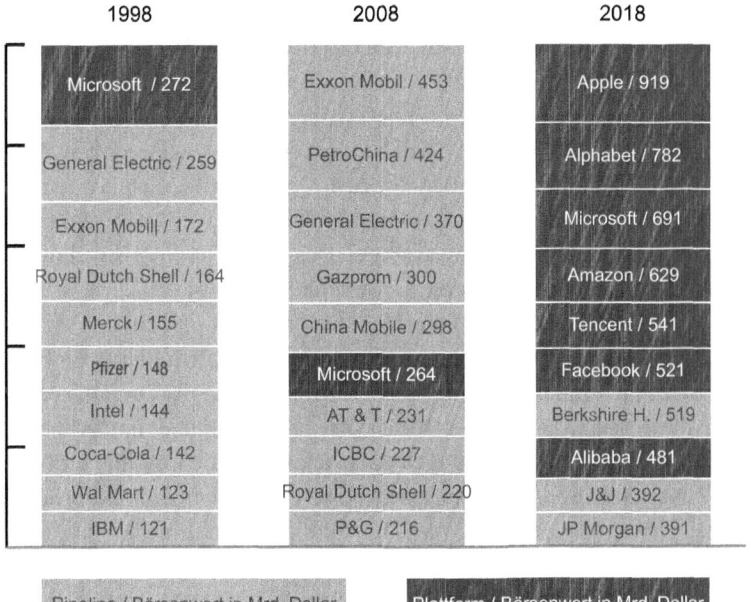

Abb. 1.2 Die zehn wertvollsten Unternehmen der Welt im Jahr 2018. (Aus Schmidt 2018, mit freundlicher Genehmigung von © Holger Schmidt 2019. All Rights Reserved)

- 19 % der Unternehmen der gewerblichen Wirtschaft in Deutschland nutzen Big Data (2017).
- 4,3 Mrd. EUR wurden 2017 von Wirtschaft und Privatpersonen in Startups investiert.

(vgl. Bundesministerium für Wirtschaft und Energie 2019).

Dennoch ist Deutschland im Europäischen Vergleich in Bezug auf seine Digitalisierungsfortschritte nur Mittelfeld. Bei der Bewertung von Konnektivität, Humankapital, Internetnutzung, Integration der Digitaltechnik sowie digitale öffentliche Dienste nimmt Deutschland unter den 28 EU-Mitgliedsstaaten den 14. Platz ein (vgl. Europäische Kommission 2018). Zuletzt hatte Deutschland den neunten Platz eingenommen.

Beispielsweise arbeitet die estische Verwaltung bereits papierlos, es dauert nur wenige Minuten, um ein Unternehmen online zu gründen und die Bürgerkarte ist Führerschein, Bibliotheksausweis, Steuernummer und Gesundheitskarte in einem. Und in Schweden zahlen 80 % bereits heute fast ausnahmslos bargeldlos – zukünftig will man völlig auf Bargeld verzichten (vgl. Schmiester 2018, 2019).

Die internationale Perspektive dieser globalen Entwicklung – mehr als die Hälfte der Weltbevölkerung ist heute online – zeigt, dass Deutschland und die Länder Europas besonders bei der Internetnutzung keine führenden Positionen einnehmen (vgl. Hootsuite/We are social 2018; International Telecommunication Union 2018).

1.2.2   Daten und „Prosumenten" als Quelle neuer Wertschöpfung

Die Digitalisierung, wie wir sie heute erleben, beruht auf der immer schnelleren und kostengünstigeren Verarbeitung und Speicherung von Daten (vgl. Hilbert 2011; Hilbert und López 2011). Das führt dazu, dass „in Echtzeit" riesige Datenmengen ausgewertet und das Ergebnis an Nutzer zurückgemeldet werden können. „Daten sind das neue Öl", so hieß es, um deutlich zu machen, dass mit Daten und ihrer Auswertung für Unternehmen neue Quellen der Wertschöpfung zu erschließen sind.

Eine wesentliche Datenquelle sind die Nutzer selbst. Noch nie war es in der Geschichte der Menschheit möglich, systematisch derart detaillierte Einblicke in das Innerste der Menschen zu bekommen. Die Geschäftsmodelle der Digitalisierung beruhen u. a. darauf, diese Einblicke immer weiter zu verfeinern und immer bessere Rückschlüsse daraus zu ziehen. Kunden tragen dazu bei, indem sie im Rahmen der Personalisierung von Gütern und Services immer mehr Informationen über ihre Vorlieben oder ihr Verhalten preisgeben, die dann die Grundlage für die weitere Entwicklung sind. Sie werden zu „Prosumenten", d. h. Mitproduzenten der Produkte, und damit stärker als je zuvor in die Wertschöpfung involviert (vgl. Hofer-Jendros 2016, S. 44–45). Die kontinuierliche Co-Kreation von Angeboten durch Austausch von Werten, Daten und Nutzer-Feedback über IT-Plattformen macht die sog. digitale Plattformökonomie aus.

1.2.3 Exponentielle technologische Entwicklung und Marktdynamik

Historisch ist die Geschwindigkeit, in der sich die technologischen Veränderungen der Digitalisierung vollziehen: Rechnergeschwindigkeit und der Datenspeichermöglichkeiten entwickeln sich exponentiell, d. h. sich ständig beschleunigend. Im Jahr 2007 wurden noch gleich viele Daten analog wie digital gespeichert – seither ist die digitale Speicherung quasi „explodiert" (vgl. Hilbert 2011; Hilbert und López 2011).

Die exponentiell beschleunigte Rechenleistung der Mikroprozessoren nach dem sog. „Mooresche Gesetz" in Kombination mit den weiteren Digitaltechnologien (vgl. Abschn. 1.3.2) macht den „umwälzenden" Unterschied zum Stand der Technologie zuvor aus.

▶ **Definition**

Das „Mooresche Gesetz" beschreibt die empirische Beobachtung, dass sich die Rechnerleistung in der Vergangenheit etwa alle zwei Jahre verdoppelt hat und die Prozessoren dabei immer billiger und kleiner werden. Es wird derzeit davon ausgegangen, dass sich diese Entwicklung in Zukunft verlangsamt (vgl. Waldrop 2016).

Historisch ist auch die Anzahl der weltweiten Nutzer mit Zugriff auf das Internet: Es sind derzeit 3,9 Mrd. Menschen (vgl. International Telecommunication Union 2018). Sie bilden die sog. Knoten eines Netzwerks in beispielloser Verbundenheit. Dabei kommt der Netzwerkeffekt oder auch **„Metcalfes Gesetz"** zum Tragen.

▶ **Definition**

Es bezieht sich auf Telefon- und Computernetze und besagt, dass der Wert eines Netzwerks exponentiell mit der Anzahl der Nutzer steigt, d. h. ein Netzwerk mit 10 Nutzern ist nicht fünfmal, sondern etwa hundertmal so viel wert wie ein Netzwerk mit zwei Nutzern.

Die beiden „Gesetze" verstärken sich und bestimmen die Dynamik dessen, was wir heute in der „digitalen Transformation" erleben (vgl. Ungson und Wong 2008, S. 317–321). Ein Indikator für den Wert von Netzwerken ist die Dauer bis 50 Mio. Nutzer von einem Produkt erreicht werden: Waren es beim Telefon noch 50 Jahre, beim Internet 7 Jahre, bei Facebook 3 Jahre, dauerte es bei Pokémon Go gerade mal 194 Tage bis 50 Mio. Nutzer verzeichnet werden konnten (vgl. Desjardins 2018).

Durch die Digitalisierung kommt es zudem zu einer beschleunigten Konvergenz von Produktion und digitalen Dienstleistungen und Services. Intermediäre oder Vermittler, die verschiedene Akteursgruppen in mehrseitigen Märkten miteinander verbinden, und die sog. „Pay per X"-Geschäftsmodelle gewinnen an Bedeutung. Ihr Vorteil ist, dass sie die Kosten für den Leistungsaustausch, d. h. Suche und Abwicklung, für Kunden und Anbieter massiv gegenüber der bisherigen Marktlogik massiv verringern (vgl. Schmidt 2017; vgl. Abschn. 1.3.4.).

Diese sog. digitalen Plattformen sind für alle Bereiche der Wirtschaft relevant. Die größten Innovationen der letzten Jahre kamen vor allem aus dem US-amerikanischen und chinesischen Markt für das Business-to-Consumer-Segment, wie z. B. Uber, AirBnB. Inzwischen haben die vier größten globalen Plattformbetreiber – Alphabet (u. a. Google), Amazon, Facebook und Alibaba – eine größere Marktkapitalisierung als alle 30 DAX-Unternehmen zusammen (vgl. Engelhardt et al. 2017, S. 9–10).

Die Wirtschaftspolitik der Bundesrepublik fördert die Entwicklung von Plattform-Geschäftsmodellen, wobei der Fokus im traditionell starken Business-to-Business-Sektor liegt („Industrie 4.0"). Für die Unternehmen liegt die Herausforderung darin, ihre Geschäftsmodelle dahingehend zu erneuern (vgl. Engelhardt et al. 2017, S. 10).

Obwohl der deutsche Mittelstand die Chancen durch Digitalisierung erkannt hat, handelt er in diesem unsicheren Umfeld zögerlich und tut sich mit dem digitalen Wandel und der Veränderung der Geschäftsmodelle schwer (vgl. Bitkom 2018a).

1.2.4 Neue gesellschaftliche Probleme entstehen

Die Dynamik der Entwicklung hat zur Folge, dass zum einen Teile der Gesellschaft bei dieser Entwicklung nicht mithalten können und zum anderen die (notwendigen) Regulierungen hinterherhinken. Die internationalen Plattformbetreiber nutzen die Lücken in den nationalen Regelungen, um wirtschaftliche Vorteile zu ziehen.

Verbraucher, Bürger sowie auch kleine und mittlere Unternehmen der deutschen Wirtschaft (KMU) tragen aktuell die Risiken, z. B. im Bereich von Datenmissbrauch, bei fehlenden Haftungsregelungen zur Nutzung von digitalen Plattformen, oder spüren die Machtverschiebungen, z. B. durch den Rückgang des lokalen Handels in den Innenstädten. Ein beachtlicher Teil – immerhin 21 % – hierzulande fühlt sich im „digitalen Abseits" und fast die Hälfte der Bundesbürger „hält digital mit" (vgl. Initiative D21, S. 37).

Zunehmend sind neue gesellschaftliche Probleme zu erkennen. Verbraucher und Bürger müssen die ungewollten Nebenwirkungen der Digitalisierung „auffangen", wie z. B. Hacks und Datenklau der eigenen Daten, unkontrollierte Big-Data-Analysen, mangelnder digitaler Verbraucherschutz, Angst vor Kontrollverlust an unmenschliche KI, Angst vor Überwachung und Freiheitsverlust, fehlende Digitalkompetenz von Mitarbeitern und Nutzern, Abscheu vor Pflegerobotern, Smartphone-Sucht, „Fake News" etc. Soziologen warnen vor den Auswirkungen der Digitalisierung durch Freiheitsverlust oder „unmenschlicher Beschleunigung" (vgl. Rosa 2017; Welzer 2018).

Und die Digitalisierung verschärft bestehende globale Probleme: Die Informations- und Telekommunikations-Industrie (ITK) trägt inzwischen bereits zu 4 % der europäischen Treibhausgasemissionen bei – die Luftfahrt nur 3 % (vgl. ictfootprint.eu 2019; European Commission 2019). Etwa 3,8 Mrd. Menschen vor allem in den am geringsten entwickelten Ländern haben weiterhin keinen Zugang zum Internet und können damit nicht an den Chancen der Digitalisierung partizipieren (vgl. International Telecommunication Union 2018, S. 3).

In der öffentlichen und politischen Diskussion um Digitalethik und Datenethik wird deutlich: Digitalisierung ist eben kein reineses Technologiethema. Vielmehr ist es die Frage, welche der neuen digitalen Möglichkeiten soll zukünftig umgesetzt werden. Wie soll unsere zukünftige Gesellschaft sein? In welcher Zukunft wollen wir leben? Ein gesellschaftlicher Aushandlungsprozess zwischen Zivilgesellschaft, Politik, lokalen und globalen Unternehmen ist dabei erforderlich.

Doch jenseits der politischen „Silos" sehen sich Unternehmen vor die Anforderung gestellt, verantwortungsvoll gegenüber Umwelt und Gesellschaft zu handeln – ob nun aufgrund physischer oder digitaler Unternehmensaktivitäten.

1.3 Was Big Data, KI und Co. für Unternehmen bedeuten

Digitalisierung bedeutet für Unternehmen: Nutzung der Daten und digitalen Technologien für mehr Effizienz oder Innovation in bestehenden oder neuen Märkte. Sie bedeutet auch die Prinzipien der digitalen Ökonomie zu verstehen und für sich zu nutzen. In diesem Kapitel werden einige Grundlagen zusammengefasst.

1.3.1 Digitale Transformation und Digitale Ökonomie

Durch die Digitalisierung und die Digitaltechnologien wird die Wirtschaft tiefgreifend verändert, wie zuvor beispielsweise durch die Erfindung der Dampfmaschine und die darauf folgende Zeit der Industrialisierung: eine „Digitale Revolution" (anknüpfend an den Begriff der Industriellen Revolution, vgl. Brynjolfsson und McAfee 2014). Damit wird ein neuer globaler ökonomischer Wirtschaftszyklus eingeleitet, ein sog. Kondratieff-Zyklus, der die Wirtschaft der nächsten Jahrzehnte bestimmt (vgl. Bundeszentrale für politische Bildung 2016). Die Dynamik der Vernetzung und die neuen Digitaltechnologien verändern viele Aspekte des individuellen Lebens sowie von Wirtschaft, Politik und Gesellschaft.

▶ Definition
„Digitaler Wandel" oder „Digitale Transformation" bezeichnet die Veränderung des individuellen Lebens von Wirtschaft, Politik und Gesellschaft durch digitale Vernetzung und Digitaltechnologien. Durch die technologischen Möglichkeiten wird die Netzwelt in die physische Welt (rück-) integriert. Die Folge: Wir gehen nicht mehr ins Netz – so wie es Ende der 90-Jahre hieß: „Ich bin drinnen." – sondern wir, die Dinge und unsere Umgebung sind Teil des Netzes, das alles durchdringt (vgl. auch Definition „Digitale Gesellschaft", Abschn. 1.2).

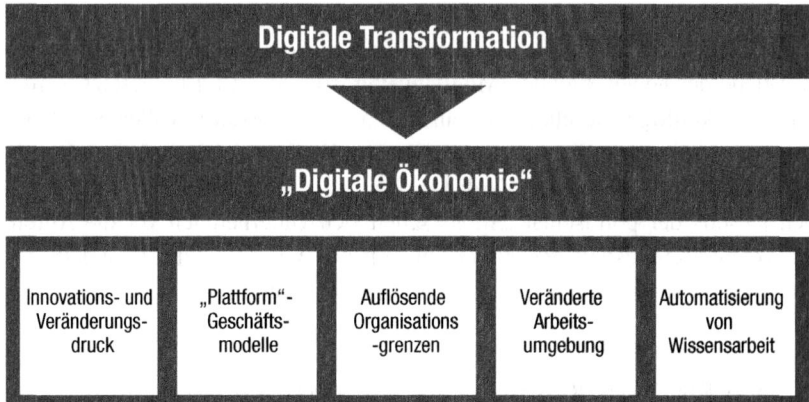

Abb. 1.3 Die Herausforderungen der Digitalen Ökonomie. (Eigene Darstellung, Grafik mit freundlicher Genehmigung von © BOSSE UND MEINHARD 2019. All Rights Reserved)

Für Unternehmen ergeben sich umfangreiche Herausforderungen sich in einer sich verändernden globalen und digitalen Wirtschaft zu behaupten. In der „digitalen Wirtschaft" bestehen unabhängig von den Branchen folgende neue Anforderungen (vgl. Abb. 1.3).

- Innovations- und Veränderungsdruck mit einer Verkürzung von Produktlebenszyklen, Preisverfall und der Veränderung von Kundenbedürfnissen und -loyalität.
- Plattform- Geschäftsmodelle bieten die Möglichkeit zu „Everything-as-a-service", die im Kundennutzen anderen Angeboten überlegen sind; Daten sind Teil der Wertschöpfung. Es entsteht ein Fokus auf die direkte Kundenerfahrung und der Produktanbieter transformiert zum Dienstleister.
- Sich auflösende Organisationsgrenzen und enge Zusammenarbeit mit neuen Gruppen von Partner und Beschäftigten, z. B. durch Crowdsourcing, projektbasiertes Arbeiten mit Selbständigen- und Angestellten-Teams, digitale Integration von Kunden, Lieferanten etc. in den Leistungserstellungsprozess.
- Veränderte Arbeitsumgebung mit zeit- und ortsunabhängigem Arbeiten, weil es technisch möglich ist und Inhalte zunehmend digital werden.
- Mit der Automatisierung von Wissensarbeit übernehmen Algorithmen und Daten wissensbasierte Leistungen von Experten. Es gilt, diese in die Arbeitsabläufe zu integrieren und die Arbeitsplätze anzupassen. Die menschliche Arbeitsleistung entwickelt sich zu einem „Komplementär", d. h. einer Ergänzung.

Je nach Branche und Unternehmensstrategie besteht darüber hinaus die Aufgabe, in neue Technologien zu investieren, mit neuen Rohstoff „Daten" umgehen zu lernen, neue Geschäftsmodelle auszuprobieren, neue Rechts- und Verantwortungsbereiche wie Datenschutz, Datensicherheit und digitale Unternehmensverantwortung auszubauen. Zum letztgenannten Punkt möchte das vorliegende Buch einen Beitrag leisten.

1.3.2 Digitalisierung und Digitaltechnologien

▶ **Definition**

Digitalisierung bezeichnet die „Überführung von Informationen von einer analogen in eine digitale Speicherform und thematisiert die Übertragung von Aufgaben, die bisher vom Menschen übernommen wurden, auf den Computer."

„Die Digitalisierung im Sinne der zweiten und neueren Interpretation bezeichnet eine spezielle Form der Automatisierung, nämlich die (Teil-) Automatisierung mittels Informationstechnologien (IT)." „Heute wird Digitalisierung häufig auch mit digitaler Transformation gleichgesetzt. Digitale Transformation bezeichnet den durch Informationstechnologien (d. h. durch Digitalisierung im oben beschriebenen Sinne) hervorgerufenen Wandel." (Hess 2016)

Darüber hinaus erreicht eine Reihe von Technologien inzwischen einen Reifegrad der Entwicklung, der ihre Vermarktung und damit die Innovation von Produkten, Anwendungen und Services ermöglicht. Zu diesen Digitaltechnologien werden neben „Big Data", das „Internet der Dinge", Künstliche Intelligenz, Blockchain, Roboter, Drohen, Virtuelle und Erweiterte Realität gezählt (vgl. Abb. 1.4).

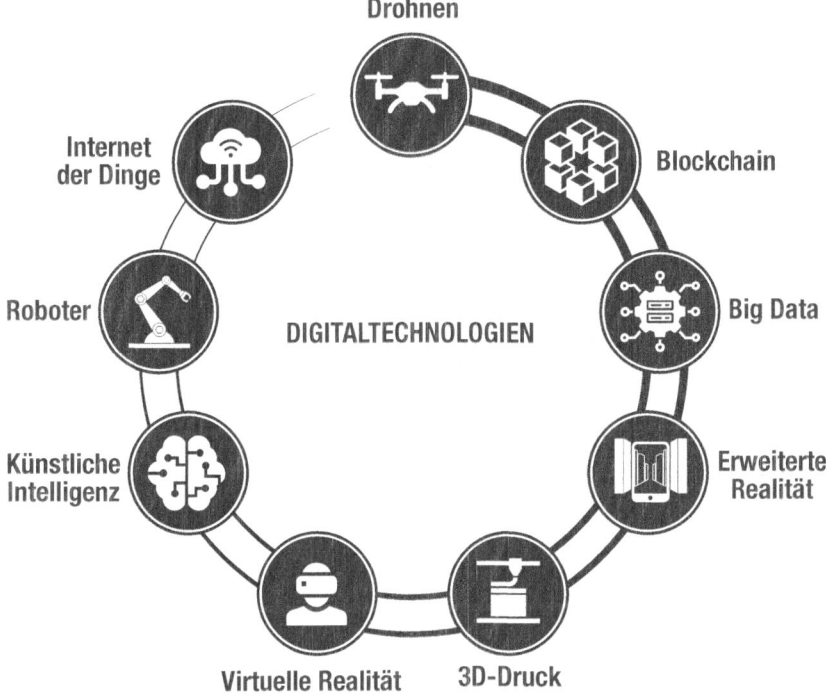

Abb. 1.4 Die Basistechnologien der Digitalisierung. (Eigene Darstellung, Grafik mit freundlicher Genehmigung von © BOSSE UND MEINHARD 2019. All Rights Reserved)

Im Folgenden werden die Digitaltechnologien kurz und einfach verständlich skizziert. Für Details sei auf einschlägige Literatur verwiesen. Jede von ihnen hat das Potenzial eine Vielzahl von Anwendungen, Branchenstrukturen und Märkte zu verändern.

- „Big Data" bezeichnet die Sammlung, Speicherung und Analyse von sehr großen Datenmengen in „Echtzeit". Grundlage dafür sind leistungsfähigere Prozessoren, denn eine händische Analyse dieser Daten ist nicht mehr möglich (mehr bei Cavanillas et al. 2016, S. 31). Es muss auf Analysesoftware, eventuell auf KI, zurückgegriffen werden. Hintergrund ist der exponentielle Anstieg der Daten – bspw. durch die enorme Produktion von „Content" mit Posts, Tweets und Fotos in den „Soziale Medien". Neben den Big-Data-Analysen der Kundenprofile für Werbezwecke sind beispielsweise die „persönlichen" Facebook-Geburtstagsvideos ein Beispiel für „Big Data" (vgl. Monnappa 2018).
- Die „Virtual Reality"(VR)-Technologie schafft „neue Welten", wie beispielsweise in Computersimulationen und MMORPGs („Massively Multiplayer Online Role-Playing Game"), während die „Augmented Reality"(AR)-Technology die bestehende „Welt" des Nutzers durch zusätzliche Informationen ergänzt. Diese zusätzlichen Informationen werden beispielsweise über das Display der Smartphone-Kameras oder durch vernetzte Brillen eingespielt. Die Anwendungsmöglichkeiten von Militär über Bildung und Industrie bis zur Medizin scheinen unbegrenzt. Bekannte Beispiele sind das AR-Spiel „Pokémon GO" oder „IKEA Place" mit der Möbel virtuell in die eigene Wohnung gesetzt werden können.
- Die „Blockchain" ist eine verteilte dezentrale Datenbank, die auf vielen Computern gespiegelt wird. Veränderungen an der Datenbank sind aufgrund der vielen Kopien nicht möglich. Das macht die Blockchain zu einem sicheren Buchungssystem jeglicher Form von digitalen Eigentumsrechten, die keine zentrale Instanz (wie z. B. einen Notar oder eine Bank) mehr braucht. Bekanntes Beispiel ist die digitale Währung „Bitcoin" (vgl. Schlatt et al. 2016, S. 7).
- Mit „3D-Druck" können heute im Schichtverfahren nicht nur Prototypen in Kunststoff, sondern auch aus Holz, Beton oder unterschiedlichen Metallen relativ kostengünstig auf Basis digitaler Modelle hergestellt werden. Das ermöglicht die Individualisierung und Dezentralisierung von Produktion – von Konsumgütern bis hin zu Maschinenbau und Architektur.
- „Künstliche Intelligenz" (KI) bezeichnet eine Vielzahl von Technologien (s. u. „Künstliche Intelligenz: Begriffe und Abgrenzung"). „Machine Learning" oder „Deep Learning" sind die aktuell erfolgreichsten Wege, um Algorithmen „Intelligenz" einzuhauchen. Sie werden auch als „schwache KI" bezeichnet und sind funktionale Spezialisten bei dem Lösen von Problemen durch Auswertung von Mustern in Daten mittels statistischer Verfahren, z. B. zur Sprach- oder Bilderkennung. Mit einer großen Menge an Trainingsdaten, „lernt" der Algorithmus die Muster in den Daten zu

erkennen (beispielsweise bei der Bilderkennung, die Merkmale des Gesichts einer Person) und die richtige Antwort zu geben. Er optimiert sich dadurch für das Lösen dieser Aufgabe (vgl. Hofmann 2018, Konrad Adenauer Stiftung 2018).

- Drohnen und Roboter gehören zu den Autonomen Systemen. Es handelt sich um elektrisch angetriebene Apparate, die aufgrund von Sensoren und Algorithmen (auch KI) auf Signale reagieren können, um mechanische Arbeit zu übernehmen und sich (zum Teil) auch mobil im Raum bewegen können. Beispiel für Roboter sind „Produktionsarme" in der Industrie, Operationsroboter oder selbstfahrende Autos. Mit kleinen autonomen Lieferrobotern und -drohnen wird experimentiert, ebenso mit Flugdrohnen für den Stadtflugverkehr.
- Im „Internet der Dinge" (Internet of Things, IoT) der Dinge werden Gegenstände und Umwelt vernetzt, die Informationen über den Zustand liefern. Möglich wird dies durch verteilte Sensoren, die immer leistungsstärker werden, sowie „überall" verfügbare funkbasierte Netzwerke. Mit dem „Internet der Dinge" erfolgt die Rück-Integration der Netzwelt in die physische Welt, d. h. physische Produkte und digitale Services verschmelzen. Beispiele dafür sind „Wearables", Smart-Home-Anwendungen und die „Smart City".

Die Digitaltechnologien agieren miteinander: „Big Data" ermöglicht durch Rechnerleistung „Künstliche Intelligenz". Diese macht die Sensorennetzwerke des „Internets der Dinge", Roboter oder die vernetzte Brillen „schlau". Ihre Sensoren nehmen wiederum viele Informationen auf, die als „Big Data" verarbeitet werden etc. (vgl. Abb. 1.5, betterplacelab 2018, S. 144 und 145).

Ein Beispiel für das Zusammenwirken der Digitaltechnologien sind die autonom fahrenden Fahrzeuge: Sie nehmen mittels Videokameras, GPS-Empfängern und Lidar-Sensoren die Umwelt auf. Der Bordcomputer wertet alle Fahrdaten aus, beschleunigt, bremst oder lenkt das Auto selbständig. Die Fahrzeuge können sich nur dann sicher auf der Straße bewegen, wenn sie die Straßenkarte sowie die aktuelle Verkehrssituation „kennen". Die Basis dafür sind große Datenmengen, die in Echtzeit analysiert werden. Die „adäquate" Reaktion auf die Verkehrssituation macht die KI möglich, indem verschiedenste Situationen erkannt und vorausschauend gehandelt werden kann. Beispielsweise gehört dazu auch die Vorhersage des Verhaltens der anderen Verkehrsteilnehmer (vgl. PACE Magazin 2018).

Digitaltechnologien wirken auch in Autonomen Waffensystemen, wie Kampfdrohnen und -robotern, zusammen und kommen dort zum Einsatz. Der Fokus in diesem Buch liegt auf zivilgesellschaftlichen digitalen Anwendungen und den daraus resultierenden Herausforderungen der unternehmerischen Verantwortung und Nachhaltigkeit: Eine Produktion oder der Betrieb von „Tötungssystemen" ist jedoch im Grundverständnis nicht mit unternehmerischer Nachhaltigkeit vereinbar. Autonome Waffensysteme etc. sind Teil einer ethischen Diskussion, die an anderer Stelle erfolgt (vgl. Sharkley 2019).

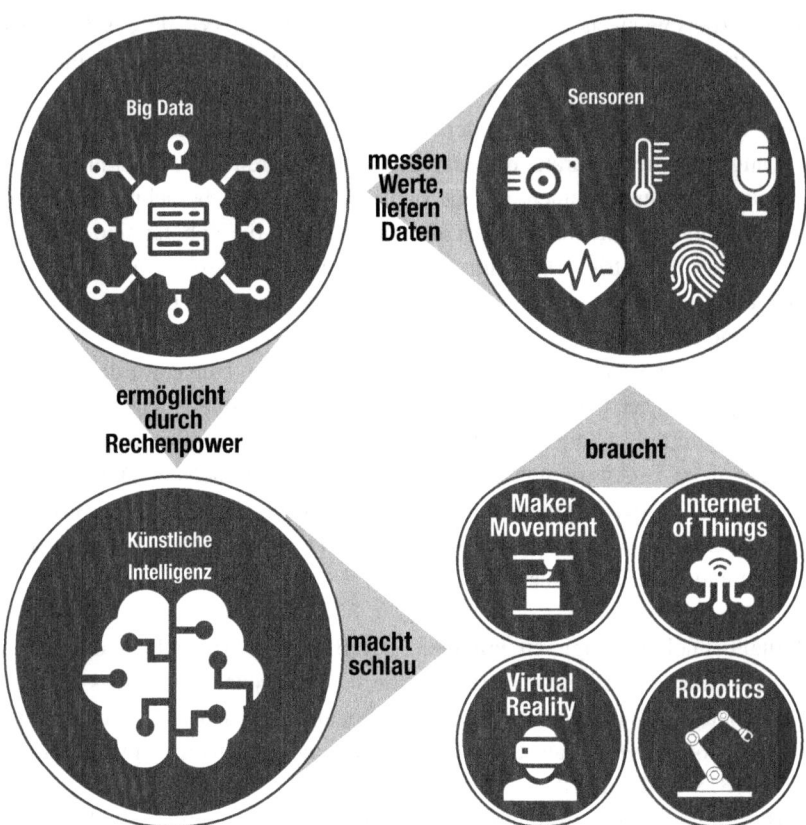

Abb. 1.5 Das Zusammenwirken der Digitaltechnologien. (Aus betterplacelab 2018, S. 144–145; mit freundlicher Genehmigung von © gut.org 2019. All Rights Reserved)

Künstliche Intelligenz: Begriffe und Abgrenzung KI kann als die Eigenschaft eines IT-Systems bezeichnet werden, ähnliche Fähigkeiten wie die menschliche Kognition zu zeigen (vgl. Burchardt 2018). Mit der Lernweise des Menschen und den Fähigkeiten des menschlichen Gehirns hat dies jedoch nichts zu tun (vgl. Hofmann et al. 2019). Die Anfänge der KI-Forschung gehen bereits auf die 1950er Jahre zurück. Die Fahrt, die die Entwicklung in den letzten Jahren aufgenommen hat, ist vor allem der großen Menge an Daten geschuldet, die inzwischen für das „Training" der Algorithmen zur Verfügung stehen (vgl. Konrad Adenauer Stiftung 2018).

Die Diskussion um KI erinnert oft an Science Fiction, dabei ist sie „weder Teufelswerk, noch als Allheilmittel" (Konrad Adenauer Stiftung 2019). Das dystopische Narrativ der sog. "starken KI" besteht aus einer unkontrollierten Selbstentwicklung jenseits des "Punktes der Singularität", bei dem ein Algorithmus die Fähigkeiten von Menschen übertrifft, jedoch ohne über menschliches Moralsystem zu verfügen. Bisher gibt es keine

„starke KI", aber es herrschen noch immer eine Reihe von Missverständnissen dazu (vgl. Konrad Adenauer Stiftung 2018). Obwohl wissenschaftlich unklar ist, ob dieser Punkt aus einer IT-technischen Perspektive überhaupt existiert – ganz zu Schweigen darüber, ob dies wünschenswert wäre (vgl. Popoveniuc 2013).

Verbunden mit diesem und ähnlichen Narrativen, wie z. B. die Überwindung der Sterblichkeit (Stichwort „Transhumanismus") oder dem Entwicklung einer Mensch-Maschine-Schnittstelle sind nicht selten konkrete Bemühungen der Protagonisten, sich als „Macher der Zukunft" zu positionieren und dabei Risikokapital in potenzialstarken „Märkten von morgen" zu gewinnen. Beispielsweise stieg im Jahr 2018 in den USA die Risikokapital-finanzierung für KI im Jahresvergleich um 72 % auf 9,3 Mrd. US$ (vgl. Greenman 2019). Nicht selten hilft es zu hinterfragen: „Cui bono?", wem ist es zum Vorteil.

Die Begriffsverwirrung rührt auch daher, dass es sich bei KI um einen Oberbegriff zu einer speziellen Art von Algorithmen (also Software-Programmen) handelt, nämlich „solche, welche die Fähigkeit besitzen, selbstständig, also ohne explizite Anweisungen zu lernen und in ebendiesem, wenn überhaupt, engeren Sinne intelligent sind." (Hoffmann 2019). Im vorliegenden Buch geht es um die sog. „schwache KI" und den konkreten, heute bereits beobachtbaren gesellschaftlichen Risiken sowie ethischen Fragen, die mit ihr verbunden sind. Sie sind Teil der „unerwünschten Nebenwirkungen" der digitalen Entwicklung und werden in Abschn. 2.2.4 behandelt.

1.3.3 Daten als Rohstoff – die neue Wertschöpfungskette

Die Digitalisierung, wie wir sie heute erleben, beruht auf der immer schnelleren und kostengünstigeren Verarbeitung und Speicherung von Daten (vgl. Hilbert 2011; Hilbert und López 2011). Das führt dazu, dass insbesondere mit Hilfe von KI in „Echtzeit" riesige Datenmengen ausgewertet und das Ergebnis an Nutzer zurückgemeldet werden können. Dafür wurde der Begriff „Big Data" geprägt. „Daten sind das neue Öl", so hieß es, um deutlich zu machen, dass mit Daten und ihrer Auswertung für Unternehmen neue Quellen der Wertschöpfung zu erschließen sind.

Der Zugang zu gut strukturierten und qualitativ hochwertigen Daten ist ein Wettbewerbsvorteil in der „Data Economy". Die Wertschöpfungsstufen von Big Data stellen sich folgendermaßen dar (vgl. Curry 2016, S. 30–33):

- Daten sammeln: Prozess des Sammelns von Daten. Die Daten entstehen beispielsweise durch Sensoren, die physikalische Informationen wie Standort, Luftdruck o. ä. aufnehmen und in „Bits" übersetzen. Die Datenaufnahme ist in Bezug auf die Dateninfrastruktur die größte Herausforderung.
- Daten aufbereiten: Filtern und Bereinigen von Daten in einer Datenbank.
- Daten analysieren: Modellierung der Rohdaten, Synthese und Extraktion von relevanten Daten, um daraus nützliche versteckte Informationen mit einem hohen Geschäftspotenzial

zu gewinnen. „Data Mining", „Business Intelligence" und „Machine Learning" kommen hier zur Anwendung.

- Datenqualität verbessern: Sicherung der Qualität der Daten für eine effektive Nutzung. Sie sollen vertrauenswürdig, auffindbar, zugänglich, wiederverwendbar und ihrem Zweck angemessen sein. Für das Kuratieren von „Big Data" werden Community- und Crowd-Sourcing-Ansätze verwendet.
- Daten speichern: Verwaltung der Daten in einer skalierbaren Weise, sodass ein schneller Zugriff möglich ist. Bisher verwendete relationale Datenbank-Management-Systeme kommen mit Big Data an ihre Grenzen, weshalb alternative Systeme in Entwicklung sind.
- Zugang zu Daten ermöglichen: Integration der Daten in die relevanten Geschäftsprozesse und -applikationen des Unternehmens.
- Daten nutzen: Daten-getriebene Geschäftsaktivitäten, die Zugang zu den Daten und ihrer Analyse benötigen, beispielsweise zur Unterstützung von Entscheidungen.

Die Verwendung von Daten bei geschäftlichen Entscheidungen kann die Wettbewerbsfähigkeit durch Kostensenkung oder Mehrwertsteigerung verbessern. Abb. 1.6 stellt die Wertschöpfungsstufen von Big Data dar.

Während die datengetriebenen Digitalunternehmen des Silicon Valleys inzwischen an der Spitze der wertvollsten Unternehmen stehen (vgl. Abschn. 1.2.1), wird von der sog. „Data Economy", also die wirtschaftliche Wertschöpfung von Daten, aktuell in Deutschland nur 55 % davon ausgeschöpft. Sie ist 196 Mrd. EUR wert ist (vgl. Digital Reality 2018, S. 13).

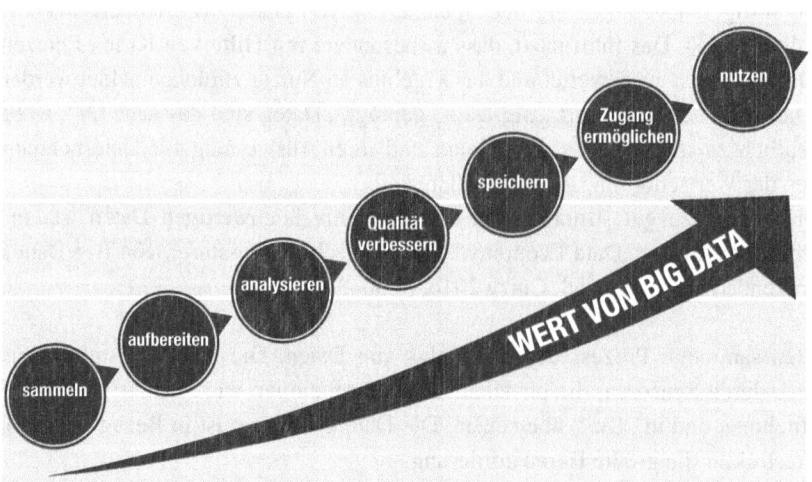

Abb. 1.6 Die Wertschöpfungsstufen von Big Data. (Eigene Darstellung, Grafik mit freundlicher Genehmigung von © BOSSE UND MEINHARD 2019. All Rights Reserved)

1.3.4 Plattformen und Plattformökonomie

Plattformen sind das „Herz der Digitalisierung". Bekannte Player wie Uber, AirBnB, Lieferando und natürlich Amazon gehören zur sog. Plattformökonomie. Sie verkaufen Verbindungen statt Güter oder Dienstleistungen. Mit ihren „Plattform"-Geschäftsmodellen verbinden sie als Intermediäre oder Vermittler verschiedene Akteursgruppen in mehrseitigen Märkten miteinander.

▶ **Definition**

IT-Plattformen sind die informationstechnologische Grundlage der Plattformökonomie („Platform economy"). „Eine Plattform ist ein Geschäft, das auf der Schaffung wertschöpfender Interaktionen zwischen externen Produzenten und Konsumenten basiert" (The Marketing Journal 2017, eigene Übersetzung). Eine etwas losere Definition beschreibt Plattformen als ein Online-Vermittler von sozialen und ökonomischen Interaktionen (vgl. Kenney und Zysman 2016).

Idealtypisch bieten sie die Vermittlung von Transaktionen an. Sie führen Angebot und Nachfrage zusammen und bieten eine Informations- und Suchfunktion, einen Angebotsmechanismus und einen Bewertungs- bzw. Reputationsmechanismus (vgl. Engelhardt et al. 2017, S. 6). Sie gelten als neutraler Marktplatz oder Mittler. Sie besitzen im Gegensatz zu „traditionellen" Unternehmen keine Produktionsmittel, aus denen etwas produziert und dann vertrieben wird.

Die Plattformökonomie ist gekennzeichnet durch direkte und indirekte Netzwerkeffekte, d. h. die steigende Anzahl von Nutzern führt zu einer Wertsteigerung für die Nutzer selbst sowie für die Plattform (vgl. Abschn. 1.2.3). Sie bilden ein quasi-natürliches Monopol, weil durch die positiven Netzwerkeffekte die erfolgreichere bzw. größere Plattform bevorzugt wird. Kritischer Erfolgsfaktor ist es dabei, als „erste" Plattform eine kritische Masse an Nutzern zu erreichen. Gemäß der Markdynamik in einem „Winner-takes-all-Markt" ist dann diese Plattform nicht mehr von Konkurrenten einzuholen und verbleibt mit 100 % Marktanteil im Markt. Die erste Phase ist daher besonders ressourcenintensiv und risikoreich (vgl. Engelhardt et al. 2017, S. 15).

Während Plattformen also einerseits heute bereits die wertvollsten Unternehmen der Welt (nach Börsenwert) ausmachen (vgl. Abb. 1.2), handelt es sich andererseits um hochriskante Investitionen für Investoren und Kapitalgeber. So hat z. B. „AirBnB", gegründet im Jahr 2008, erstmals 2017 Gewinne erzielt und Uber schreibt seit seiner Gründung im Jahr 2009 Verluste – bisher ist unklar, ob sich das in Zukunft ändern wird (vgl. Neue Zürcher Zeitung 2018; Orange by Handelsblatt 2019).

Mit der Plattformökonomie sind weitere Themengebiete verbunden, die wiederum eigene Herausforderungen adressieren. Die „Sharing Economy" bedient sich der Plattformen – ursprünglich, um dezentrales Teilen von Ressourcen zu ermöglichen. Die Nebenwirkungen von Uber und Co. sowie die Machtakkumulation sind inzwischen deutlich geworden (vgl. Abschn. 2.2.4).

Mit den großen Business-to-Consumer-Plattformen wie Facebook, YouTube oder Net-flix wird der Begriff der „Aufmerksamkeitsökonomie" verbunden. Ihr werbefinanziertes Geschäftsmodell zielt darauf ab, die Zeit der Konsumenten zu binden und diese bei den Werbekunden zu monetarisieren (vgl. Abschn. 2.2.10). Wenn Konsum in immer schnelleren Zyklen abläuft, kann man von „High-Speed-Wirtschaft" sprechen. Er wird von Plattformen wie Amazon und immer individualisierteren Angeboten angekurbelt (vgl. Abschn. 2.2.13).

Bedeutung von Plattformen für Konsumenten Ihr Vorteil ist, dass sie die Kosten für den Leistungsaustausch, d. h. Suche und Abwicklung, für Kunden und Anbieter massiv gegenüber der bisherigen Marktlogik verringern. D. h. die Leistungen von Waren, aber auch Dienstleistungen, können leichter verglichen werden und Verbraucher bekommen Transparenz über die Preise. Die Informationsasymmetrie sinkt.

Eine steigende Anzahl von Anbietern und Nutzern, die z. B. Leistungen bewerten, führt zu einer Wertsteigerung für die Nutzer selbst sowie für die Plattform. Die Konsumenten werden zu Mit-Produzenten der Wertschöpfung („Prosumenten").

„Unabhängig von der Plattform basieren alle auf der Aktivierung von Menschen, Beiträge zu leisten. Ob Google die Monetarisierung unserer Suchanfragen, Facebook die Monetarisierung unserer sozialen Netzwerke, LinkedIn die Monetarisierung unserer professionellen Netzwerke oder Uber die Monetarisierung unserer Autos – alle hängen von der Digitalisierung wertschöpfender menschlicher Aktivitäten ab." (Kenney und Zysman 2016, eigene Übersetzung)

Plattformen bilden ein quasi-natürliches Monopol, weil durch die positiven Netzwerkeffekte die erfolgreichere bzw. größere Plattform bevorzugt wird. Das ist der Grund, weshalb diese Plattformen quasi als Gravitationszentren in ihren Märkten fungieren und immer mehr Verbraucher dort hin „strömen". Der Wettbewerb auf diesen Märkten, der die Grundlage für eine faire Preisbildung darstellt, ist eingeschränkt oder kaum vorhanden.

Durch ihre Stellung als „Alleinherrschende", die bislang auch kaum durch nationale Regulierung gebrochen wird, diktieren die Plattformen die Regeln des Marktes. Dies birgt Risiken für Nutzer und die anderen Teilnehmer, wie beispielsweise Selbständige und KMU, die ihre Waren und Dienstleistungen auf der Plattform anbieten.

Chancen und Risiken der Plattformen für KMU Auch traditionsreiche Wirtschaftszweige der KMU wie auch das Handwerk werden von der Digitalisierung und auch den Plattformen stark verändert: Es bilden sich z. B. für Dienstleistungen wie Renovierungen, Lieferservices oder Haushaltsreinigung spezifische Plattformen aus, z. B. „My hammer" „Myster.de", „Renovinga", „Homebell", „Foodora", „Lieferando" „Helpling" oder „Book a Tiger".

KMU und Handwerker können so für sehr geringe Kosten neue Marketing- und Vertriebswege gehen, ihre Dienstleistungen vermitteln lassen, die Kundenbeziehung von Anfang an über Social Media persönlich gestalten. Digitaltechnologie bietet neue effizientere Produktionsmethoden, z. B. via 3D-Druck und dem Einsatz von Robotik oder Unterstützung beim Service via „Augmented Reality".

Doch auch die Herausforderungen steigen. Durch die neuen Vermarktungsplattformen herrscht mehr Vergleichbarkeit und neuer Wettbewerb. Es entsteht Anpassungs- und Veränderungsdruck. Anpassungen der Geschäftspraktiken bedeutet Investition in Geld und Zeit. Geschäftsrisiken auf Plattformen für KMU bestehen z. B. durch

- unfaire Geschäftspraktiken der Plattformbetreiber,
- mangelndem Zugang zu Kundendaten,
- nachteilige Allgemeinen Geschäftsbedingungen,
- willkürlicher Bevorzugung anderer Angebote oder
- mangelhaftem rechtlichem Rahmen bei Haftungsfragen und Reputationsschäden

(vgl. Schössler 2018).

Für den deutschen Einzelhandel ist die strukturelle Veränderung durch Online-Plattformen schon Realität. Marktführer Amazon hat einen enormen Einfluss auf die Konsumenten; ein Drittel aller Umsätze im Nonfood-Bereich sind bereits von Amazon abhängig (vgl. IFH Köln 2019). Mit neuen Technologien, wie „Echo", dem Lautsprechersystem mit der eingebauten Sprachsteuerung „Alexa" für zu Hause, nimmt Amazon weiter die "direkte Kundenschnittstelle" ein. Kunden ziehen es mit der Sprachsteuerung vor, bequem direkt und ohne Preisvergleich zu bestellen (vgl. Müller 2019). Amazon könnte sich zum alternativlosen „Gatekeeper" des Einzelhandels für den Zugang zum Kunden entwickeln (vgl. IFH Köln 2019).

Um auf diese Veränderungen erfolgreich mit eigenen Handlungskonzepten zu reagieren, ist es für KMU zu empfehlen, sich mit den Erfolgsfaktoren der Plattformen auseinanderzusetzen und die Chancen und Risiken für die eigene Branche zu beleuchten.

1.4 Wieso Unternehmensverantwortung auf dem Prüfstand steht

Im Zuge der Digitalisierung nehmen Unternehmen neue Rollen in veränderten Wertschöpfungsprozessen, z. B. als Entwickler von autonomen Systemen, Datensammler und -auswerter, mit veränderten Folgen für Gesellschaft ein (vgl. Lock und Seele 2017, S. 240).

Durch ihre Geschäftsaktivitäten fördern sie die ökonomische Entwicklung mittels der neuen (digital-) technologischen Möglichkeiten. Sie bringen sie lokal zu Verbrauchern und Nutzern. Grundlegende und neue menschliche Bedürfnisse werden befriedigt. Dabei können positive gesellschaftliche Veränderungen entstehen, Umweltbelange adressiert werden, Arbeitsplätze und ökonomischer Wohlstand entstehen. Unternehmenshandeln stellt einen relevanten Hebel dar, wenn es darum geht, die Welt nachhaltiger zu gestalten.

Unternehmen adressieren soziale und ökologische Probleme, die nicht zuletzt durch eigene Aktivitäten oder die der Branche entstehen, in ihren Nachhaltigkeits- oder Corporate Responsibility-Maßnahmen. Teilweise erfolgt dies aus einem „Business Case"-Ansatz heraus, teilweise aus ethischen Überzeugungen. Mit der Veränderung der Wertschöpfung verändern sich die Erwartungen der Kunden und Verbraucher und damit die Unternehmensverantwortung.

1.4.1   Digitale Geschäftsmodelle

Geschäftsmodelle entwickeln sich mit der Digitalisierung von der klassischen „Pipeline" und Wertschöpfung in Ketten zu Ökosystemen in Wertschöpfungsnetzwerken (vgl. Schössler 2018, S. 4–5).

Ein Geschäftsmodell (oder engl. „Business Model") ist eine ist eine vereinfachte „modellhafte Repräsentation der logischen Zusammenhänge, wie eine Organisation bzw. Unternehmen Mehrwert für Kunden erzeugt und einen Ertrag für die Organisation sichern kann." (Grösser 2018). Digitale Geschäftsmodelle basieren auf Plattformen. Der Profit wird durch die wertschöpfende Auswertung von Daten und mit flexiblen Preismodellen z. B. transaktions-, output- oder erfolgsbasiert generiert (vgl. Acatech 2018, S. 19, vgl. Abb. 1.7).

Der Nutzen digitaler Geschäftsmodelle entsteht durch individualisierte „Product-Service-Pakete on demand". Oft ist das mit einem einzigartigen Nutzenerlebnis verbunden und schnelle Anpassungen an veränderte Bedarfe sind möglich. Die „Everything-as-a-service"-Angebote sind attraktiv, da sie nur bei Bedarf gekauft werden und geringe Wechselkosten bestehen, sobald ein anderer Anbieter einen passenderen Service anbietet.

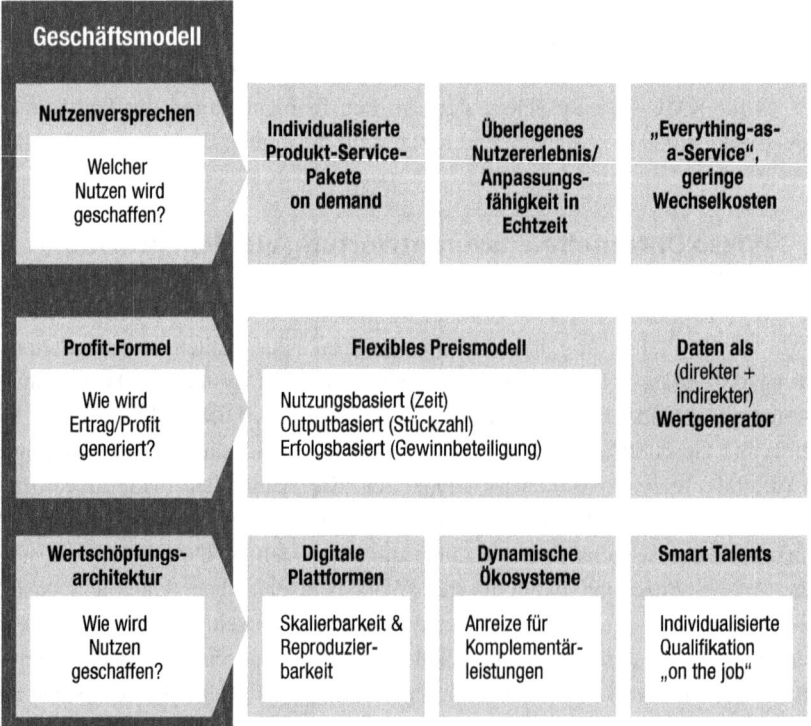

Abb. 1.7 Geschäftsmodellinnovation durch Digitalisierung. (Aus Acatech 2018, S. 19; mit freundlicher Genehmigung von © Acatech 2019. All Rights Reserved)

Mit dem neuen Nutzen entstehen neue Märkte, die mit den bisherigen konkurrieren. Güter, die früher gekauft werden mussten, können für die Zeit der Nutzung gemietet werden („Products as a service", PaaS), eine Software nur bei Nutzung bezahlt werden („Software as a service", SaaS) oder statt eines eigenen Autos zu besitzen, kann individuelle Mobilität mit Uber oder Carsharing ermöglicht werden („Mobility as a Service", MaaS). Auch menschliche Arbeits- oder Kreativleistung wird beim Crowdworking oder Crowdinnovation als Service angeboten („Humans as a Service", HuaaS, vgl. auch Abschn. 3.2.7).

Während Profitmöglichkeit und auch der niederschwellige Zugang zum Markt durch kleine Unternehmen und KMU als Beitrag zur wirtschaftlichen Nachhaltigkeit von Plattform-Geschäftsmodellen eingeordnet werden kann, besteht aktuell die Frage, ob sie in eine nachhaltige Gesellschaft führen können (vgl. Abschn. 2.2.4).

1.4.2 Industrie 4.0 und das industrielle Internet der Dinge

„Industrie 4.0" bezieht sich auf die Entwicklung der Industrie und Produktion im Verlauf der letzten Jahrhunderte. Der Begriff bedeutet, die Verzahnung der Produktion mit Informations- und Kommunikationstechnik in sog. „cyber-physischen Systemen". Im Englischen wird dafür der Begriff „Industrial Internet" verwendet. Ziel ist eine flexible Produktion von für Kunden maßgeschneiderte Produkte (vgl. Samulat 2018, S. 3 ff).

Die digitalen Wertschöpfungsstufen entstehen hier durch ein „Ding", das mit einem Sensor versehen wird, der Informationen des „Dings" misst. Über die Funkverbindung mit dem Internet können Daten vermittelt, gesammelt und analysiert werden. Aus den Daten wird ein digitaler Service entwickelt und zur Verfügung gestellt (vgl. Fleisch et al. 2014, S. 6–9, vgl. Abb. 1.8).

Es entwickeln sich sog. „Digitally Charged Products", Services, die rund um Produkte angeboten werden, wie z. B. ein Kühlschrank, der im „Smart Home" selbst den Einkauf startet oder ein Drucker, der bei Fehler den Service informiert.

Auf dieser Basis entstehenwiederum eine Vielzahl neuer Geschäftsmodellmuster. Beispielsweise können Produkte selbst zum „Point of Sale" werden. Richtet man die Kamera des Smartphones auf ein Produkt öffnet sich ein Internetshop eventuell für den Kauf, Ersatzteile, Zubehör, Dienstleistungen etc. Amazon bietet diesen Service für Produkte mit Barcode, die im Sortiment vorhanden sind, bereits an. Auch der Sensor selbst, der beispielsweise Umweltdaten wie Druck oder Temperatur erhebt, bzw. die von ihm gesammelten Daten, können als Service fungieren und die Daten nicht nur für genau eine Anwendung erheben, sondern für eine breite Palette von Anwendungen zur Verfügung stellen (zu weiteren Geschäftsmodellmustern vgl. Fleisch et al. 2014, S. 9–18).

Im Bereich des industriellen Internet der Dinge, können Einsparungen von Materialien oder Transporten durch „Smart Services" mit betrieblicher Nachhaltigkeit einhergehen. Aber entstehen auch nationale oder globale Nachhaltigkeitswirkungen? Sollten die Entwicklungen nicht direkt in einer „zirkulären Wirtschaft" (engl. „Circular Economy") gedacht werden?

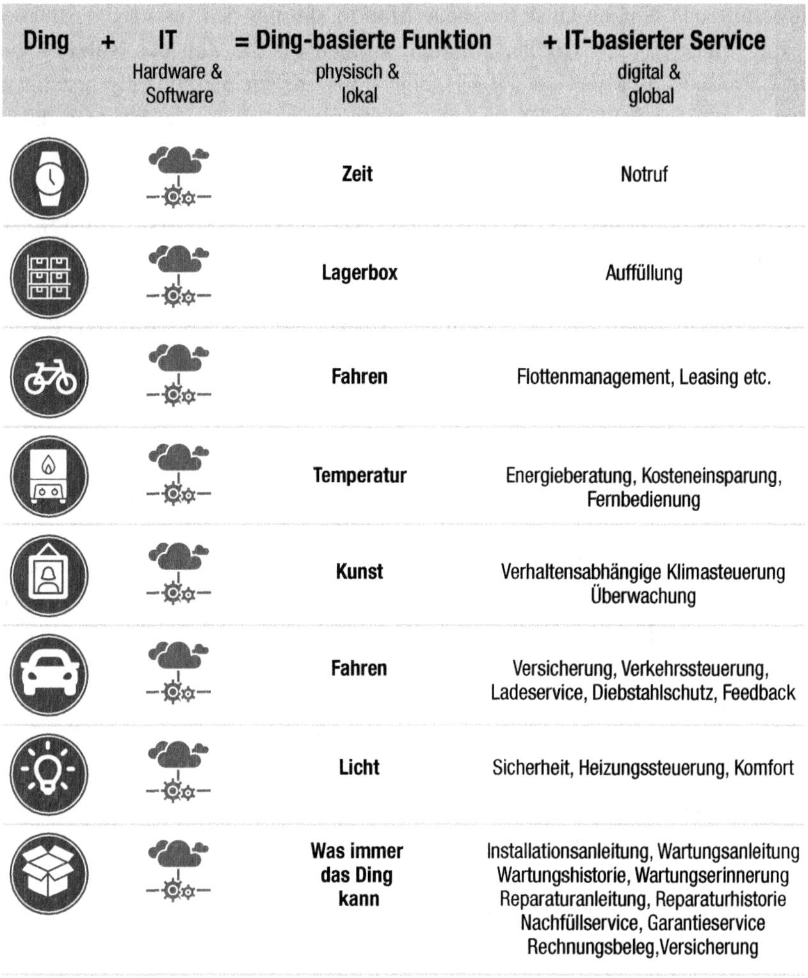

Ding + IT		= Ding-basierte Funktion	+ IT-basierter Service
	Hardware & Software	physisch & lokal	digital & global
⌚	☁⚙	Zeit	Notruf
📦	☁⚙	Lagerbox	Auffüllung
🚲	☁⚙	Fahren	Flottenmanagement, Leasing etc.
🔥	☁⚙	Temperatur	Energieberatung, Kosteneinsparung, Fernbedienung
🖼	☁⚙	Kunst	Verhaltensabhängige Klimasteuerung Überwachung
🚗	☁⚙	Fahren	Versicherung, Verkehrssteuerung, Ladeservice, Diebstahlschutz, Feedback
💡	☁⚙	Licht	Sicherheit, Heizungssteuerung, Komfort
📦	☁⚙	Was immer das Ding kann	Installationsanleitung, Wartungsanleitung Wartungshistorie, Wartungserinnerung Reparaturanleitung, Reparaturhistorie Nachfüllservice, Garantieservice Rechnungsbeleg, Versicherung

Abb. 1.8 Die Vernetzung der „Dinge" als Basis für digitale Services. (Aus Fleisch et al. 2014, S. 8; mit freundlicher Genehmigung von © Universität St.Gallen 2019. All Rights Reserved)

1.4.3   Neue Arbeit

Der rasante Wandel der Geschäftsmodelle durch die technologische Entwicklung verändert die Arbeitsplätze und macht die Beschäftigten zu relevanten Stakeholdern. Ihr Vertrauen in die Fairness sowie die Fürsorge des Unternehmens als Arbeitgeber kann als Voraussetzung für Loyalität, Leistung und Engagement am digitalisierten Arbeitsplatz gelten.

Ihr Vertrauen wird jedoch auf eine harte Probe gestellt, denn bereits heute haben 25 % aller Berufe in Deutschland ein hohes Substituierungspotenzial (vgl. Dengler et al. 2018) und voraussichtlich werden sich 75 % der Arbeitsplätze durch den digitalen Wandel verändern (vgl. ifaa 2019). Eine internationale Studie zeigt ähnliche Größenordnungen auf. Danach erwarten bis zum Jahr 2022

- fast 50 % der Unternehmen, dass die Automatisierung zu einem gewissen Abbau ihrer Vollzeitbeschäftigten führen wird (basierend auf den heutigen Stellenprofilen),
- 38 % der Unternehmen, dass ihre Belegschaft um produktivitätssteigernde Funktionen erweitert wird und
- mehr als ein Viertel der Unternehmen, dass die Automatisierung zur Schaffung neuer Funktionen in ihrem Unternehmen führt.

Darüber hinaus wollen Unternehmen verstärkt Auftragnehmer einsetzen, die aufgabenbezogene Arbeiten ausführen. Viele Befragte heben ihre Absicht hervor, Arbeitnehmer flexibler einzubeziehen, Remote-Personal über physische Büros hinaus einzusetzen und den Betrieb zu dezentralisieren. (vgl. World Economic Forum 2018, S. 7–10).

Es herrscht eine zunehmende „Instabilität der Kompetenzen": 42 % der erforderlichen Qualifikationen der Belegschaft soll sich bis 2022 verschoben haben und 54 % aller Beschäftigten müssen sich weitere Fertigkeiten aneignen oder benötigen Weiterbildung (vgl. World Economic Forum 2018, S. 12–14).

Diese Veränderung der Belegschaft und der im Unternehmen benötigten Fähigkeiten bedeutet aber auch die verstärkte Rekrutierung neuer „Skills". Im „War for Talent" um IT-Fachkräfte müssen sich Arbeitgeber „beweisen". Dabei kann eine reputationsstarke Arbeitgebermarke helfen, die durch eine an das Digitalzeitalter angepasste Unternehmensverantwortung unterstützt wird (vgl. Ferber 2017).

Drei wesentliche Themen bestimmen die verantwortungsbewusste Veränderung der Arbeitsplätze in der digitalen Transformation:

- Die Virtualisierung und Digitalisierung der Prozesse und Veränderung der Arbeitsorganisation
- Die Datafizierung der Arbeitsplätze und die Zusammenarbeit mit KI und Robotern
- Der Wunsch der Beschäftigten nach sinnvoller Arbeit und Mitgestaltung („New Work")

(vgl. CSR Europe 2018; Hofmann et al. 2019, S. 22; Sattelberger 2015, S. 45).

Virtualisierung und Digitalisierung der Unternehmensprozesse bedeuten auch die Veränderung von Arbeitsorganisation. Mit dem „Crowdworking" entsteht eine neue Qualität der Entgrenzung von Arbeit, der lückenlosen Erfassbarkeit von Tätigkeiten und Arbeitsergebnissen. Die Machtbalance verschiebt sich zu Lasten der Beschäftigten. Neue Konzepte von Arbeitsverhältnissen werden im Spannungsfeld zwischen der Schutzlosigkeit „digitaler Tagelöhner", dem Schutzrecht abhängiger Beschäftigter und den Freiheitsrechten des souveränen Freelancern verhandelt (vgl. Sattelberger 2015, S. 44–47; vgl. Abschn. 2.2.7).

Mit datengetrieben und KI-gestützten Arbeitsprozessen wird die Leistung der Beschäftigten am Arbeitsplatz immer transparenter und kontrollierbarer. Wie kann an von Robotern oder KI unterstützten Arbeitsplätzen das Prinzip der Datenvermeidung und -sparsamkeit angewendet und die Persönlichkeitsrechte der Beschäftigten respektiert werden (vgl. Wedde 2016)?

In betrieblichen Umsetzungsprojekten werden von den Beschäftigten regelmäßig drei Kernbefürchtungen in Bezug auf KI geäußert:

- Angst vor Missbrauch persönlicher Daten (Datenschutz, Durchsichtigkeit der Person),
- Angst im Umgang mit KI (Scheitern, „nicht qualifiziert sein"),
- KI als undurchsichtige Black-Box sowie
- Angst vor Jobverlust.

(Vgl. Ifaa 2019)

Die KI kann von Beschäftigten als restriktiv und kontrollierend empfunden werden, durch fremdbestimmte Steuerung zu einem Verlust an Handlungsautonomie und -kompetenz führen und zu geringerem Gestaltungsspielraum führen (vgl. Ifaa 2019). Arbeitgeber stehen vor der Herausforderung trotz Datafizierung der Arbeitsplätze die Loyalität und Leistungsfähigkeit der Beschäftigten zu erhalten.

Darüber hinaus ändern sich die Anforderungen der Beschäftigten an Arbeit. Sie fordern Vereinbarkeit von Arbeits- und Privatleben, die weitergehende Flexibilität von Arbeitsort und -zeit, agile Arbeitsstrukturen, Verantwortung jenseits von Hierarchie und die Umsetzung individueller Werte sowie die Sinnstiftung durch Arbeit. Transparenz, Netzwerkarbeit und Selbstführung gewinnen an Bedeutung (vgl. Bundesministerium für Arbeit und Soziales 2016, Hofmann et al. 2019, S. 22). Dabei zeigt die Entgrenzung des Arbeitsalltags auch besondere Herausforderungen für die Gesundheit der Beschäftigten durch z. B. „interessierte Selbstgefährdung", emotionale Erschöpfung und digitale Überlastung (vgl. Böhm 2018).

Unternehmensführung scheint sich weiter zu „demokratisieren" – zumindest in einigen Unternehmen (vgl. Hofmann et al. 2019; Sattelberger 2015, S. 37). Mit der Ursprungsidee der „New Work", die von Frithjof Bergmann geprägt wurde, hat die Umsetzungspraxis dabei häufig (noch) wenig zu tun (vgl. Hornung 2018).

1.4.4   Kritische Verbraucher

Die deutschen Verbraucher stehen der Digitalisierung skeptisch gegenüber. Das zeigen die folgenden Zahlen:

- Die Mehrheit von 67 % meint, die negativen Wirkungen überwiegen die positiven (Vgl. Hootsuite/We are social 2018, S. 46).
- Jeder Dritte sieht Digitalisierung als Gefahr (vgl. Bitkom 2017, S. 8).

- Jeder Zweite hat Angst vor der „totalen Überwachung" (vgl. ISM School of Management 2018, S. 5)
- Nur 10 % haben Vertrauen in die verantwortlichen Politiker (ibid.)
- Nur 18 % haben Vertrauen in Unternehmen (ibid.)
- Den Internet-Giganten misstrauen ca. 80 % der jungen Internetaffinen (vgl. Speck 2018).
- 81 % aller Deutschen verzichten lieber auf den Gebrauch von Onlinediensten, weil der Anbieter ihnen nicht vertrauenswürdig erscheint, statt ihre persönlichen Daten anzugeben (vgl. Bitkom 2015, S. 7).

Auch die potenzielle Nutzung vernetzter Autos, intelligenter Haushaltsgeräte oder von Telemedizin-Anwendungen ist zurückhaltend: Nur jeder Dritte ist prinzipiell offen dafür. Grund ist der mangelnde Nutzen aus Sicht der Befragten sowie Datenschutzbedenken (vgl. Initiative D21 2019, S. 46 ff).

Aus den Zahlen wird deutlich: Durch die Zurückhaltung fehlt der Wirtschaft Schwung für Innovation und neue Märkte. Dabei ist der Mehrheit der Deutschen auch klar, dass ein wirtschaftlicher Aufschwung ohne Digitalisierung undenkbar ist (vgl. ISM School of Management 2018, S. 3).

1.4.5 Neuer Wettlauf um Vertrauen

Für Unternehmen bedeutet der digitale Wandel neuen Wettbewerb um effizientere Produktion sowie Innovation durch neue daten- und Plattform-basierte Geschäftsmodelle. Darüber hinaus – und die vorangegangen Abschnitte machten das deutlich – geht es darum, das Vertrauen von Kunden, Mitarbeitern und Öffentlichkeit in die damit verbunden Datennutzung und maschinellen Entscheidungen zu gewinnen bzw. zu erhalten.

> „Nachhaltige unternehmerische Wertschöpfung, die *Raison d'être* von Unternehmen, ist ohne Vertrauen nicht möglich." (Suchanek 2012, S.55).

Ohne Kunden- und Verbrauchervertrauen können Unternehmen nicht erfolgreich tätig sein, da diese sonst zum Konkurrenten abwandern oder sich Märkte gar nicht erst entwickeln. Ohne das Vertrauen von Beschäftigten sind keine Leistung und kein Engagement möglich – besonders kritisch ist die Akquise der für die digitale Transformation nötigen Talente.

Der Erhalt von Vertrauenswürdigkeit macht den Kern von Unternehmensverantwortung aus. Die Krux ist, dass die Erwartung an Vertrauenswürdigkeit über das zukünftige Verhalten eines Vertrauensnehmers *universell* unterstellt wird. D. h. von Unternehmen als Vertrauensnehmer wird erwartet, ein Versprechen beispielsweise zur Sicherheit von persönlichen Kundendaten immer und in jedem Fall einzuhalten.

Klar ist jedoch auch, dass es unmöglich ist, ein Versprechen in allen Fällen zu halten. Diese Inkonsistenzen kommen im unternehmerischen Alltag vielfältig vor. Vertrauensmindernd wirken jedoch nur die vom Vertrauensgeber als relevant eingeschätzten Inkonsistenzen: Sie wirken als Vertrauensbruch. Selbstbindungen von Unternehmen sind *das* Mittel zur Vermeidung relevanter Inkonsistenzen. Mit Strukturen, Regeln und Dispositionen, wie beispielsweise dem Beitritt zum UN Global Compact beschneidet man sich freiwillig bestimmter Formen von Wertschöpfung etc. und lässt das eigene Handeln, z. B. durch Social Accountability International, extern überprüfen.

Aktivitäten, die vertrauensfördernd im oben beschriebenen Sinne wirken sollen, fallen in Unternehmen unter die „Corporate (Social) Responsibility" (vgl. Suchanek 2012, S. 57–62).

▶ **Definition**
Corporate (Social) Responsibility bezeichnet „die Verantwortung einer Organisation für die Auswirkungen ihrer Entscheidungen und Tätigkeiten auf die Gesellschaft und Umwelt durch transparentes und ethisches Verhalten, das

- zur nachhaltigen Entwicklung, Gesundheit und Gemeinwohl eingeschlossen, beiträgt,
- die Erwartungen der Anspruchsgruppen berücksichtigt,
- anwendbares Recht einhält und im Einklang mit internationalen Verhaltensstandards steht,
- in der gesamten Organisation integriert ist und in ihren Beziehungen gelebt wird." (Bundesministerium für Arbeit und Soziales 2011, S. 11)

Verantwortungsbewusstes unternehmerisches Handeln bedeutet, Schaden als Folge des Unternehmenshandelns zu vermeiden und den Nutzen zu erhöhen.

Corporate (Social) Responsibility (CR) bzw. nachhaltiges Wirtschaften geht davon aus, dass Unternehmen gesamtgesellschaftliche und ökologische Verantwortung für die Folgen ihrer unternehmerischen Aktivitäten tragen, die klar über die gesetzlichen Bestimmungen hinaus geht (vgl. Schneider 2012). Dies gilt auch für die Folgen durch den Einsatz von Digitaltechnologie in der Digitalisierung.

1.4.6 Verantwortung in der digitalen Wirtschaft bisher mangelhaft?

Die Effekte der Digitalisierung auf Nachhaltigkeit und Gemeinwohl sind bisher noch unklar (vgl. WBGU 2019). Die große Mehrzahl von Bürgerinnen und Bürger erwartet sowohl von Staat und Politik (83 %) als auch von den Unternehmen (88 %) Verantwortung für die gesellschaftlichen und kulturellen Folgen der Digitalisierung zu über-

Wer soll digitale Verantwortung übernehmen?

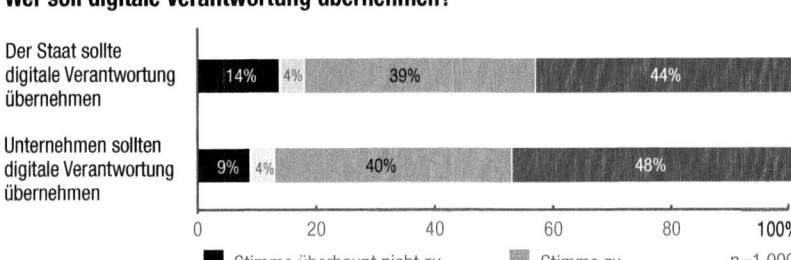

Abb. 1.9 Befragungsergebnis: Akteure der digitalen Verantwortung. (Aus Thorun et al. 2018, S. 2; mit freundlicher Genehmigung von © Christian Thorun und Friedrich-Ebert-Stiftung 2019. All Rights Reserved)

In welchem Ausmaß kommen der Staat und Unternehmen ihrer digitalen Verantwortung bisher nach oder nicht nach?

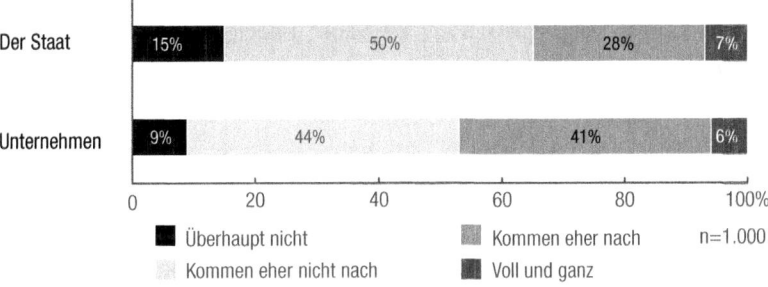

Abb. 1.10 Befragungsergebnis: Ausmaß der aktuellen digitalen Verantwortungsübernahme. (Aus Thorun et al. 2018, S. 2; mit freundlicher Genehmigung von © Christian Thorun und Friedrich-Ebert-Stiftung 2019. All Rights Reserved)

nehmen. Aber die meisten sind auch der Meinung, dass dieser Verantwortung bisher nicht ausreichend nachgekommen wird (vgl. Thorun et al. 2018, S. 2; vgl. Abb. 1.9 und Abb. 1.10).

Doch es bestehen auch andere Einschätzungen. Immerhin die Hälfte in einer nicht-repräsentativen Studie befragten Unternehmen meint, sie seien im Bereich digitale Ethik und digitale Verantwortung (sehr) gut aufgestellt. Begründet wird dies mit bereits vorhandenen Richtlinien zum Datenschutz, dem Umgang mit personenbezogenen Daten sowie anderen digitalen Themen gibt. Eine Digitalstrategie mit Ausführungen zum Thema digitale Ethik und digitale Verantwortung haben dahingegen erst etwa ein Viertel der Befragten (vgl. PricewaterhouseCoopers 2019, S. 5–10).

Ein wesentlicher Punkt für die unterschiedliche Bewertung ist sicherlich auch die bisher wenig einheitliche Verwendung und das unterschiedliche Verständnis der Begriffe „digitale Ethik" und „digitale Verantwortung". Den Handlungsbedarf zur Überwindung des Vertrauensdefizits sowohl bei Staat und Politik als auch bei Unternehmen ist dennoch nicht zu übersehen und – wie oben bereits ausgeführt – essentiell im Sinne des Unternehmenserfolgs.

1.4.7   „Digitale Ethik"

Die Digitalisierung konfrontiert uns mit neuen Möglichkeiten und Fragen, beispielsweise ob die KI ein Bedrohung für die Menschheit ist, wie sich Agenten des Internet der Dinge in der menschlichen Interaktion verhalten sollen, welche Anforderungen an Algorithmen gestellt werden sollten, die unser Leben beeinflussen, oder ob es in Ordnung ist, einen Roboter zu lieben (vgl. Otto und Graf 2017). Digitalisierung gilt als ethische Herausforderung und ein Wertebewusstsein als Voraussetzung für ein gutes Leben in der digitalisierten Welt (vgl. Spiekermann 2019).

In der Ethik allgemein geht es um Fragestellungen, die willentlich und auf ein Ziel hin ausgeübt werden. Der Begriff „Digitale Ethik" bildet eine praktische Klammer um die ethischen Fragen in der digitalen Welt.

▶ **Definition**
„Digitale Ethik fragt nach dem guten und richtigen Leben und Zusammenleben in einer Welt, die von digitalen Technologien geprägt ist. Sie formuliert Regeln für das richtige Handeln in Konfliktsituationen, die von der Digitalisierung aufgeworfen werden, und beschäftigt sich mit dem gesellschaftlichen Konzept von Freiheit und Privatsphäre, von Solidarität und Gerechtigkeit. Als Teildisziplin der Moralphilosophie stellt sie nicht zwangsläufig neue ethische Maßstäbe auf, sondern übersetzt bestehende ethische Maßstäbe für eine digital geprägte Gesellschaft" (Bundesverband digitale Wirtschaft 2019b, S. 4)

Hintergrund ist die im 21. Jahrhundert fortschreitende Ausweitung der Ökonomisierung der Wertesysteme in Bezug auf Leistung, Effizienz, Selbstoptimierung und Quantifizierung. Es stellt sich die zentrale Frage, ob dieses Wertesystem in die digitalisierte Zukunft trägt. Folgende zehn ethische Leitgedanken werden in diesem Zusammenhang diskutiert:

- Demokratische Grundordnung und Werte hütz schützen
- Sich der Verantwortung bewusst sein und Folgenabschätzung vornehmen
- Selbstbestimmung und Autonomie der Menschen durch Steuerungsoptionen und Kontrolle über die Maschinen gewährleisten
- Privatheit erhalten

- Transparenz und Nachvollziehbarkeit aller Prozesse ermöglichen
- Vertrauen aktiv herstellen
- Pflichtbewusstsein für Gewährleistung der Sicherheit der Systeme zeigen
- Achtsamkeit für den Umgang mit impliziten Wertsetzungen in Algorithmen und bei der Interpretation von Big-Data-Analytics entwickeln
- Perspektivenwechsel für eine holistische Erfassung der Realität durchführen
- Chancengleichheit für alle Menschen garantieren

(Grimm 2018).

Es handelt sich dabei im Grunde um Fragen, auf welche Art und Weise bereits global anerkannte Wertekodizes wie Menschenrechte, Demokratie und Nachhaltigkeit auf Situationen der digitalen Welt angewendet werden sollen. Machtstrukturen verändern sich, neue Werte- und Interessenskonflikte entstehen: Dies ist gesellschaftlich und politisch neu zu verhandeln (vgl. Bundesverband digitale Wirtschaft 2019b, S. 4).

Daneben werden mit „Digitaler Ethik" auch ethische Themenkomplexe verknüpft, die bereits seit längerem in der Philosophie diskutiert werden, aber mit der Digitalisierung vermehrt auftreten. Diese sind: Automatisation, Substitution von Menschen durch Maschinen, Selbstbestimmungsrecht versus Schutz der Öffentlichkeit und Hybridisierung des Menschen.

Ein erster Themenkomplex ist die Automatisation, der gut am Beispiel der autonom fahrenden Autos erläutert werden kann. Die reflexartige (und nicht willentliche) menschliche Reaktion in einer Unfallsituation entzieht sich der moralischen Bewertung. Die Entscheidung eines Algorithmus, der von Programmierern im Auftrag des Automobilkonzerns entwickelt wurde und die die Prioritäten der „Werte" festgelegt haben, nicht. Die Ergebnisse dieses seit Jahrzehnten diskutierten Gedankenexperiments sind moralische Dilemmata, die auch noch in unterschiedlichen kulturellen Kontexten unterschiedlich bewertet werden (vgl. „Trolley Problem", Massachuttes Institute of Technology 2019). Mit der Digitalisierung können diese intelligenten Maschinen umgesetzt werden.

Ein weiterer ethischer Themenkomplex ist die Substitution von Menschen durch Maschinen. Ebenfalls nicht neu, aber mit der Digitalisierung werden nicht mehr gefährliche, körperlich belastende oder eintönige Arbeiten durch Maschinen ersetzt, sondern Tätigkeiten, die Kreativität und Intelligenz verlangen. Wer legt die Priorität fest?

Dabei besteht offenbar auch der Wunsch des Menschen selbst, die eigenen physischen Grenzen zu überwinden und die „Perfektion" von Maschinen zu erreichen. Beispiele dafür sind die heute schon allgegenwärtige Selbstvermessung, das „Human Enhancement", d. h. Erweiterung der menschlichen Möglichkeiten und Leistungsfähigkeit durch technische Mittel, „Cyborgs" und die Transhumanismus-Bewegung (vgl. Masci 2016).

Auch bei der Veränderung von Öffentlichkeit und Kommunikation mit sozialen Medien handelt es sich um eine ethische Fragestellung. Hier geht es um ein neues ethisches Problem im Widerstreit des Schutzes der Öffentlichkeit und dem Selbstbestimmungsrecht des Einzelnen. Ein weiterer neuer Themenkomplex ist die Hybridisierung von Mensch mit dem Digitalen, beispielsweise über neuronale Schnittstellen. Damit in Zusammenhang steht auch die Frage nach Überwindung der Sterblichkeit. Ein ethisches Problem, das die Frage nach dem Fortbestand der Spezies *Homo sapiens sapiens* berührt (vgl. Asmuth 2017).

Es wird bei der Darstellung der ethischen Themenkomplexe deutlich, dass diese nur am Rande die Fragestellungen berühren, die für digitalisierte Wirtschaft und Gesellschaft heute wichtig sind, wie z. B. wie stark Nutzer in Bezug auf seine digitale Repräsentanz „durchleuchtet" und mit digitalen Mitteln zu wirtschaftlichen Zwecken manipuliert werden darf oder inwieweit öffentliche Sicherheit ein Tracking von Bürgern in der Stadt rechtfertigt.

Im vorliegenden Buch wird davon ausgegangen, dass es nicht ungelöste ethische Fragen sind, die die heutige Vertrauenskrise und „unerwünschten Nebenwirkungen" der Digitalisierung hervorrufen. Vielmehr handelt es sich um Macht-, Interessens- oder Wertekonflikte in der globalen digitalen Wirtschaft oder der Ausnutzung (nationaler) Regelungslücken (vgl. Lange und Santarius 2018, S. 13–20; Pickshaus 2018; Schäuble 2017, S. XXVII; vgl. Abschn. 2.2).

Die Ausgangslage gleicht daher der Situation, vor der vor einigen Jahrzehnten unternehmerische Nachhaltigkeit und CR entstanden sind. Dieses Fachgebiet des Managements bündelt Instrumente zum Umgang mit Interessenskonflikten zwischen Wirtschaft, Gesellschaft und Umwelt für ein zukunftsfähiges nachhaltiges Wirtschaften. Es kann daher auch auf die Herausforderungen der Digitalisierung angewendet werden.

Dieses Buch betrachtet systematisch die in der digitalen Gesellschaft bestehenden Interessen und Interessenskonflikte aus der Perspektive der „unerwünschten Nebenwirkungen" und entwickelt daraus Handlungsfelder für Unternehmen. Es soll dazu beitragen, die bestehenden Ambiguitäten unter den Bedingungen der Digitalisierung in der Unternehmensführung „anzupacken" und in das strategische Management zu überführen.

1.4.8 Spielräume der digitalen Gesellschaft

Zweifelsohne ist die digitale Transformation und die Fragen, die sie aufwirft, bedeutend für viele (vielleicht den Großteil) von Unternehmen und sowie den Alltag von immer mehr Menschen – aber Digitalisierung ist nicht alternativlos.

Lange und Santarius stellen fest, dass Digitalisierung nicht immer die klügste Handlungsoption ist und plädieren für eine „sanfte Digitalisierung", bei der die Frage, wofür „digital tools" eingesetzt werden sollen, an vorderster Stelle steht (vgl. Lange und Santarius 2018, S. 199–203). Wilkens spricht vom „Analogen" als „Garant für persönliche Freiheit" (vgl. Wilkens 2015, S. 175–180). Je mehr die Digitalisierung fortschreitet und der Alltag mit Daten, KI, Robotern etc. sowie der (theoretisch) unendlichen fehlerfreien Reproduktion durchdrungen ist, umso größer wird die Sehnsucht nach „Andersartigem". Auch das ist Teil der digitalen Gesellschaft und gehört zu ihren Widersprüchlichkeiten (vgl. Abschn. 1.2). Einige Beispiele finden sich nachfolgend.

Zum Beispiel die Wertschätzung des „Analogen" gegenüber dem Digitalen: Es gibt wieder mehr Musik auf Vinyl-Schallplatten – 3,1 Mio. Stück wurden 2018 in Deutschland verkauft –, in der Fotografie freut man sich vermehrt über das „perfekt Unperfekte" des Sofortbilds und beim „Sidewalk Talk", einer weltweiten Initiative, hören Menschen anderen zu – ganz unmittelbar von Mensch zu Mensch auf dem Bürgersteig (engl. sidewalk) sitzend (vgl. Bundesverband Musikindustrie 2019; Photoindustrie-Verband 2019; Sidewalk Talk 2019).

Zum Beispiel die Suche nach Menschlichkeit statt Technisierung: Den Anspruch den Menschen und die Menschlichkeit in den Mittelpunkt zu stellen, ist ein Teil der digitalen Debatte – auch die Frage, was das genau bedeutet (vgl. Kuhn 2018; Schiel und Seidel 2019). Wilkens formuliert ein „Manifesto für ein menschliches Leben in der Digitalen Welt" (vgl. Wilkens 2015, S. 218–220). Achtsamkeit ist inzwischen Trend in Unternehmen und Empathie und Kreativität werden als „entscheidende Kompetenzen" im Digitalzeitalter diskutiert (vgl. Fratzscher 2018; Wittmann 2019).

Zum Beispiel die Regionalisierung gegenüber der globalen Massenproduktion: Obwohl die Digitalisierung eine weitere Globalisierung, d. h. grenzüberschreitende Aktivitäten von Unternehmen, fördert, kann sie auch eine regionale Produktion und Vermarktung stärken: Mit 3D-Druck wird die Produktion von Einzelstücken vor Ort in FabLabs oder Makerspaces kostengünstig möglich (ob das nachhaltig ist, ist bisher unklar) und lokale Produzenten finden ihre Käufer-Community vor Ort (z. B. via „Marktschwärmer"). Digitalisierung ermöglicht nicht nur die weltweite Kommunikation, sondern kann Menschen mit gemeinsamen Interessen über „Meetup" oder „nebenan.de" vor Ort miteinander in Kontakt bringen. Und die „digitalen Nomaden" (oder einfach nur vorwiegend am PC arbeitende Selbständige) bereichern ihre professionellen sozialen Kontakte in den Communities der „Coworking Spaces" dieser Welt (vgl. Abschn. 2.2.11, 3.2.11).

Zum Beispiel Selbermachen statt „Von-der-Stange-Kaufen": „Do-it-yourself"- und Reparatur-Anleitungen aus dem Internet führen zu einer neuen „Kultur des Selbermachens" und Reparierens; handwerklich hergestellte Einzelstücke finden über „manopus.de" oder „Etsy" Interessenten.

Die Beispielen zeigen: Der Möglichkeitsraum der digitalen Gesellschaft geht weit über das hinaus, was wir unter „Digitalisierung" verstehen. Es entstehen so beachtenswerte unternehmerische Gestaltungsspielräume, die Unternehmer und Entscheider motivieren können, diese für eine nachhaltige Geschäftsentwicklung und verantwortliches Wirtschaften zu nutzen.

1.4.9   Nachhaltigkeit im Zeitalter der Digitalisierung

Heute nicht auf Kosten von morgen. Hier nicht auf Kosten von anderswo. (Kleene und Wöltje 2009, S. 2)

Auf diese einfache Formel kann der Idee der Nachhaltigkeit gebracht werden (vgl. „Brundtland Report" World Commission on Environment and Development 1987).

Als weltweite politische Idee besteht der Anspruch zahlreicher Gesellschaftsgruppen Nachhaltigkeit in das digitale Zeitalter zu überführen und die Digitalisierung nachhaltig zu gestalten. Zentral ist dabei die Beachtung der natürlichen Lebensgrundlage und der planetaren Grenzen sowie die Gestaltbarkeit der digitalisierten Gesellschaft anhand der Nachhaltigkeitswerte Menschenwürde, Teilhabe, Vielfalt, Wohlbefinden und Lebensqualität. Digitale Wirtschaft ist dann ein Teil dieser soziokulturellen Sphäre und abhängig von ihren Anforderungen (vgl. Abb. 1.11). Im Gegensatz dazu steht das häufig zu findende Narrativ einer Digitalisierung als einem gewaltigen Umbruch, der ähnlich einer Naturkatastrophe „passiert" und dem es sich anzupassen gilt (vgl. Wissenschaftlicher Beirat der Bundesregierung Globale Umweltveränderungen WBGU 2019, S. 1–6).

Bislang wurde die große transformative Kraft der Digitalisierung nicht in die politische Nachhaltigkeitsdiskussion integriert (vgl. Lange und Santarius 2018, S. 143). Sie spielt in den 17 Zielen der nachhalten Entwicklung („Sustainable Development Goals", SDG), die 2015 veröffentlicht wurden und die globale UN-Agenda bis 2030 beschreiben, (fast) keine Rolle und wurde quasi „vergessen" (vgl. Stilz 2017; United Nations 2019). Erst das Gutachten „Unsere gemeinsame digitale Zukunft" des Wissenschaftlichen Beirats der Bundesregierung für Globale Umweltveränderungen (WBGU) hat dies geändert (vgl. WBGU 2019). Er knüpft an den „Brundtland-Report" an und skizziert das Konzept einer digitalisierten Nachhaltigkeitsgesellschaft

Abb. 1.11 Nachhaltigkeit im Zeitalter der Digitalisierung. (Eigene Darstellung in Anlehnung an WGBU 2019, S. 3; Grafik mit freundlicher Genehmigung von © BOSSE UND MEINHARD 2019. All Rights Reserved)

(vgl. Abschn. 2.1.3). Der Bericht fordert die europäische Politik auf, eine eigenständige europäische Digitalisierungsstrategie mit der nachhaltigen Entwicklung als Vorbild zu entwickeln. Globale Forschung in den Bereichen Digitalisierung und Nachhaltigkeit soll zusammengebracht werden.

Welche wesentlichen Chancen und Risiken in den Dimensionen der Nachhaltigkeit – Wirtschaft, Gesellschaft und Umwelt – durch Digitaltechnologie entstehen können, stellt Tab. 1.1 in einer Übersicht dar (vgl. Behrendt und Erdmann 2004; Dörr 2012; Kröhling 2016; Vogt und Jäpel 2019). Digitaltechnologie wird als die Weiterentwicklung der IKT sowie IT verstanden (vgl. Abschn. 1.3.2).

1.4.10 Unternehmensverantwortung verändert sich mit der Digitalisierung

Digitalisierung stellt eine Herausforderungen für eine menschengerechte, faire und umweltfreundliche Entwicklung dar (vgl. Lange und Santarius 2018). Kritische Themen sind dabei z. B. digitaler Machtmissbrauch durch Überwachung, ob staatlich oder wirtschaftsgetrieben, ethische Fragen bei Übergabe menschlicher Aufgaben (z. B. Zuspruch, Pflege, Lehre) an Maschinen, Freiheitseinschränkungen durch persönliches Scoring, Profiling oder andere Formen der Netzmanipulation, Verlust von sozialen Vertrauen durch Fake News oder Social Bots, Ängste vor einem Ende der Arbeit für Menschen, einer „Versklavung" durch Superintelligenzen oder der individuellen Überforderung in einer sich immer schneller verändernden Welt. „Online Daten- und Informationssicherheit" gehört inzwischen zu den dringendsten globalen Nachhaltigkeitsherausforderungen (vgl. Globescan 2019, S. 23).

Der Kunde – bzw. seine persönliche Datenspur – wird mehr denn je instrumentalisiert und zum „Mittel" der unternehmerischen Wertschöpfung degradiert. Seine Stimme kann leicht „überhört" werden. Die neue Verantwortung der Digitalisierung besteht daher in der Achtung der Persönlichkeitsrechte jedes einzelnen Individuums (vgl. Hofer-Jendros 2016, S. 47).

Der Großteil des gespeicherten Wissens der Menschheit liegt inzwischen digital gespeichert vor (vgl. Hilbert 2011; Hilbert und López 2011). Dabei handelt es sich um Daten und um Algorithmen („Code"), die sog. „digitalen Artefakte". Es sind Ressourcen, die es nachhaltig im Sinne des Gemeinwohls heute und in Zukunft zu „bewirtschaften" gilt („Digitale Nachhaltigkeit"; vgl. Stürmer et al. 2017). Damit stellen sich auch in der digital-kulturellen Sphäre neue Anforderungen an die Verantwortung von Unternehmen.

Als Teil der Gesellschaft sind Unternehmen aufgefordert Mit-Verantwortung für die Digitalisierung zu übernehmen (vgl. Bundesministerium für Justiz und Verbraucherschutz 2018). Der Aushandlungsprozess, wie diese Verantwortungsübernahme erfolgen soll und wie ihre Wirksamkeit bewertet wird, läuft.

Unternehmerische Nachhaltigkeit oder Corporate Responsibility ist seit über einem Jahrzehnt in Unternehmen etabliert (vgl. Rat für nachhaltige Entwicklung 2006). Vor dem Hintergrund der Veränderung von Märkten, den Vertrauensdefiziten bei Verbrauchern und

Tab. 1.1 Chancen und Risiken der Digitaltechnologie in den Dimensionen der Nachhaltigkeit. (Eigene Darstellung)

	Ökonomisch	Sozial	Ökologisch
Chancen	Erschließung neuer Technologiepotenziale zur Lösung globaler gesellschaftlicher Probleme Erschließung neuer Märkte mit digitalen Geschäftsmodellen Entstehung neuer Marktchancen durch effiziente Wertschöpfung Passgenaue individualisierte Produktion („Prosumenten") Peer-to-Peer-Märkte	Vereinfachung der Lebensführung Erleichterte Informationsgewinnung für alle Erleichterung von globalen sozialen Kontakten und Bildung von Gemeinschaften Höhere Transparenz sozialer Produkteigenschaften Selbstorganisation Verbesserte Balance von Beruf, Familie und Freizeit Selbstständigkeit im Netz Neue Formen der (Neben-) Erwerbstätigkeit und Arbeitsplätze Fairer und leichterer Zugang zu Bildung Erleichterung der Partizipation in politischen Prozessen Verbesserte Gesundheitsversorgung und Pflege Effektivere Landwirtschaft und Ernährung	Erhöhte Produktivität von Energie- und Materialeinsatz Verlängerung von Produktlebenszyklen Dematerialisierung Energie- und CO_2-Einsparung Höhere Transparenz von nachhaltigen Produkteigenschaften Ressourcenschonende Optimierung von Wertschöpfungsketten Höhere Transparenz ökologischer Produkteigenschaften Renaturierung urbaner Räume

(Fortsetzung)

Tab. 1.1 (Fortsetzung)

	Ökonomisch	Sozial	Ökologisch
Risiken	Beschleunigung schnell wachsender Produktionsstrukturen Technische Dynamik bremst die Ausreifung von Anwendungen Investitionen mit hohen Verlustrisiken Hoher Aufwand für Schutz von Intellectual Property Verschärfung des globalen Wettbewerbs und Verlust von etablierten Märkten	Arbeitsplatzverlust und „Sozialdumping" Verlust von sozialer Sicherheit und sozialer Bindung Verstärkung sozialer Ungerechtigkeiten und des „Digitalen Grabens" Soziale Probleme in der globalen Lieferkette Zu langsame Entwicklung eines gemeinsamen Wertekodex Zu langsame Anpassung nationaler Rechtsprechung Nicht verfolgbare grenzüberschreitende Rechtsverstöße Verletzung/Reduktion von Persönlichkeits- und Datenschutzrechten, Freiheitsrechten, Privat- und Intimsphäre Vertrauensverlust in die soziale Gemeinschaft Gesundheitsgefährdung durch psychische und neuronale Überlastung Informationsflut Sucht	Massive Steigerung des Energieeinsatzes Steigerung des Materialeinsatzes Ökologische Probleme in der Zulieferkette und Verwertung, insb. Elektronik/IT Reboundeffekte Zunahme des Güterverkehrsaufkommens Verkürzung von Produkt- und Nutzungszyklen Ökologische Probleme in der globalen Zulieferkette

den neuen Ansprüchen von Stakeholdern kann für Unternehmen eine verantwortungsvolle Digitalisierung mit einem Wettbewerbsvorteil verbunden sein. Dazu muss sich das
CR-Management erneuern und seine Perspektive erweitern.

1.5 Wie sich CR zu Corporate Digital Responsibility entwickelt

Digitalisierung erneuert die Art und Weise, wie Unternehmen wirtschaften und „Werte
schöpfen". Verantwortliches und nachhaltiges Unternehmenshandeln fokussiert dabei
nicht rein auf die Profitabilität, sondern berücksichtigt die vielfältigen Interessen unterschiedlicher Anspruchsgruppen.

Deren Ansprüche an die Nutzbarkeit und Kontrolle von Daten, an die Grenzen des
Einsatzes von digitalen Technologien oder an die Wahrung von Persönlichkeitsrechten
bei maschinellen Entscheidungen werden aktuell formuliert. Mit den Herausforderungen
entwickeln sich neue verantwortungsbewusste Geschäftspraktiken. Die Funktionen und
Aufgaben der Geschäftspolitik und -führung verändern sich und die „Corporate Responsibility" prägt sich im Zuge der Digitalisierung in der „Corporate Digital Responsibility"
aus (CDR; vgl. Esselmann und Brink 2017, S. 39).

Noch ist CDR kein Standard in Unternehmen: das Konzept hat sich weder durch-
gesetzt, noch werden die aus der Digitalisierung resultierenden Herausforderungen bisher systematisch angegangen (vgl. Thorun 2018, S. 3). Das vorliegende Buch möchte
CR-Verantwortliche, Management und Unternehmensführung bei diesem Innovations-
prozess unterstützen. Den Nachwuchskräften im Bereich Nachhaltigkeitsmanagement
oder CR wird ein Orientierungsrahmen an der Schnittstelle von Digitalisierung, Nachhaltigkeit und Unternehmensverantwortung geboten.

1.5.1 Definition von CDR

„Corporate Digital Responsibility" (CDR) stellt eine erweiterte Perspektive der verantwortungsvollen Unternehmensführung dar.

> „Corporate Digital Responsibility ist eine freiwillige Selbstverpflichtung. Sie beginnt mit
> der Notwendigkeit, gesetzliche Anforderungen und Standards zu erfüllen – für den Umgang
> mit vertraulichen Kundendaten, geistigem Eigentum usw. – aber sie erstreckt sich auch auf
> umfassendere ethische Überlegungen und die grundlegenden Werte, nach denen ein Unter-
> nehmen arbeitet." (Global Intelligence for the CIO 2017, eigene Übersetzung)

Der Begriff Corporate Digital Responsibility wird in unterschiedlichen Facetten
gebraucht. Er leitet sich in seiner Wortbildung von Corporate (Social) Responsibility ab
und wird etwa seit 2016 verwendet (vgl. Accenture 2016).

▶ **Definition**

Corporate Digital Responsibility (CDR) gehört als Bereich zu einer umfassenden Unternehmensverantwortung (CR) in einer zunehmend digitalisierten Wirtschaft und Gesellschaft. Es handelt sich um „freiwillige unternehmerische Aktivitäten im digitalen Bereich, die über das heute gesetzlich Vorgeschriebene hinausgehen und die digitale Welt aktiv zum Vorteil der Gesellschaft mitgestalten." (vgl. Bundesministerium für Justiz und Verbraucherschutz 2018, S. 1).

CDR bezieht sich einerseits auf die Beachtung digitaler Nachhaltigkeit (d. h. die Nachhaltigkeit von Daten und Algorithmen, vgl. Stürmer et al. 2017; Smart-Data-Begleitforschung 2018) und anderseits auf Berücksichtigung der sozialen, ökonomischen und ökologischen Wirkungen digitalen Unternehmenshandelns in der Welt (vgl. Esselmann und Brink 2016; Mühlner 2017; Thorun et al. 2018).

CR richtet sich am Leitbild der Nachhaltigkeit aus und entsteht durch Übernahme von Verantwortung für wirtschaftliche, gesellschaftliche und ökologische Wirkungen sowie die Lösung der Zielkonflikte. Bei CDR wird die Perspektive um Wirkungen im digitalen Bereich erweitert. Wie in der CR können externe Wirkungen der digitalen Unternehmensaktivitäten in den Bereichen Umwelt, Arbeits- und Menschenrechte sowie sozialen Fragen entstehen. Eine reine Erweiterung um eine vierte Dimension neben den anderen, würde jedoch der Tragweite der Digitalisierung nicht gerecht werden, zumal die Wirkungen digitalen Handelns nicht in der Netzwelt bleiben, sondern ebenso gesellschaftlich, ökologisch und ökonomisch in der physischen wie in der Netzwelt wirken können sowie diese einander beeinflussen.

CR erweitert sich im Kontext der Digitalisierung zu CDR (vgl. Abb. 1.12, vgl. „Quadrupel-Modell" Knaut 2017, S. 55). Sie ist ein Weg für Unternehmen, um eine verantwortungsvolle Umsetzung von Digitalisierung anzuzeigen, denn das Regelungsmonopol der Nationalstaaten ist durch die immer weitergehenden Verflechtungen der globalen digitalen Märkte in Frage gestellt (vgl. Bitkom 2018b; Charta der digitalen Vernetzung 2018; Schäuble 2017, S. XXVII).

Auf politischer Ebene bestehen Aktivitäten Unternehmen auf dem Weg der neuen Unternehmensverantwortung zu unterstützen (vgl. BMJV 2018, 2019; European Business Network for Corporate Social Responsibility 2019).

„CDR kann einen wesentlichen Beitrag dafür leisten, für diese Fairness zu sorgen und die digitale Transformation zum gemeinsamen Vorteil aller sowie einer nachhaltigen Entwicklung auszubalancieren." (Bundesministerium für Justiz und Verbraucherschutz 2018, S. 1)

Die vorhandenen Erkenntnisse, Instrumente und praktischen Erfahrungen des CR-Managements können eine „Blaupause" für die CDR bieten (vgl. Esselmann und Brink 2016).

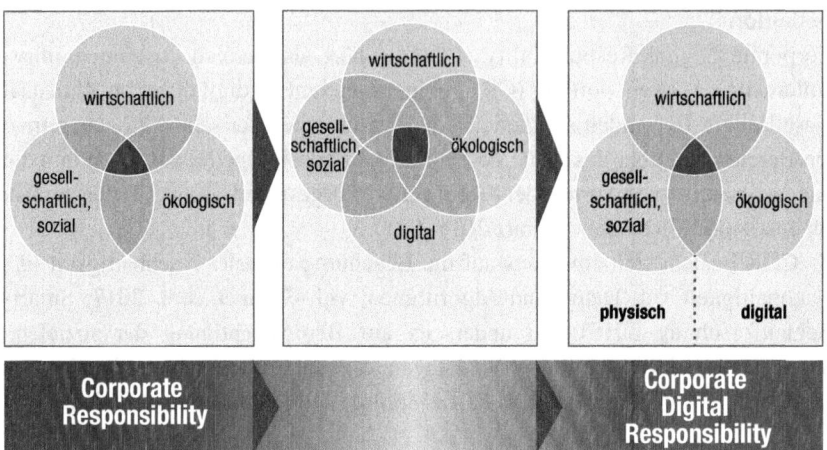

Abb. 1.12 Erweiterung von der Corporate Responsibility zur Corporate Digital Responsibility im Kontext der Digitalisierung. (Eigene Darstellung, Grafik mit freundlicher Genehmigung von © BOSSE UND MEINHARD 2019. All Rights Reserved)

1.5.2 Ziele der CDR

Zweck von CDR ist es, Vertrauen als Voraussetzung für wirtschaftlichen Erfolg zu erhalten oder aufzubauen.

„Der Ansatz [der CDR] proklamiert also, ein Mittel zu sein, um Kunden zu gewinnen und bestehende zu binden." (Smart-Data-Begleitforschung 2018, S. 17). Das Vertrauen von Kunden und weiteren Stakeholdern in das Unternehmenshandeln mit Daten und Algorithmen ist wesentlich, um die Wettbewerbsfähigkeit zu erhalten (vgl. Abschn. 1.4.6). Verantwortlich handelnde Unternehmen zeichnet daher aus, dass sie

- Daten sicher verwalten,
- ihre illegale bzw. ohne Einverständnis erfolgende Verbreitung ausschließen,
- sie für gesamtgesellschaftlich relevante Statistiken oder Analysen zur Verfügung stellen oder
- diejenigen Daten, die Ende am einer Wertschöpfung stehen, zur nachgelagerten Weiterverarbeitung (anderer Institutionen) anbieten

(vgl. Smart-Data-Begleitforschung 2018, S. 8).

Das Vertrauen von Beschäftigen kann dadurch erzielt werden, dass die Beschäftigten – und nicht die Prozesstransformation – als Menschen in den Mittelpunkt der Veränderung gestellt werden. Ziele der CDR sind dabei

- die Persönlichkeitsrechte der Beschäftigten in der Datafizierung, Digitalisierung und Automatisierung zu respektieren und zu schützen,
- die neuen Machtasymmetrien von Beschäftigtengruppen auszugleichen und
- die Mitgestaltung der Beschäftigten am Unternehmen sowie ihre Souveränität ermöglichen („New Work")

(vgl. CSR Europe 2018; Sattelberger 2015; Wedde 2016).

Darüber hinaus besteht die Verantwortung von Unternehmen darin, die wirtschaftlichen Chancen der Digitalisierung im Sinne der Nachhaltigkeit zu nutzen:

- Das Leben der Menschen – lokal und global – zu verbessern,
- mit neuen Geschäftsmodellen wettbewerbsfähig zu bleiben,
- auf Wettbewerber vorbereitet zu sein, die die Branchenstruktur verändern,
- Ressourcen zu schonen und zu „dematerialisieren" und
- Arbeitsplätze zu erhalten

(vgl. Mühlner 2017).

Neue wirtschaftliche Chancen können dadurch entstehen, dass neue Märkte für den Einsatz von Digitaltechnologien und digitaler Geschäftsmodelle zur Erreichung der globalen Nachhaltigkeitsziele entstehen. Aktuelle Hochrechnungen gehen von einem Marktvolumen von 12 Billionen US$ durch Kosteneinsparungen und neue Umsätze aus dem Einsatz von Digitalisierung für nachhaltige Entwicklung aus (vgl. 2030Vision, vgl. Abschn. 2.1.3).

Um Werte zu erhalten, gehört es auch zur Verantwortung die Risiken der Digitalisierung zu reduzieren, zum Beispiel indem

- Schäden vom Unternehmen und seinem Wert abgewendet werden,
- Schäden von der Gesellschaft und der Umwelt abgewendet werden und
- Schäden von den einzelnen Menschen – den Nutzern und auch den Beschäftigten – abgewendet werden

(vgl. Mühlner 2017).

Zusammenfassend stehen also drei Ziele der CDR für Unternehmen im Vordergrund (vgl. Abb. 1.13):

- Die Business-Chancen für Nachhaltigkeit durch Digitalisierung zu nutzen.
- Die Marke und die Reputation durch digital-ethisches Handeln zu stärken.
- Die materielle Grundlage der Bits & Bytes zu beachten.

Damit werden Themen der ökonomischen, ökologischen und sozialen Unternehmensnachhaltigkeit adressiert.

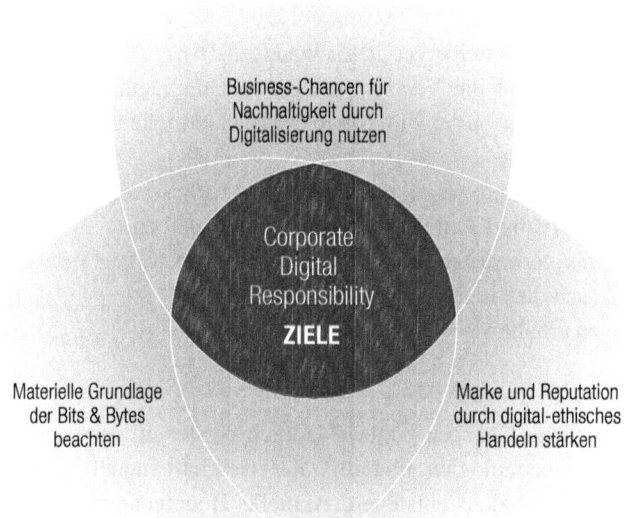

Abb. 1.13 Ziele der Corporate Digital Responsibility. (Eigene Darstellung, Grafik mit freundlicher Genehmigung von © BOSSE UND MEINHARD 2019. All Rights Reserved)

1.5.3 Voraussetzungen

Mit der Veränderung der Art und Weise wie Unternehmen wirtschaften, z. B. Vernetzung der Maschinen in der „Smart Factory" oder Vermarktung von Produkten über die neuen Plattformen, verändern sich auch die Versprechen an die Kunden und Verbraucher. Um Vertrauenswürdigkeit herzustellen soll hier auf zwei Aspekte einer erfolgreichen CR eingegangen: Rechtschaffenheit und Kompetenz (vgl. Suchanek 2012, S. 64).

Bei Rechtschaffenheit geht es darum, rechtliche Regeln sowie allgemeine soziale und ökologische Standards einzuhalten bzw. die Frage zu beantworten, welche der Standards überhaupt einzuhalten sind. Primäres Ziel ist es, „Schädigungen Dritter zu vermeiden, die sich aus den Wertschöpfungsprozessen ergeben könnten" (Suchanek 2012, S. 64). Sie sind es die Vertrauenswürdigkeit untergraben. Mit der Digitalisierung entstehen neue rechtliche Regeln und neue ethische, soziale und ökologische Standards. Die Aufgabe von Managern und Unternehmern besteht darin, diese Entwicklung zu verfolgen und rechtzeitig für die Umsetzung einer „digitalen Rechtschaffenheit" zu sorgen (vgl. Hochschule der Medien 2017).

Voraussetzung dafür ist die Kompetenz der Verantwortlichen, ein weiterer Aspekt der Vertrauenswürdigkeit (vgl. Suchanek 2012, S. 64). Ob diese Kompetenz bereits heute in ausreichendem Maße über die Branchen hinweg vorhanden ist, darf bezweifelt werden (vgl. Knaut 2017). Zum Schutz des Unternehmens muss sich daher die Führung der Unternehmensstrategie und -politik bzw. der CR- und Nachhaltigkeitsbereiche mit den Folgen der Digitalisierung auf den eigenen Verantwortungsbereich auseinandersetzen.

1.5.4 Das Ökosystem der digitalen Stakeholder

Die Erweiterung der Shareholder- zur multiplen Stakeholder-Perspektive als relevantes Ökosystem für verantwortlich handelnde Unternehmen ist wesentlicher Kern von Nachhaltigkeits- und CR-Management (vgl. „Stakeholder Theory", Freeman 1984). Damit geht einher, dass nicht nur Wert für die Shareholder, also für die Anteilseigner geschaffen wird, sondern auch Wert für die weiteren vielfältigen Anspruchsgruppen eines Unternehmens.

Mit der Digitalisierung ändern sich die Ansprüche von Stakeholdern und gleichzeitig die Art der Stakeholder für Unternehmen. Neben den skeptischen Verbrauchern (vgl. Abschn. 1.4.3) wird heute eine „zivilgesellschaftliche Handlungslücke" z. B. bei der Nutzung von Daten, Algorithmen oder von Plattformen für das Gemeinwohl wahrgenommen. Digitalkonzerne werden in Bezug auf „Gemeinwohlorientierung" sehr schlecht bewertet (vgl. HHL Leipzig Graduate School of Management 2019). Die Stärkung der Interessen der Gemeinschaft, von Bürgerinnen und Bürgern sowie von Arbeitnehmerinnen und Arbeitnehmern wird gefordert (vgl. Bertelsmann Stiftung 2017; Deutscher Gewerkschaftsbund 2018; ver.di 2018).

Staaten sind gehalten mit Anpassungen im Wettbewerbsrecht und der Besteuerung der digitalen Unternehmen dafür zu sorgen, dass die Vorteile der Digitalisierung auch der Öffentlichkeit zu Gute kommen. Mit Veränderung der Gesetzgebung und Regulierung ist zu rechnen.

> „Statt auf die freiwillige Selbstzähmung von Technologieentwicklern und politökonomischen Interessen zu hoffen, müssen gemeinwohlorientierte und demokratische Staaten sowohl eine starke antizipative Kapazität aufbauen als auch ein strategisches Bündel von Institutionen, Gesetzen und Maßnahmen schaffen" (WBGU 2019, S. 5)

Von den „Tech-Communities" und Digitalunternehmen selbst wird erwartet, dass sie – sofern die Steuerungswirkung durch die Staaten oder internationalen Organisationen (noch) zu gering ist – selbst „Potenziale für Nachhaltigkeitstransformationen" verwirklicht (vgl. WGBU 2019).

Dabei sind die Stakeholder-Ansprüche bezogen auf die Digitalisierung durchaus widersprüchlich. Ist zum Beispiel die Blockchain ein Instrument zur Stärkung von Partizipation oder mit enormem Stromverbrauch ein „Klimakiller"? Erleichtern Roboter die Arbeit oder nehmen sie sie uns weg? Vereinfacht die Digitalisierung unser Leben oder sorgt sie für zunehmende Ungerechtigkeit? Auch in der Einschätzung der wissenschaftlichen Erkenntnisse zu Digitalisierung und Nachhaltigkeit bestehen Widersprüchlichkeiten (vgl. Lange und Santarius 2018). Dies erschwert heute noch die Umsetzung einer verantwortlichen Digitalisierung für die Unternehmen.

Unternehmen, die relevante Stakeholder-Ansprüche im Rahmen der Digitalisierung frühzeitig erkennen, und in geeigneter Weise reagieren, haben die Möglichkeit strategische Wettbewerbsvorteile zu erzielen und eine einzigartige Marktposition zu erreichen (vgl. Hasselbalch und Tranberg 2018, S. 194–195; Porter und Kramer 2006; Schaltegger und Burritt 2005, 201 f; vgl. Abschn. 1.5.7).

1.5.5 „Gläserne Nutzer" als neue Stakeholder

Die Verfügbarkeit und Verarbeitung von Daten zählen zu den zentralen Merkmalen der Digitalisierung und der Zugang zu relevanten Daten und ihre Analyse ist ein wesentlicher Wettbewerbsfaktor. Man spricht dabei von „Datenhandel" oder „Datenmärkten", auch wenn die Daten oft physisch nicht transportiert werden (vgl. Schweitzer und Peitz 2018, S. 11).

Ein Teil der neuen Geschäftsmodelle beruhen auf dem systematischen Einblick und dem „Durchdringen" der einzelnen Kunden bzw. Nutzer mittels Daten (vgl. Hofer-Jendros 2016, S. 44–45). Nutzer geben – bewusst oder unbewusst – heute in nie gekanntem Maße Daten über sich preis, die „unsichtbar" (auch mittels KI) zu völlig neuen Aussagen kombiniert und eingesetzt werden. In personenbezogenen Datenmärkten tritt daher das Individuum stärker als bisher in den Vordergrund, zumal sein Schutz durch kollektive Regelungen bezüglich Nutzung, Eigentumsrechten und Umsetzung von Datenschutz bei personenbezogenen Daten bisher nicht ausreichend gewährleistet ist (vgl. Schweitzer und Peitz 2018, S. 35–54).

In der wirtschaftsethischen Diskussion um den „gläsernen Nutzer" geht es z. B. um den Schutz der Persönlichkeit und um informationelle Selbstbestimmung. Sie unterschiedlichen bestehenden Interessen, ihre Vermittlungs- und Konfliktebenen ist zusammenfassend in Abb. 1.14 dargestellt (vgl. Petersen 2015, S. 102). Beim „gläsernen Nutzer" kann es sich um Kunden, Arbeitnehmer, Kapitalgeber oder die Daten jedes weiteren Stakeholders handeln, die im Unternehmen genutzt werden.

Es bestehen Zielkonflikte zwischen den Universalinteressen – wie z. B. Schutz der Menschenwürde oder Möglichkeit der Datennutzung für Gemeinwohl und Nachhaltigkeit – und den Individualinteressen – wie z. B. Vertraulichkeit von Informationen oder einen Nutzen aus eigenen Daten und digitalen „Schöpfungen" ziehen können. Beispielsweise steht das Individualinteresse der Unterlassung von Echtzeit-Auswertung persönlicher Daten ohne Kontroll- und Eingriffsmöglichkeit dem Universalinteresse der Verbesserung von Nachhaltigkeit oder der Reduktion von Straftaten durch Auswertung personenbezogener Daten entgegen (vgl. Seele 2016, 2017).

Die Beziehung von Unternehmensinteressen zu Universalinteressen wird in den Konzepten der CDR oder des „Business Case für (digitale) Nachhaltigkeit" behandelt (vgl. Abschn. 1.5.2. und 1.5.7). Um Nachhaltigkeitsintegration zu erzielen, müssen Widersprüchlichkeiten und Konflikte, die aus der Berücksichtigung von Stakeholder-Interessen entstehen, innerhalb der Unternehmen bearbeitet und nach Lösungen gesucht werden (vgl. Schaltegger et al. 2007, 14 ff).

Während die Unternehmen auf eine Monetarisierung von Daten und eine stärkere Kundenzentrierung als Wettbewerbsvorteil abzielen, wird der „gläserne Nutzer" damit relevanter Stakeholder. Unternehmens- und Individualinteressen finden in der „Prosumenten"-Beziehung der Plattformökonomie zusammen. Sie bietet dem Nutzer einerseits Co-Kreation, flexible Preissysteme und einfache Zugänge, andererseits nutzt sie dabei (sensible) persönliche Daten, „beutet" schöpferische Leistungen „aus" und manipuliert Handlungen (vgl. Abschn. 1.3.4 und 1.4.1).

> „Auf der einen Seite [möchten] Betroffene über die Verwendung ihrer Daten und den Umfang ihrer Verarbeitung selbst bestimmen […], auf der anderen Seite [möchten] jedoch Unternehmen Wertschöpfung zur Profitsteigerung durchführen können […]. Dieses Spannungsfeld aus informationeller Selbstbestimmung und Wertschöpfungsbestrebungen macht die zuwiderlaufenden Interessen deutlich." (Smart-Data-Begleitforschung 2018, S. 6).

Für Unternehmen besteht die Herausforderung in der umsichtigen Abwägung der unterschiedlichen Interessen: Die Nutzungsbereitschaft und Nutzerbindung ist Voraussetzung und Erfolgsfaktor für die Prosumenten-Beziehung in der in der Plattformökonomie und damit geschäftlichen Erfolg. Enttäuschte Nutzer, die sich unfair behandelt fühlen, könnten „mit einem Klick" abwandern.

Die Meinung und auch das Handeln der Nutzer selbst sind aktuell starken Veränderungen unterworfen, z. B. war es 2014 acht Prozent der 14- bis 24-Jährigen egal, was mit ihren Daten im Internet geschieht – inzwischen sind es 20 % (vgl. DIVSI 2018, S. 87). Auch der öffentliche Diskurs läuft und spiegelt gegenläufige Meinungen wieder (vgl. Kreye 2019; Von Gehlen 2019).

Die hier genannten wirtschaftsethischen Aspekte zum „gläsernen Nutzer" werden somit auch zum Teil der Diskussion um Corporate Digital Responsibility und Nachhaltigkeit (vgl. Abb. 1.14).

Der WBGU nimmt in seinem Gutachten das Individuum mit dem Begriff der „Würde" explizit in den normativen Kompass zur Nachhaltigkeitstransformation auf: Sie sei von jeher implizierter normativer Ausgangspunkt gewesen, aber im digitale Zeitalter würde sie „zunehmend brisanter" (vgl. WBGU 2019, S. 3).

1.5.6 Gesellschaftliche Interessen als Wettbewerbsvorteil

Im Sinne des Nachhaltigkeitsmanagement wird erwartet, dass CDR-Engagement Vorteile für die strategische Wettbewerbsposition bringt und zu einer positiven Unternehmenswertentwicklung beiträgt.

Einzelne digitale technische und wirtschaftliche Möglichkeiten erlangen unterschiedlich schnell Marktreife und Relevanz für die eigene Branche. Um Wettbewerbsvorteile

Abb. 1.14 Der „gläserne Nutzer". Wirtschaftsethische Aspekte in personenbezogenen Datenmärkten. (Eigene Darstellung nach Petersen 2015, S. 102; mit freundlicher Genehmigung von ©
FernUniversität in Hagen & Fraunhofer UMSICHT 2019. All Rights Reserved)

zu erzielen, müssen Unternehmer, Manager und Führungskräfte die Vielzahl technologischer Trends kennen und für das eigene Business bewerten (vgl. Abb. 1.15).

Auch gesellschaftliche Interessen und Ansprüche, die durch die technologische Entwicklung entstehen – wie die im Abschn. 2.2 dargestellten „unerwünschten Nebenwirkungen" der Digitalisierung – können unternehmensexterne Werttreiber sein, sofern
sie Anforderungen wichtiger Stakeholdergruppen, wie Kunden, NGOs oder Regulierer,
zur Verbesserung der ökologischen und sozialen Leistung eines Unternehmens darstellen. Damit verändern sie das Wettbewerbsumfeld einer Branche und sind im strategischen Management mit zu betrachten.

Sie können für die Ausprägung eines strategischen Wettbewerbsvorteils und einer
einzigartigen Wettbewerbsposition sorgen. Voraussetzung dafür ist, dass sie frühzeitig
erkannt und darauf reagiert wird. Sie sollten in die strategische Frühaufklärung integriert
werden. Je nach Phase im Lebenszyklus, in der sie sich befinden, haben sie unterschiedliche strategische Relevanz.

Abb. 1.15 Trend-Radar Digitalthemen und ihre gesellschaftliche Bewertung. (Illustrativ, eigene Darstellung; Grafik mit freundlicher Genehmigung von © BOSSE UND MEINHARD 2019. All Rights Reserved)

Ziel für ein digital verantwortungsvolles und nachhaltig handelndes Unternehmen könnte es sein, ein aufkommendes Thema für einen Pioniervorteil zu nutzen, um als „Themenführer", beispielsweise bei der Einschränkung der Nutzung von Künstlicher Intelligenz, anerkannt zu werden. Einzelne Unternehmen haben eine solche Positionierung als Vorteil erkannt und formulieren Ethikkodices (vgl. Abschn. 4.3.3 und 5.2.2). Am Ende ihres Lebenszyklus sind Werttreiber nur noch „Hygienefaktoren" und als Kosten akzeptiert. Sie sorgen für keine positive Wahrnehmung und haben keine strategische Bedeutung (vgl. Hockerts 2001, S. 12 ff; vgl. Abb. 1.16).

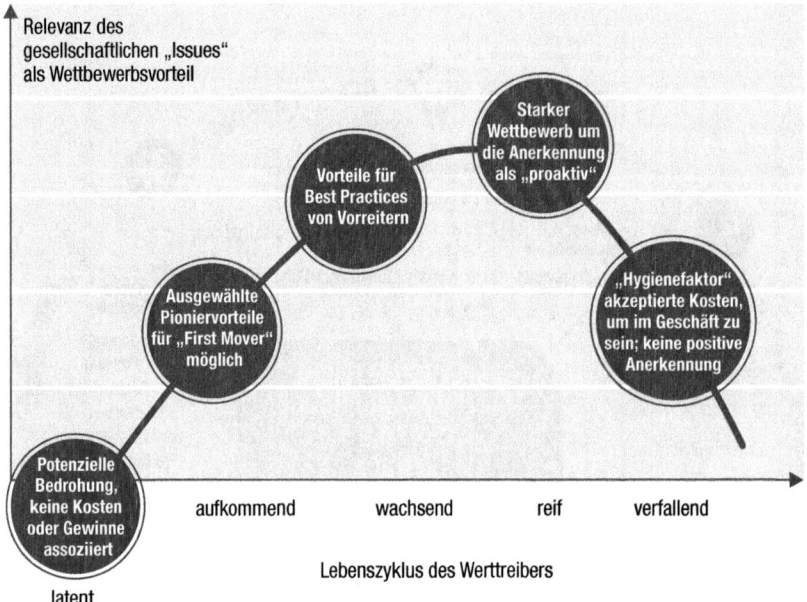

Abb. 1.16 Typischer Lebenszyklus von Nachhaltigkeitsthemen und ihre Wirkung im Wettbewerbsumfeld. (Eigene Darstellung nach Hockerts 2001, 13; Grafik mit freundlicher Genehmigung von © BOSSE UND MEINHARD 2019. All Rights Reserved)

Für eine Bearbeitung im Sinne der Unternehmenswertentwicklung im Zuge der Digitalisierung besteht die Aufgabe in einer systematischen Abwägung sozialer, kultureller, ökologischer sowie wirtschaftlicher Interessen als Frühindikatoren und Treiber von Geschäftschancen und -risiken entlang der digitalen Wertschöpfungskette (vgl. Schmidtpeter 2017; Thorun 2018).

1.5.7 Business Case für (digitale) Nachhaltigkeit

Profit und Nachhaltigkeitsleistung von Unternehmen schließen sich nicht aus. Beispielsweise verzeichneten zwischen 2006 und 2010 die 100 weltweit führenden nachhaltigen Unternehmen ein deutlich höheres mittleres Umsatzwachstum, Gewinn vor Steuern, Kapitalrendite und Cashflows als vergleichbare herkömmliche Unternehmen (vgl. Whelan und Fink 2016).

Untersuchungen zeigen, dass wirtschaftlich positive „Business Cases für Nachhaltigkeit" (Business Case for Sustainability) bestehen, die eine Verbesserung der umweltbezogenen bzw. gesellschaftlichen Leistung bewirken (vgl. Schaltegger und Wagner 2006). Der ökonomische Wert, der durch die ökologische und/oder soziale Leistung erzeugt wird, tritt den Wettbewerb um „knappe Ressourcen" gegen „weniger nachhaltige" Maßnahmen an.

Treiber eines Business Case für Nachhaltigkeit und die entsprechende Nachhaltigkeitsmaßnahmen sind (vgl. Schaltegger et al. 2010, S. 34–36):

- Effizienz und Kostenreduktion: Ressourceneffizient produzieren (z. B. Produktionsprozess optimieren)
- Risikobeherrschung: Umwelt- bzw. sozial orientiertes Risikomanagement (z. B. Gesundheitsvorsorge am Arbeitsplatz)
- Reputation und Markenwert: Außenkommunikation von Umwelt- und Sozialmaßnahmen (z. B. Nachhaltigkeitsbericht)
- Mitarbeitermotivation und Anziehen von Talenten: Fördern der Mitarbeitermotivation
- Kosten Umwelt- bzw. sozial orientiertes Kostenmanagement (z. B. günstigere Recyclingprodukte verwenden)
- Umsatz: Neue Kundensegmente erschließen (z. B. ökologische und soziale Produkte bewerben)
- Innovation von Produkten und Services: Entwickeln neuer Bereiche mit Nachhaltigkeitsbezug (z. B. Produktinnovationen, Stiftungen)
- Zugang zu Kapital: Nachhaltigkeitsstandards und -reporting, Nachhaltigkeitsbewertung von Rating-Agenturen (z. B. Dow Jones Sustainability Index)

Mit CDR setzen sich die Unternehmen neben dem Verbrauchervertrauen auch für ihr Ansehen bei multiplen Stakeholdern, wie Mitarbeitern, Kapitalgebern, Politik etc. ein – der Treiber ist die Reputation oder der Markenwert (vgl. Thorun 2018; Thorun et al. 2018). So können sie ökonomisch motiviert Alleinstellungsmerkmale bilden und Wettbewerbsvorteile aufbauen. Aber auch die anderen genannten Treiber wie z. B. die Kostenreduktion und die Risikobeherrschung können einen Business Case begründen.

Unternehmen können durch ihre Innovationskraft Motor für wettbewerbsfähige Nachhaltigkeitslösungen sein, egal ob es darum geht, Risiken zu managen oder geschäftliche Vorteile zu schaffen. Das bedeutet für Unternehmen im Digitalzeitalter, dass eine Unterstützung von gesellschaftlicher Nachhaltigkeit durch Verzicht auf die Auswertung von Daten oder die Öffnung von Daten durch eine „Open Database License" nicht zwangsläufig eine Minderung des ökonomischen Erfolgs zur Folge haben muss, sondern im Gegenteil beispielsweise zur Reputationssteigerung bei Kunden oder zur Kostensenkung in der Verwertungskette beitragen kann.

Aktuell zeichnen sich einige Business Cases für digitale Nachhaltigkeit ab, die insbesondere am Verbrauchervertrauen bzw. der Kundenbindung oder bei Umwelt- und Klimaschutz ansetzen. Es ist die zentrale Aufgabe von CR-Management, die Kausalität zwischen einerseits gesellschaftlicher und ökologischer Leistung und andererseits der ökonomischen Unternehmensperformance aufzuzeigen.

„Shared Value" Es ist das Verdienst des „Shared Value Modells" von Porter und Kramer, das in der Praxis eine hohe Akzeptanz gefunden hat, die gesellschaftliche Verantwortung in den strategischen Kern von Unternehmen zu rücken (vgl. Porter und Kramer 2011). Dieses Modell besagt, das mit der Einbindung gesellschaftlicher Themen Innovationen, höhere Produktivität, langfristige Wettbewerbsvorteile sowie neue Absatz- und Wachstumschancen erschlossen werden können. Die beiden Zielstellungen von Gesellschaft und Unternehmen werden als miteinander vereinbar und nicht gegenläufig angesehen.

Auch für digitale Verantwortung kann das „Shared Value Modell" angewendet werden, d. h. die Nutzung von gesellschaftlichen Chancen für Wettbewerbsfähigkeit und Profit. Nur wenn ein gesellschaftlicher Wert durch Digitaltechnologien und Vernetzung entstehen, kann eine entsprechende Wertschöpfung in Unternehmen erfolgen. Ausgangspunkt der Betrachtung ist die Wertschöpfungskette. Durch eine Chancen- und Risikenanalyse („Handprint"/„Footprint") des datenbezogenen Wertschöpfungsprozesses sind Ansätze für einen „Shared Value" zu ermitteln (vgl. Esselmann und Brink 2016).

Das Model macht keine Aussage darüber, wie zu verfahren ist, wenn sich gesellschaftlicher Anspruch und Profitabilitätsstreben widersprechen. Auch für die digitale Verantwortung mit ihren zahlreichen „unerwünschten Nebenwirkungen", die den gesellschaftlichen Wert mindern, wenn nicht sogar der Gesellschaft schaden, scheint dies eine relevante „Achillesferse" bei der Anwendung des Modells auf CDR zu sein.

1.5.8   Verantwortung in der VUCA-Welt

Um die Chancen der Digitalisierung nutzen zu können, müssen Unternehmen sich dem Tempo der Veränderung anpassen. Äußere Faktoren führen unternehmensintern zu steigenden Anforderungen an die Führung. Traditionelle Führungskonzepte stoßen an ihre Grenzen. Als Erklärung dafür wurde ein Begriff geprägt:

> „Wir leben in einer VUCA-Welt." (Sarkar 2016 sowie andere Autoren, eigene Übersetzung)

VUCA ist ein Akronym für „volatile" (unberechenbar), „uncertain" (unsicher), „complex" (komplex) and „ambiguous" (mehrdeutig). Es wird angeführt, dass der Anstieg dieser Merkmale in der Wirtschaftsumwelt durch die Digitalisierung verstärkt wird. Ob die Veränderung tatsächlich „unvorhersagbarer" als früher, komplexer oder unsicherer ist, lässt sich schwer sagen. Allerdings führt die Digitalisierung unternehmensintern zur Beschleunigung von Geschäftsprozessen (z. B. Industrie 4.0 vgl. Abschn. 1.4.2), zu zunehmend netzwerkartigen, „agilen" Organisationen und damit verbundenen Organisationsveränderungen sowie einem steigenden Bedarf an Partizipation und der Wissensintensität der Arbeit (vgl. Kirch et al. 2018, S. 38).

Damit geht eine Veränderung der Management- und Führungskompetenzen einher. Es kommt zu einer Aufwertung von ethischem Verhalten und sozialer Verantwortung. Und auch im Kontext der Digitalkompetenzen wird die Notwendigkeit einer stabilen Wertebasis diskutiert (vgl. Kirch et al. 2018, S. 40–41).

Kritischer Erfolgsfaktoren für Unternehmen unter den VUCA-Rahmenbedingungen sind:

- solide Geschäftsgrundlagen,
- Innovation,
- schnelle Reaktion,
- Flexibilität,
- Veränderungsmanagement (Change Management),
- Diversity Management – auf lokaler und globaler Ebene,
- Markt- und Kundeninformationen und
- enge Zusammenarbeit mit allen relevanten Stakeholdern – Mitarbeitern, Kunden, Lieferanten, Aktionäre und der breiteren Gesellschaft

(vgl. Sarkar 2016).

Viele der Anforderungen davon überschneiden sich mit den Aufgaben von Nachhaltigkeits- und CR-Verantwortlichen. Ihr Beitrag ist daher und auch aufgrund der ethischen Basis, auf der sie agieren, bedeutender denn je.

Von Nachhaltigkeits- und CR-Verantwortlichen wird eine moralische Führerschaft innerhalb der Unternehmen erwartet. Sie wirken als „Change Agents" der Nachhaltigkeit und bei der Umsetzung ethischer Maßstäbe in den Geschäftseinheiten. Sie sind wichtige Botschafter für die Vertrauenswürdigkeit ihrer Unternehmen und Organisationen. Essenziell ist ihre Kommunikations- und Vermittlungsfähigkeit.

VUCA in der Geschäftswelt verlangt jedoch nicht nur Innovation, Flexibilität, Globalität und Offenheit, sondern insbesondere auch das Entscheiden in Ungewissheit, Denken in Nichtlinearitäten und das Experimentieren mit Neuem (vgl. Abschn. 5.1.1). Verantwortung im Digitalzeitalter braucht daher mutige CR- und Nachhaltigkeitsverantwortliche, die ihre Managementpraktiken experimentell gestalten und Fehler zulassen. Dieser Gedanke liegt dem entwickelten CDR-Kreisprozess, der sich als Leitbild durch das Buch zieht, zugrunde.

1.6 Wie CDR (immer wieder) in sechs Schritten umgesetzt werden kann

CR-Management bzw. -Verantwortliche unterschiedlicher Branchen stehen vor der Aufgabe diese neuen Konzepte aufzugreifen und in Umsetzung zu bringen. Damit geht eine Innovation des CR-Managements im engeren Sinne einher. Mit CDR geht es auf der einen Seite darum, das neue „Terrain" kennenzulernen und die bestehenden Instrumentarien darauf anzuwenden. Auf der anderen Seite gilt es, sich die neuen Methoden der digitalen Arbeitsweise und ein „digitales Mindset" zu eigen zu machen.

Die Umsetzungsverantwortung für CDR kann im Kompetenzbereich von CR-Beauftragten oder Nachhaltigkeitsabteilungen in den Unternehmen liegen, aber ist dort bislang nicht angekommen (vgl. Knaut 2017; Schaltegger und Petersen 2017). Verwunderlich wäre dieser „blinde Fleck" bei den CR-Experten nicht, denn der Begriff „Nachhaltigkeit" bezieht sich aktuell nicht auf die digitale Welt und digitale Güter. Dies verändert sich jedoch gerade (vgl. Abschn. 2.1.3).

Um diesen Erneuerungsprozess zu unterstützen werden im vorliegenden Buch Ansätze und Impulse geliefert. Es wird ein allgemeiner Innovationszyklus zugrunde gelegt und ist in sechs Schritte aufgeteilt (vgl. Abb. 1.17).

Dieser Innovationszyklus soll dazu dienen die Funktionen und Aufgaben von CR zu CDR weiterzuentwickeln und damit auch die Rolle und Perspektiven der CR-Experten zu erweitern. Die Schritte sind im Einzelnen:

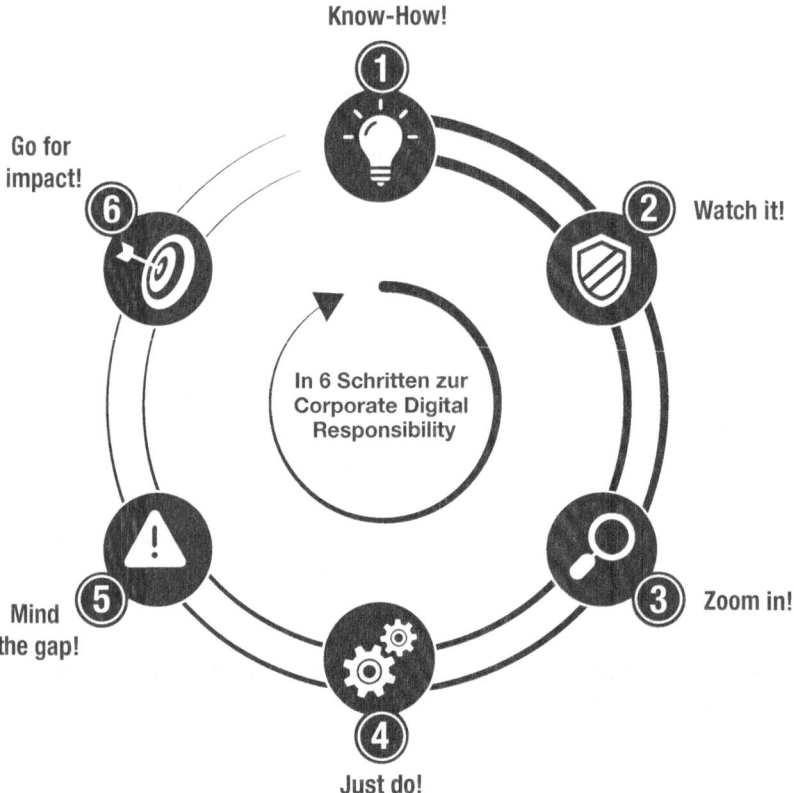

Abb. 1.17 Zur Corporate Digital Responsibility in sechs Schritten. (Eigene Darstellung; Grafik mit freundlicher Genehmigung von © BOSSE UND MEINHARD 2019. All Rights Reserved)

- Schritt 1 „Knowhow!" Was sich im Digitalzeitalter verändert: Ziel ist es, einige grundlegende (digital-) technologische Entwicklungen, die die Digitalisierung kennzeichnen, sowie ihre Wirkung auf Wirtschaft und Unternehmen darzustellen. Danach wird begründet, wieso diese Entwicklung eine Veränderung der Unternehmensverantwortung nach sich zieht und wie sich CR zu CDR weiterentwickelt. CDR wird definiert und bestehende CR-Konzepte auf CDR bezogen (vgl. Kap. 1).
- Schritt 2 „Watch it!" Digitalisierung und Nachhaltigkeit zusammen denken: Digitaltechnologie birgt Chancen und Risiken für die Nachhaltigkeit. Diese werden in den drei Dimensionen in der Übersicht dargestellt. Danach wird erläutert, welche positiven gesellschaftlichen und Nachhaltigkeitsbeiträge Digitalisierung haben kann und welche „unerwünschten Nebenwirkungen" auf Gesellschaft und Nachhaltigkeit sich bereits heute zeigen. Auf jedes der Themenfelder wird im Detail eingegangen, denn es handelt sich um zum Teil neu entstehende oder an Bedeutung gewinnende gesellschaftliche Anforderungen, die an digitale oder sich digitalisierende Unternehmen heran getragen werden (vgl. Kap. 2).
- Schritt 3 „Zoom in!" Digital Responsibility im eigenen Unternehmen bestimmen: In diesem Schritt wird vorgeschlagen, den aktuellen Stand der CDR im Unternehmen zu bestimmen. Es wird eine Vorgehensweise vorgestellt, der sog. „Digital Responsibility Check", der dabei in Bezug auf Reifegrad und Ganzheitlichkeit unterstützen kann. Er basiert auf einem Modell aus 15 Verantwortungs-Clustern der CDR, die aus den „unerwünschten Nebenwirkungen" der Digitalisierung hergeleitet wurden. Für jedes Handlungsfeld wird dargestellt, welche unternehmerischen Chancen und Risiken sich ergeben (vgl. Kap. 3).
- Schritt 4 „Just do!" Umsetzung im Unternehmen anpacken: Hier geht es um das Kennenlernen von Methoden zur Umsetzung von CDR im Unternehmen. Zunächst handelt es sich um eine strategische Einordnung aus Top-Management-Perspektive und die Bestimmung der Potenziale für das Unternehmen durch CDR. Danach wird darauf eingegangen wie bestehende CR-Instrumente, wie Global Compact, OECD-Leitlinien oder DIN/ISO 26000 für CDR genutzt werden können. Vorschläge zur Anpassung von Stakeholder- und Wesentlichkeitsanalyse werden unterbreitet. Weiterhin werden beispielhaft 12 „digitale" Selbstverpflichtungen für Unternehmen vorgestellt, die genutzt werden können, um CDR in einem ersten Schritt auch außerhalb des Unternehmens zu zeigen. Schließlich wird dargestellt, wie „digitale Innovationen" mit Verantwortung durch Innovationsmethoden und Geschäftsmodellentwicklung gefördert werden können (vgl. Kap. 4).
- Schritt 5 „Mind the Gap!" Herausforderung in der Praxis meistern: Bei der Umsetzung von CDR ist mit zahlreichen Herausforderungen zu rechnen, die in der Praxis gemeistert werden müssen. Dabei ist es hilfreich, mögliche Stolperfallen zu kennen. Sie entstehen zum einen aus der Komplexität und Unsicherheit der Nachhaltigkeits-Herausforderungen in der VUCA-Welt und zum anderen durch konkrete CDR-Umsetzungsbarrieren im Unternehmen. Es werden Ansätze vorgestellt, wie mit diesen Stolperfallen umgegangen werden kann. Sie werden durch praktische Tipps ergänzt, wie Partner und Verbündete unternehmensintern und -extern zu finden sind,

die beim „Betreten des Neulands" helfen können. Im Anschluss werden sieben CDR-Praxisbeispiele aus unterschiedlichen Unternehmen Deutschlands – auch einigen DAX-Konzernen – vorgestellt. Sie zeigen wie die Unternehmen CDR übernehmen und die Herausforderungen meistern. Sie dienen als „Best Practices" zur Entwicklung eigener Maßnahmen (vgl. Kap. 5).

- Schritt 6 „Go for Impact!" Wirkung zeigen: Zum Abschluss wird darauf eingegangen, wieso Wirkung eingefordert wird und welche Risiken ein „Ethisches Theater" für CDR-Vorhaben darstellt. Danach wird aufgezeigt, wie eine Wirkung von digitaler Verantwortung zu erzielen ist. Dabei wird auf die fünf Stufen der Internalisierung von Verantwortung in Unternehmen und die Organisation eingegangen. Nur wenn Handlungen in das strategische Management aufgenommen sind, kann man von CDR im engeren Sinne sprechen. Das Unternehmen zielt dann mit CDR-Aktivitäten auf die Erhöhung des Unternehmenswerts sowie auf die Erhöhung des gesellschaftlichen Werts durch einen „Business Case" ab. Es werden Beispiele dargestellt, wie digitale Verantwortung gemessen werden könnte. Aufgrund des jungen Themengebiets besteht bisher keine etablierte Wirkungsmessung oder Reporting-Standards für CDR und es wird auf Entwicklungen verwiesen (vgl. Kap. 6)

Obwohl sich eine Abfolge in den Schritten eins bis sechs in der Praxis zunächst anbietet, ist diese Abfolge nicht zwingend.

1.6.1   CDR als Experimentierraum

Die sechs Schritte der CDR sind nicht linear sondern kreisförmig angeordnet. Damit soll darauf verwiesen werden, dass es sich um einen iterativen, wiederholt zu durchlaufenden Prozess handelt, der auch abgekürzt werden kann. Ziel sollte es im Sinne des Design Thinking sein, die Inhalte, die in den einzelnen Schritten adressiert werden, im Unternehmen anzugehen. Es ist nicht Ziel, die jeweiligen Punkte vollständig abzuarbeiten, sondern einen für das Unternehmen passenden Ansatz auszuwählen oder nach noch besseren zu recherchieren.

Mit CDR als Kreisprozess wird der Unternehmensnachhaltigkeit als normatives Konzept Rechnung getragen, dem man sich zwar nähern, das aber nicht erreicht werden kann. Und es wird so darauf hingewiesen, dass ein noch „frisches" Gebiet der Unternehmensverantwortung der Veränderung unterliegt. Die VUCA-Welt wirkt auch in der Unternehmensverantwortung. So wie sich Digitalisierung in Gesellschaft und Unternehmen noch wandeln wird, werden sich auch die Ansprüche der Stakeholder, die Verantwortungs-Cluster der CDR sowie die CR-Instrumente anpassen und wandeln. Es würde daher sinnvoll sein, einzelne Schritte bei Bedarf zu prüfen und neu zu bearbeiten – in der Dynamik des digitalen Wandels und jenseits jährlicher Managementprozesse.

So ist der Weg zur CDR eher ein Weg der explorativen Erkundung, der auch Sackgassen haben kann und manchmal unerwartet Abzweige aufzeigt. Dabei können bestehende CR- oder Nachhaltigkeitsaktivitäten erweitert werden oder eventuell sogar erstmals angegangen werden.

Das vorliegende Buch ordnet Digitalisierung von technologischer und gesellschaftlicher Seite ein und beschreibt einen CDR-Ansatz, der als Querschnittsthema über alle Branchen hinweg gelten kann. Es geht um eine grundlegende einführende Darstellung mit einem Schwerpunkt auf „gemeinsame Nenner". Aufgrund der vielfältigen Ausprägungen der Digitaltechnologien und der Digitalisierung in den unterschiedlichen Sektoren, Branchen und Unternehmensgrößen handelt es sich dabei um eine verkürzte Darstellung. Eine weitere technologie- und/oder branchenspezifische Ausdifferenzierung von CDR muss an anderer Stelle erfolgen.

1.6.2 CDR ist für alle Branchen und Sektoren relevant

Technologie-, Digital-, IT- und ITK-Unternehmen beschäftigen sich heute bereits mit CDR und haben dazu Konzepte und Strategien entwickelt.

Hinzu kommen nachhaltigkeits- und ethisch-orientierte Startups, die Lösungen für die gesellschaftliche Herausforderungen der Digitalisierung angehen oder „grüne" Unternehmen, die ihr besonderes gesellschaftliches Engagement auf die digitale Welt ausdehnen. Aber auch traditionell „nichtdigitale" Unternehmen weiten ihre CSR-Aktivitäten bereits auf Verantwortungs-Cluster der CDR aus. Eine Reihe von Beispielen findet sich in Abschn. 5.2.

Aufgrund des tiefgreifenden digitalen Wandels, der alle Branchen umfasst, handelt es sich nicht nur um ein Verantwortungsgebiet der einschlägigen technologieorientierten Branchen. Grundsätzlich kann von Unternehmen, die mit Daten und Algorithmen in ihren Geschäftsprozessen und Geschäftsmodellen arbeiten, ein verantwortungsvolles Handeln im Sinne der CDR erwartet werden. Da Digitalisierung (fast) alle Unternehmen betrifft, ist bzw. wird CDR somit für (fast) alle Unternehmen relevant (vgl. Heimisch et al. 2017, S. 38).

Da die Unternehmen nach Branchen unterschiedlich stark (oder schnell) von der Digitalisierung betroffen sind, könnte dies ein Indikator für entsprechende Stakeholder-Ansprüche an Verantwortung sein. Ein Ranking nach Digitalisierungsgrad zeigt folgende Reihenfolge der Branchen (vgl. Bundesministerium für Wirtschaft und Energie 2018, S. 13)

- IKT
- Wissensintensive Dienstleister
- Finanz- und Versicherungsdienstleistungen
- Handel
- Chemie/Pharma
- Maschinenbau
- Energie- und Wasserversorgung
- Verkehr und Logistik
- Sonstiges verarbeitendes Gewerbe
- Fahrzeugbau
- Gesundheitswesen

Von Konzernen und Großunternehmen wird aufgrund ihrer gesellschaftlichen Wirkung „mehr Verantwortung" als von KMU erwartet. Es ist daher davon auszugehen, dass KMU mit den CDR-Engagements den großen Unternehmen folgen. In der Breite der Unternehmenslandschaft wird dieses innovative Feld der Unternehmensverantwortung bislang jedoch noch nicht bearbeitet (vgl. BMJV 2019).

Die Bedeutung von CDR geht über die Privatwirtschaft hinaus. Auch öffentliche Unternehmen, die der Gemeinschaft dienen sollen, sind gehalten ihre Verantwortung für eine nachhaltige Digitalisierung umzusetzen. Offen ist beispielsweise die Frage, wie städtische Betriebe digitaltechnologische Stadtentwicklung („Smart City") und den Anspruch an eine nachhaltige Zukunftsentwicklung zusammenbringen.

Selbst Check

Nach Bearbeitung dieses Kapitels sollten Sie

- ein Verständnis für die Dynamiken der Digitalisierung entwickelt haben,
- grundlegende Digitaltechnologien kennen,
- die Wirkung von Daten und Plattformen auf Geschäftsmodelle kennen,
- Gründe kennen, wieso sich durch Digitalisierung Unternehmensverantwortung verändert,
- Ziele der Corporate Digital Responsibility kennen,
- Corporate Responsibility-Konzepte auf CDR beziehen können und
- wissen, wie die Entwicklung von CR zu CDR iterativ umgesetzt werden kann.

Literatur

Acatech (2018) Smart Service Welt 2018. Wo stehen wir? Wohin gehen wir? https://www.acatech.de/wp-content/uploads/2018/06/SSW_2018.pdf. Zugegriffen: 8. Juni 2019

Bundesministerium für Arbeit und Soziales (2011) Die DIN ISO 26000 „Leitfaden zur gesellschaftlichen Verantwortung von Organisationen"–Ein Überblick. https://www.bmas.de/SharedDocs/Downloads/DE/PDF-Publikationen/a395-csr-din-26000.pdf%3F__blob%3DpublicationFile. Zugegriffen: 6. Juli 2019

Bundesministerium für Justiz und Verbraucherschutz (2018) Corporate Digital Responsibility-Initiative: Digitalisierung verantwortungsvoll gestalten Eine gemeinsame Plattform. https://www.bmjv.de/SharedDocs/Downloads/DE/News/Artikel/100818_CDR-Initiative.pdf?__blob=publicationFile&v=3 Zugegriffen: 1. Febr. 2019

Bundesverband digitale Wirtschaft (2019b) Mensch, Moral, Maschine. Digitale Ethik, Algorithmen und künstliche Intelligenz. https://www.bvdw.org/fileadmin/bvdw/upload/dokumente/BVDW_Digitale_Ethik.pdf. Zugegriffen: 8. Juni 2019

Dufva T, Dufva M (2019) Grasping the future of the digital society. Futures 107:17–28. https://doi.org/10.1016/j.futures.2018.11.001 Zugegriffen: 14. Sept. 2019

Fleisch E, Weinberger M, Wortmann F (2014) Geschäftsmodelle im Internet der Dinge. Bosch IT Lab White Paper. http://www.iot-lab.ch/wp-content/uploads/2014/09/GM-im-IOT_Bosch-Lab-White-Paper.pdf. Zugegriffen: 22. Febr. 2019

Global Intelligence for the CIO (2017) The rise of corporate digital responsibility. https://www.i-cio.com/management/best-practice/item/the-rise-of-corporate-digital-responsibility. Zugegriffen: 24. Jan. 2019

Grimm P (2018) Digitale Ethik – Reflexion über Grundwerte und ethisches Handeln. Bundeszentrale für politische Bildung vom 17.04.2018. http://www.bpb.de/lernen/digitale-bildung/medienpaedagogik/268087/digitale-ethik-reflexion-ueber-grundwerte-und-ethisches-handeln. Zugegriffen: 13. Sept. 2019

Grösser S (2018) Geschäftsmodell. Revision vom 14.02.2018. In: Gabler Wirtschaftslexikon (Hrsg) Das Wissen der Experten. Springer Gabler, Wiesbaden. https://wirtschaftslexikon.gabler.de/definition/geschaeftsmodell-52275/version-275417. Zugegriffen: 13. Juli 2019

Hamidian K, Kraijo C (2017) DigITalisierung – Status quo. In: Keuper K, Hamidian K, Verwaayen E, Kalinowski T, Kraijo C (Hrsg) Digitalisierung und Innovation. Planung – Entstehung – Entwicklungsperspektiven. Springer Gabler, Wiesbaden, S 5–21

Hess T (2016) Digitalisierung. Enzyklopädie der Wirtschaftsinformatik. http://www.enzyklopaedie-der-wirtschaftsinformatik.de/lexikon/technologien-methoden/Informatik--Grundlagen/digitalisierung. Zugegriffen: 24. Jan. 2019

Hockerts K (2001) Corporate sustainability management – towards controlling corporate ecological and social sustainability. Proceedings of greening of industry network conference, S 21–24 http://www.academia.edu/2837301/Corporate_Sustainability_Management_Towards_Controlling_Corporate_Ecological_and_Social_Sustainability. Zugegriffen: 9. Febr. 2019

Hoffmann HC (2019) KI und Moral. Eine Grundlagendebatte. Algorithmenethik vom 17.04.2019. https://algorithmenethik.de/2019/04/17/ki-und-moral-eine-grundlagendebatte/. Zugegriffen: 14. Sept. 2019

Kenney M, Zysman J (2016) The rise of the platform economy. Issues in science and technology 32, Nr. 3. http://issues.org/32-3/the-rise-of-the-platform-economy/. Zugegriffen: 8. Juni 2019

Kiron D, Unruh G (2018) The convergence of digitalization and sustainability. MIT Sloan Manage Rev. https://sloanreview.mit.edu/article/the-convergence-of-digitalization-and-sustainability/amp. Zugegriffen: 15. März 2019

Kleene M, Wöltje G (2009) Grün schlau sexy. TellusBooks, Hamburg. http://www.woeltje.eu/assets/Uploads/130319-GruenSchlauSexy-1.pdf. Zugegriffen: 1. Aug. 2019

Meier C (2017) „Wir schaden uns, wenn wir Technologie dämonisieren". Welt vom 14.08.2017. https://www.welt.de/kultur/article167658045/Wir-schaden-uns-wenn-wir-Technologie-daemonisieren.html. Zugegriffen: 19. Jan. 2018

Sarkar A (2016) We live in a VUCA World: the importance of responsible leadership. Dev Learn Organ Int J30:9–12. https://www.researchgate.net/publication/303317070_We_live_in_a_VUCA_World_the_importance_of_responsible_leadership. Zugegriffen: 13. Juli 2019

Schmidt H (2018) Großunternehmen profitieren am stärksten von Digitalisierung. https://www.netzoekonom.de/2018/05/08/grossunternehmen-profitieren-am-staerksten-von-digitalisierung/. Zugegriffen: 24. Jan. 2019

Smart-Data-Begleitforschung (2018) Corporate Digital Responsibility. Fachgruppe Wirtschaftliche Potenziale und gesellschaftliche Akzeptanz. https://www.digitale-technologien.de/DT/Redaktion/DE/Downloads/Publikation/2018_02_smartdata_corporate_digital_responsibility.pdf?__blob=publicationFile&v=8. Zugegriffen: 15.06.2018

Suchanek A (2012) Vertrauen als Grundlage nachhaltiger unternehmerischer Wertschöpfung. In: Schneider A, Schmidpeter R (Hrsg) Corporate Social Responsibility. Verantwortungsvolle Unternehmensführung in Theorie und Praxis. Springer Gabler, Heidelberg, S. 55–66

The Marketing Journal (2017) "The platform revolution" – an interview with geoffrey parker and marshall van alstyne. http://www.marketingjournal.org/the-platform-revolution-an-interview-with-geoffrey-parker-and-marshall-van-alstyne/. Zugegriffen: 8. Febr. 2019

Thorun C, Kettner SE, Johannes Merck J (2018) Ethik in der Digitalisierung. Der Bedarf für eine Corporate Digital Responsibility. WISO direkt. Friedrich-Ebert-Stiftung, Bonn http://library. fes.de/pdf-files/wiso/14691.pdf. Zugegriffen: 24. Jan. 2019

Wissenschaftlicher Beirat der Bundesregierung Globale Umweltveränderungen WBGU (2019) Unsere gemeinsame digitale Zukunft. Zusammenfassung. Berlin, WBGU. https://www. wbgu.de/fileadmin/user_upload/wbgu/publikationen/hauptgutachten/hg2019/pdf/WBGU_ HGD2019_Z.pdf. Zugegriffen: 3. Mai 2019

Watch it! Digitalisierung und Nachhaltigkeit zusammen denken

2

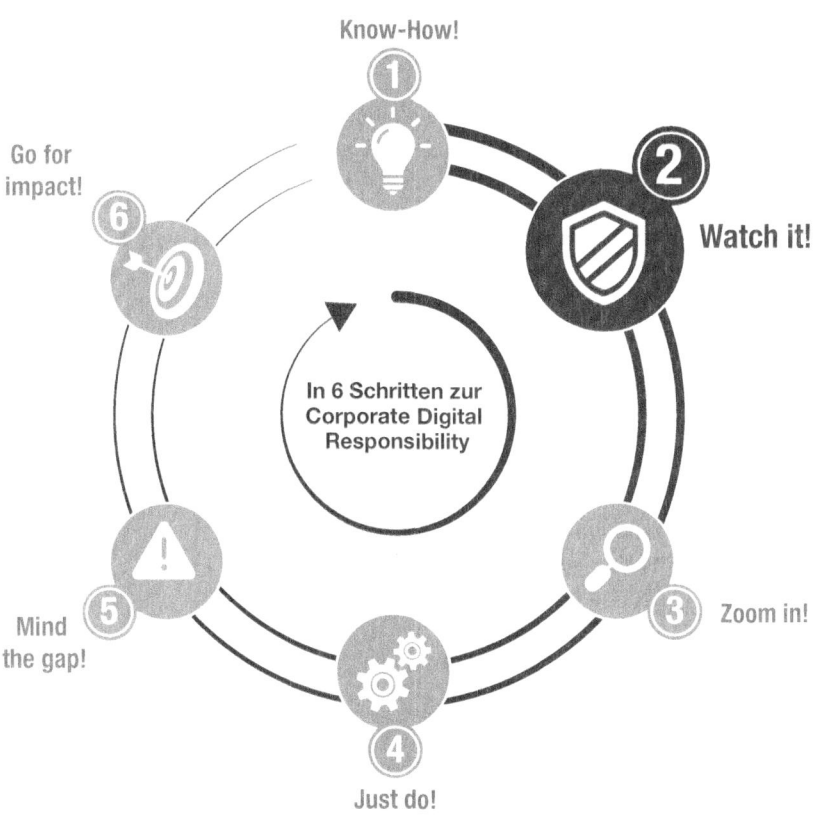

© Springer-Verlag GmbH Deutschland, ein Teil von Springer Nature 2020
S. Dörr, *Praxisleitfaden Corporate Digital Responsibility*,
https://doi.org/10.1007/978-3-662-60592-9_2

Zusammenfassung

Unterschiedliche Aspekte der Beziehung von Digitalisierung und Nachhaltigkeit werden in diesem Kapitel aufgespannt. Begonnen wird im ersten Abschnitt mit der Nachhaltigkeitschancen und -risiken von Digitaltechnologie in den Dimensionen Ökologie, Ökonomie und Soziales. Danach wird erläutert, welche positiven gesellschaftlichen und Nachhaltigkeitsbeiträge Digitalisierung haben kann und welche „unerwünschten Nebenwirkungen" sich bereits heute zeigen. Diese „Nebenwirkungen" erwachsen aus gesellschaftlichen Ansprüchen. Sie werden zunächst prägnant formuliert und dann jeweils Hintergrundinformationen dazu erläutert. Es handelt sich um zum Teil neu entstehende oder an Bedeutung gewinnende gesellschaftliche Anforderungen, die an digitale oder sich digitalisierende Unternehmen heran getragen werden.

2.1   Wie Digitalisierung Mensch und Gesellschaft nützt

Wirtschaft und Unternehmen profitieren heute bereits (teilweise) von Digitalisierung. Für die Gesellschaft sowie die globale Gemeinschaft zeigen sich Chancen.

> „Technologie hat ein großes Potenzial zur Erreichung der SDG beizutragen, aber sie kann auch die Ursache von Ausgrenzung und Ungleichheit sein. Wir müssen die Vorteile fortschrittlicher Technologien für alle nutzen." (Antonio Guterres, United Nations Secretary-General 2018, eigene Übersetzung)

Der Nutzen auf individueller Ebene liegt in der Vereinfachung, Bequemlichkeit und Teilhabe. Auf gesellschaftlicher Ebene liegt er im Nutzbarmachen für das Gemeinwohl sowie der Förderung der nachhaltigen Entwicklung. Darüber hinaus kann gesellschaftlicher Nutzen durch wirtschaftlichen Wohlstand und die soziale Wirkung neuer Arbeitsplätze entstehen. Auf den letzten Punkt wird an dieser Stelle nicht weiter eingegangen und auf umfassende vorhandene Literatur verwiesen (vgl. z. B. Bundeszentrale für politische Bildung 2016b; Bertelsmann Stiftung 2019a).

2.1.1   Mehr Bequemlichkeit im Netz

24/7-Shopping-Möglichkeiten mit umgehender Lieferung, bequemes „Im-Kontakt-bleiben" mit Freunden, Gleichgesinnten oder anderen „Bekannten" sowie umgehender Zugang zu Information und Unterhaltung – das sind wesentliche Nutzen der Digitalisierung für den Einzelnen. Die Nutzung neuer technologischer Möglichkeiten „in Echtzeit" schafft positive Gefühle wie Freude, Begeisterung, Schaffensfreude oder Motivation. Aber auch Teilhabe, Selbstbestimmtheit und Wahlfreiheit spielen für Bürger, Verbraucher und Konsumenten eine Rolle. Vorhandene Handicaps können in der digitalen Welt eine geringere Rolle spielen oder sie können mit digitalen Mitteln ausgeglichen werden.

„Die Macht der Bequemlichkeit bestimmt die digitale Welt." (nach Lobo 2012)

Der Wert von Bequemlichkeit und Zeitersparnis ist eine wesentliche Begründung von technologischer Entwicklung überhaupt. Sie bietet Komfort, sodass das Leben reibungsloser verläuft und mehr Zeit zur freien Verfügung steht. Dabei ist es ein Muster technologischer Entwicklung, dass Gewinne für einige Verluste von anderen sind: Rollen werden neu definiert, neue Aufgaben generiert und soziale Strukturen verschoben. Die Folgen sind komplex und unvorhersehbar. Selbst die Einführung von Waschmaschinen, Staubsaugern und Spülmaschinen führte in einer historischen Betrachtung häufig nicht zu weniger Hausarbeit, sondern zu mehr (vgl. Sacasas 2019). Der erhoffte „Zeitgewinn" führt in westlichen Gesellschaften aktuell nicht zu einem größeren Zeitguthaben, sondern zu immer weniger Muße. Es soll an dieser Stelle zumindest darauf hingewiesen sein, dass die angestrebte Bequemlichkeit als Wert auch Schattenseiten aufweist und möglicherweise Treiber des sog. „Rebound-Effekts" ist (vgl. Abschn. 2.2.15).

2.1.2 Gemeinwohl digital gestalten

Digitalisierung kann in der Gesellschaft Teilhabe sichern, die Gesundheits- und Sozialversorgung verbessern und Bildung erleichtern. Möglicherweise wird die soziale Gemeinschaft durch Kollaboration, mehr Menschlichkeit und Empathie gestärkt (vgl. „Null-Grenzkosten-Gesellschaft", Rifkin 2014).

Sie ist gesellschaftliche Gemeinschaftsaufgabe und es besteht Nachholbedarf für eine soziale, gemeinwohlorientierte Digitalisierung, bspw. bei der Nutzung von Daten, Algorithmen oder von Plattformen für das Gemeinwohl im Sinne der digitalen Nachhaltigkeit.

„Um den digitalen Wandel erfolgreich zu meistern, brauchen wir eine starke und engagierte Zivilgesellschaft. Die Wirtschaft als Treiber reicht nicht aus." (Stiftung neue Verantwortung 2019)

Inzwischen läuft die Diskussion um das Nutzbarmachen von Digitaltechnologie für das Gemeinwohl. Es besteht die Forderung nach einer Vision für ein technologie-gestütztes Gemeinwesen, die den Menschen wieder in den Mittelpunkt der Entwicklungen rückt (vgl. Bertelsmann Stiftung 2017; Deutscher Gewerkschaftsbund 2018; ver.di 2018).

Chancen für zivilgesellschaftliche Akteure bestehen z. B. indem sie sich besser vernetzen und ihrem Anliegen besser Gehör verschaffen können. Mit Open Data- und Open Source-Projekten ist digitales Wissen öffentlich und prinzipiell allen in der Gemeinschaft zugänglich. Und auch die Frage, wie KI zum Wohle aller eingesetzt werden kann, wird diskutiert (vgl. Bertelsmann Stiftung 2017; World Economic Forum 2018b).

2.1.3   Digitalisierung für nachhaltige Entwicklung einsetzen

Die Digitalisierung bietet Chancen zur Beschleunigung der Umsetzung der 17 „Sustainable Development Goals" (SDG) und damit zur nachhaltigen Entwicklung (vgl. Bundesministerium für wirtschaftliche Zusammenarbeit und Entwicklung 2018).

Der WBGU stellt in dem ersten wissenschaftlichen Gutachten zur ganzheitlichen Betrachtung von Digitalisierung im Kontext der nachhaltigen Entwicklung fest, dass die Digitalisierungsdynamiken „massive Auswirkungen" auf alle 17 SDG der Agenda 2030 haben. Es wird sogar eine „Kurskorrektur" der Nachhaltigkeitsdebatte empfohlen, da diese bisher „die Dynamiken der Digitalisierung, der Chancen und Risiken algorithmenbasierter Entscheidungen sowie die Verschränkung physischer und virtueller Räume" nicht berücksichtige (vgl. WBGU 2019, S. 8).

> „Die Digitalisierung sollte nachhaltig gestaltet und als mächtiges Instrumentarium zur Erreichung der Nachhaltigkeitsziele genutzt werden!" (WBGU 2019, S. 8–9)

Gleichzeitig macht das Gutachten deutlich, dass Handlungsdefizite und Forschungslücken bestehen, inwieweit die Digitalisierung diese Hoffnungen erfüllen kann und weist darauf hin, dass sie in den letzten Jahrzehnten mit steigenden Energie- und Ressourcenverbräuchen sowie umweltbelastenden Konsummustern einherging (vgl. WBGU 2019, S. 9).

Die wesentliche Gestaltungsaufgabe bestünde darin, die große Transformation zur Nachhaltigkeit im Schatten der digitalen Umbrüche zu bewältigen. Diese Umbrüche werden in drei Szenarien unterschiedlicher Fristigkeit skizziert, deren Potenziale und Risiken zur Nachhaltigkeit ansteigen (vgl. WBGU 2019, S. 5):

- kurzfristig: Digitalisierung für Nachhaltigkeit einsetzen oder eine ökologischen und gesellschaftliche Erschütterung mit z. B. mehr Ungleichheiten und Erosion der Steuerungsfähigkeit des Staates riskieren.
- mittelfristig: Nachhaltige digitalisierte Gesellschaften mit der Chance der Weiterentwicklung von Aufklärung und Humanismus, z. B. durch die Entwicklung eines Welt(umwelt-)bewusstseins, gestalten oder das Risiko eines digital ermächtigten Totalitarismus, z. B. durch Freiheitsverlust und Totalüberwachung gepaart mit Umweltzerstörung und sozialer Erosion, eingehen.
- langfristig: Die Zukunft des *Homo sapiens* entweder in der Bewahrung des biologischen Menschen in seiner natürlichen Umwelt ethisch reflektiert weiterentwickeln oder ein missbräuchliches Verhältnis von Mensch und Maschine und eine künstlichen Evolution des Menschen riskieren.

Während mittel- und langfristige Szenarien politische Aufgaben aufzeigen, können Unternehmen für die Gestaltung des kurzfristigen Szenarios eine Mit-Verantwortung übernehmen (vgl. ibid. 15).

Die Chancen der Digitalisierung für eine nachhaltige Entwicklung wurden in einer Studie von Accenture im Auftrag der Global e-Sustainability Initiative 2016 berechnet. Alle 17 SDG und mehr als 50 % der 169 „Unterziele" würden positiv beeinflusst und könnten bis zu 23mal mehr die Diffusion und Reichweite als „nichtdigitale" Lösungen erreichen. Das SDG Ziel 9 „Industrie, Infrastruktur und Innovation" steuert u. a. direkt auf die Verbesserung des Internetzugangs für alle. Dies würde ganz direkt mit den Maßnahmen zur Stärkung der Digitaltechnologie verfolgt. Folgende Potenziale für Nachhaltigkeit wurden berechnet (vgl. Global e-Sustainability Initiative 2016):

- Durch Dematerialisierung kann die CO_2-Emissions um 20 % gegenüber dem „Business as usual"-Szenario reduziert werden und damit helfen, den Klimawandel zu bekämpfen. (SDG 13 „Maßnahmen zum Klimaschutz")
- 1,6 Mrd. Menschen können von e-Healthcare profitieren. (SDG Ziel 3 „Gesundheit und Wohlergehen")
- 30 Mio. Verletzungen und 720 Tausend Opfern durch Straßenunfälle wird durch „Car2X"-Technologie vorgebeugt. Sie erlaubt es, dass Autos mit ihrem Umfeld kommunizieren. (SDG Ziel 3 „Gesundheit und Wohlergehen")
- +900 kg mehr Ertrag pro Hektar durch „Smart Agriculture" erzielen. (SDG Ziel 2 „Kein Hunger")
- Durch Breitbandausbau in Schwellenländern kann das Bruttoinlandsprodukt um 12 % gesteigert. (SDG Ziel 8 „Menschenwürde, Arbeit und Wirtschaftswachstum")
- 9 Billionen US$ Umsätze und Kosteneinsparungen werden weltweit unterstützt. (SDG Ziel 8 s. o.)

Eine Vielzahl von Unternehmensprojekten zur Förderung von KI für den Klimaschutz und Erhalt von Biodiversität (SDG 13, 14 und 15), zum Einsatz von Smarten Sensoren zur Vermeidung von Ernteschäden in den Ländern des Südens („klimaresiliente Landwirtschaft", SDG 2), zur Verbesserung von Gesundheit in unterversorgten Regionen durch personalisierte medizinische Versorgung (SDG 3) oder zum Einsatz von Blockchain für eine nachhaltige Lieferkette zeigen die unternehmerischen Chancen durch neue Märkte auf. Eine UN-Studie kommt zu einem Marktvolumen von 12 Billionen US-Dollar durch Kosteneinsparungen und neue Umsätze aus dem Einsatz von Digitalisierung für nachhaltige Entwicklung (vgl. 2030 Vision Global Goals Technology Forum 2017).

2.2 Welche „unerwünschten Nebenwirkungen" die Digitalisierung zeigt

„Die Art und Weise, wie der Umgang mit Wissen und Information organisiert wird, entscheidet genauso, wie wir den Umgang mit den natürlichen Ressourcen organisieren, über unsere gegenwärtigen Chancen, uns kreativ weiterzuentwickeln, erst recht über die Chancen zukünftiger Generationen, das Wissen der Vergangenheit zur Kenntnis zu nehmen und daraus Nutzen ziehen zu können." (Rainer Kuhlen 2002, S. 66)

Die Digitalisierung kann die Spielregeln für Wirtschaft und Gesellschaft ändern, aber das wirkliche Potenzial für Nachhaltigkeit ist bisher unklar (vgl. Seele und Lock 2017).

Lange und Santarius (2018), Sühlmann-Faul und Rammler (2018) sowie der WBGU (2019) zeigen die Risiken im Bereich Umwelt, Überwachung, Freiheit, Menschenrechte, Demokratie, Konsum etc. auf. Dabei verbinden sich Umwelt und Nachhaltigkeit mit Netzkultur und Medien. Die dort geäußerten gesellschaftlichen Ansprüche wurden systematisch analysiert und um Fragen der digitalen Ethik ergänzt (vgl. Otto und Graf 2017, Helbing et al. 2017a und b).

Das Ergebnis ist eine Aufstellung von „unerwünschten Nebenwirkungen" der Digitalisierung, die im Einzelnen kurz erklärt und deren Hintergründe dargestellt werden. (vgl. Abb. 2.1). Der Begriff ist bewusst gewählt, da davon ausgegangen wird, dass diese negativen Effekte auf Gesellschaft, Individuum und Umwelt nicht absichtsvoll geschehen, aber durchaus als „Kollateralschäden" in Kauf genommen werden.

2.2.1 Lücke digitaler Fähigkeiten und „digitales Abseits"

Entgegen der Diskussion in den 90er Jahren besteht heute nicht mehr nur ein „digitaler Graben". Damals ging es um die Menschen, die „online sind" und kompetent das Internet nutzen – heute um viele gesellschaftliche Gräben im Kontext der Nutzung, Bewertung, Erstellung von digitalen Medien, Datenauswertung und Softwareentwicklung in einer Digitalgesellschaft. Es besteht die Befürchtung, dass Bürgerinnen und Bürger ohne die Erfüllung bestimmter Voraussetzungen gar ihre Selbstbestimmung und Mündigkeit zu verlieren drohen.

Ziel von pluralistischen Gemeinschaften im digitaltechnologischen Wandel ist die Entwicklung einer „digital mündigen Gesellschaft", d. h. dem mündigen Umgang gesellschaftlicher Akteure mit Technologie-Entwicklung, Abbau von irrationalen Ängsten durch „Aufklärung" und einem Innovationsklima zur transformativen Entwicklung von neuen Märkten. Möglicherweise kann erst digitale Mündigkeit eine „gute Regulierung" ermöglichen (vgl. Spitz 2017).

Hintergrund Digitalisierung ist ein gesellschaftlicher Prozess, der nur mit Zustimmung und im Dialog mit Zivilgesellschaft erfolgreich sein kann. Daraus ergibt sich der Anspruch an digitale Kompetenz und Mündigkeit von Bürgerinnen und Bürgern in demokratischen Gesellschaften.

Digitale Mündigkeit heißt, die sich dynamisch verändernden Möglichkeiten der Digitalisierung zur selbstbestimmten Gestaltung des eigenen Lebens und Wirkens sowie der Gemeinschaft – also individuell und gesellschaftlich – erkennen, bewerten und ggf. nutzen zu können. Es handelt sich um die Kompetenzbasis zur gesellschaftlichen Gestaltung des digitalen Wandels durch mündige Bürgerinnen und Bürger (vgl. Nationales E-Government Kompetenzzentrum e. V. 2018, S. 4 ff).

Digitale Mündigkeit fußt auf den Konzepten der Digitalen Bildung, „Digital Literacy", Netz-, Internet- und Medienkompetenz im Kontext von Aus- und Weiterbildung

Abb. 2.1 Die „unerwünschten Nebenwirkungen" der Digitalisierung. (Eigene Darstellung; Grafik mit freundlicher Genehmigung von © BOSSE UND MEINHARD 2019. All Rights Reserved)

Unerwünschte Nebenwirkungen der Digitalisierung

1. Lücke digitaler Fähigkeiten und „digitales Abseits"
2. Ungleicher Zugang zu Digitaltechnologie
3. Ohne Gemeinwohl
4. Zentralisieren statt Teilen
5. "Nichts kann schief gehen … schief gehen… schief gehen"
6. Digitale Ungerechtigkeit
7. Im Takt der Maschinen
8. Manipulation und Überwachung
9. Missbräuchliche Nutzung von Kundendaten
10. Druck auf Gemeinschaft und Wohlbefinden
11. Mutloses „Weiter so" der Wirtschaft
12. Technikgläubigkeit oder wirkliche Chance für die Nachhaltigkeit?
13. Konsum 4.0
14. Circular Economy – nur ein magischer Trick?
15. Mehr Treibhausgase und Elektroschrott

sowie Lebenslangem Lernen und führt sie in die Sphäre des mündigen gesellschaftlichen Handelns in der Digitalgesellschaft. Es geht dabei nicht nur darum, das Smartphone zu nutzen, in den Social Media aktiv zu sein, sondern bspw. die Konsequenzen eines „Always-on"-Lebensstils zu bewerten, Methoden zur „digitalen Selbstverteidigung" zu kennen oder auch die Wirkung von Algorithmen für politische und gesellschaftliche Prozesse hinterfragen zu können.

Als Dimensionen der digitalen Mündigkeit können unterschieden werden (vgl. Nationales E-Government Kompetenzzentrum e. V. 2018, S. 22):

- „Technical Literacy" im Sinne technischer Nutzungskompetenzen, d. h. Benutzen von Hard-und Software oder grundlegende IT-Kenntnisse, Finden von Informationen im World Wide Web.
- „Privacy Literacy" als Datenschutzkompetenzen, d. h. Schutz der eigenen Privatsphäre im Internet.
- „Information Literacy" als Informationskompetenzen, d. h. Finden und kritisches Beurteilen von Informationen im Internet.
- „Social Literacy" als Sozialkompetenzen, d. h. Interaktionen in digitalen Räumen durchführen, Bewusstsein für das eigene Handeln und das anderer.
- „Civic Literacy" als bürgerliche Kompetenzen, d. h. Einsatz digitaler Medien für kollektive Zwecke.

Wenig überraschend: „Digitale Mündigkeit" ist bei männlichen Befragten mit hohem Bildungsniveau besonders hoch ausgeprägt. Schwächen zeigen sich in Deutschland bei der „Technical Literacy", die mit steigendem Alter und sinkendem Einkommen abnehmen. Besonders schwach ausgeprägt ist die „Civic Literacy" – vor allem bei Frauen höheren Alters. Das Bewusstsein für bürgerliche Rechte und Pflichten im digitalen Raum sowie beim Einsatz digitaler Medien für kollektive Zwecke ist hier wenig vorhanden (vgl. Nationales E-Government Kompetenzzentrum e. V. 2018, S. III).

2.2.2 Ungleicher Zugang zu Digitaltechnologie und ihren Vorteilen

Ungleicher Zugang zu Digitaltechnologie und ihren Vorteilen („Diskriminierung bei Vorteilsgewährung") überwinden und Chance von mehr Teilhabe nutzen.

Hintergrund Digitalisierung führt zur zunehmenden Vereinfachung von alltäglichen Handlungen wie Einkauf, Mobilität und Kommunikation etc. Es entsteht eine Chance für Menschen mit Einschränkungen zu mehr Teilhabe, da digitale Tools den unterschiedlichen Möglichkeiten des Einzelnen Rechnung tragen können und dabei unterstützen können physische oder geistige Einschränkungen zu überwinden („Design for all").

Zudem besteht das Potenzial, das Menschen mit und ohne Behinderung sich über digitale Medien annähern können. Smartphones und Tablets können als „Teilhabemaschinen" bezeichnet werden (vgl. Aktion Mensch e. V. 2018). Beispiele bilden Websites in Leichter Sprache, die es Menschen mit Behinderung, Lern- oder Leseschwäche ermöglicht, komplexe Sachverhalte besser zu verstehen oder Wheelmap.org, eine Online-Karte zum Suchen, Finden und Markieren von Orten für Menschen mit Geheinschränkung (vgl. Ströhl 2017, Aktion Mensch e. V. 2018).

Gleichzeitig entstehen neue Ausgrenzungsrisiken für Personengruppen, die keinen vollen Zugang zu Vorteilen der Netzwelt haben können und wollen, beispielsweise aufgrund fehlender technischer Ausstattung, fehlender Kenntnisse zu digitalen Medien oder sprachlicher Barrieren. Rein digitale Angebote schließen damit bestimmte Personengruppen aus (vgl. Diskussion zum Wegfall der Bankfilialen und Senioren) und zwingen zur Offenlegung von Daten. Daher ist für einen Zugang und Teilhabe aller auch ein faktischer Zwang zur Nutzung digitaler Strukturen zu vermeiden (vgl. auch Abschn. 2.2.8). Ziel ist es, eine digitale Diskriminierung zu verhindern und die Vielfalt und Diversität von Personengruppen anzureichern.

Neben der Ermöglichung des Netzzugangs, dem Füllen der Lücken in der Netzabdeckung und Breitbandverfügbarkeit in ländlichen Bereichen, ist auch der Handlungsbedarf bei den Kenntnissen durchaus gegeben: Digitale Kompetenz in Deutschland ist „gebildet", männlich und hat ein höheres Einkommen. 42 % der Bevölkerung halten „digital mit" und 21 % stehen im digitalen Abseits. Der Frauenanteil überwiegt in diesen Gruppen deutlich (vgl. D21 Initiative 2019, S. 36–39). Noch immer kann man von einem „Gender Gap" bei Frauen in der IT oder allgemein in MINT-Berufen sprechen.

Im europaweiten Vergleich liegt Deutschland mit Platz 10 in Bezug der Bewertung des „Humankapitals" zwar über dem Durchschnitt, aber in Bezug auf digitale Kompetenz der Bevölkerung kann in den letzten beiden Jahren ist keine Entwicklung verzeichnet werden (vgl. Europäische Kommission 2018).

2.2.3 Ohne Gemeinwohl

Bei der ökonomischen Ausbeutung von Technologie soll eine Gemeinwohlorientierung bestehen und ein fairer Anteil aus der digitalen Wertschöpfung an die soziale Gemeinschaft übergeben werden.

Hintergrund Auf den Spitzenplätzen der größten und wertvollsten Unternehmen der Welt liegen die Digitalunternehmen – insbesondere sind das verbraucherzentrierte U.S.-amerikanische und chinesische Plattformen z. B. im Bereich Social Media, Handel- oder Suchdienste (vgl. Abschn. 1.2.1).

Die Unternehmen erreichen diese Werte durch globale, hochskalierbare, datengetriebene Geschäftsmodelle und die weitergehende Digitalisierung von physischer sowie geistiger menschlicher Arbeit. Teil ihrer Wertschöpfungskette sind Nutzerinteraktion, Daten und Netzwerkeffekt (je mehr Nutzer umso attraktiver) und sie nutzen Infrastrukturen und Leistungen des Landes, in dem sie „Werte schöpfen" (vgl. Schneemelcher und Dittrich 2019).

Und dennoch zahlen die Unternehmen in Europa oder Deutschland kaum Steuern, z. B. „Google" in Europa nur magere 0,2 % Steuern auf 47,9 Mio. EUR europaweiten Umsatz. Das bestehende Steuersystem kann digitale Geschäftstätigkeiten aus Daten und Algorithmen – also aus immateriellen Vermögenswerten – nicht erfassen. Aber auch andere „nichtdigitale" multinationale Konzerne optimieren ihre Steuerlast. Dies wird als nicht fair wahrgenommen, denn Steuerehrlichkeit ist ein öffentliches Gut (vgl. Lange und Santarius 2018, S. 130–134; Schilder und Forstater 2018; Weiss 2018).

Relevante politische Gremien beschäftigen sich bereits seit Jahren mit Anpassungen, um den „Trittbrettfahrern des Gemeinwohls" entgegenzutreten. Dadurch sollen „Besteuerungsrechte in einem Land begründet und geschützt werden, in dem Unternehmen mit bedeutender kommerzieller (wenngleich auch ohne physische) Präsenz ihre Dienstleistungen auf digitalem Wege anbieten." (Deloitte 2018). Für die Novellierung des deutschen Steuerrechts sind die Diskussionen auf Ebene der G20, der Europäischen Union sowie in den Wirtschafts- und Finanzministerien relevant (vgl. Stand der Diskussion bei Witfeld und Friedberg 2019).

Aufgrund der unterschiedlichen Interessen der Akteure – insbesondere der Loyalitätsbeziehungen zwischen den Nationalstaaten und den dort ansässigen Unternehmen – handelt es sich um komplexe Verhandlungen und Interessensabwägungen. Mit kurzfristigen Erfolgen ist nicht zu rechnen – einzelne Staaten gehen bereits eigene Wege (vgl. Seibel 2019). Aus einem Nachhaltigkeitsstandpunkt heraus wären jedoch Verhandlungen auf der Ebene der Vereinten Nationen angebracht, die den globalen Herausforderungen der digitalen Ökonomie gerecht würden und die Interessen der Länder des Südens mit einbeziehen könnten (vgl. Nominacher 2018).

Das Konzept des „Ehrbaren Kaufmanns" kommt aus dem 12 Jahrhundert und bezieht sich auf das ethische unternehmerische Handeln. Es gilt, das Verantwortungsbewusstsein gegenüber dem eigenen Unternehmen und Verantwortungsbewusstsein gegenüber der Gesellschaft abzuwägen. Steuerzahlungen und „Steueropfer" werden bisher nicht als Teil der Unternehmensverantwortung diskutiert. Dabei sind Steuerzahlungen „die größten und offensichtlichsten Beiträge von Unternehmen an Nichtaktionäre und Nichtangestellte. Überraschenderweise spielt die Besteuerung in der CSR-Analyse normalerweise keine Rolle." (Desai und Dharmapala 2006). Im Sinne einer „Good Corporate Governance" und Verfolgung eines maximalen Stakeholder Value ist die Erfüllung der Steuerpflichten kein Widerspruch und kann für Anleger und Öffentlichkeit ein positives Signal sein.

Neben freiwilliger CR-Maßnahmen könnten auch freiwilligen Steueropfer zur Finanzierung der Staatsausgaben und damit der gesellschaftlichen Verantwortung dienen. Es entstehen ethische Fragen: „Welche Steuervorteile sollen Unternehmen ungenutzt lassen? Wie sollen Unternehmen politisch gewollte und versehentlich eingeräumte Steuervorteile unterscheiden? An welche Staaten sollen Unternehmen freiwillig mehr Steuern zahlen? Dürfen Manager auf mögliche Steuervorteile verzichten oder stellt dies gar einen Untreuetatbestand dar?" (Wagner 2017).

Bisher gibt es jedoch im Gegensatz zu dem Business Case für CR keinen positiven Business Case für freiwillige Steueropfer von Unternehmen und es kann nicht davon ausgegangen werden, dass Steueropfer heute zu einem Reputationsgewinn führen. Im Gegenteil könnten weitergehende Steuerangaben zur Provokation von Gegenmaßnahmen von Kunden und kritischer Öffentlichkeit führen (vgl. Wagner 2017).

Es wird Teil der Dynamik der digitalen Transformation bleiben, dass die Steuergesetzgebung jeweils den wirtschaftlichen Einkommensmöglichkeiten „hinterher hinkt", beispielsweise bei den zukünftigen Entwicklungen des Internets der Dinge oder der Künstlichen Intelligenz (vgl. Schneemelcher und Dittrich 2019). Das Themenfeld wird also den digitalen Wandel begleiten und die Gemüter erhitzen.

Wenn Steuern dazu beitragen die wirtschaftlichen und sozialen Infrastrukturen, wie Straßen, Schulen, Krankenhäuser, aufrecht zu erhalten und an die neuen Erfordernisse anzupassen, dann wären freiwillige Steueropfer (oder ein Verzicht auf Steueroptimierung) ein Mittel, um für eine soziale Gerechtigkeit in der digitalen Gesellschaft zu sorgen – sofern dies von den Stakeholdern der Unternehmen positiv bewertet würde.

2.2.4   Zentralisieren statt Teilen

Wirtschaften mittels digitaler Plattformen demokratischer, gerechter und nachhaltiger gestalten, z. B. durch „Prosuming", Dezentralisierung und „Open Source".

Hintergrund Im Web 2.0 kann prinzipiell jeder partizipieren: Medial Inhalte generieren und bloggen, posten, twittern oder als „Prosument", die eigenen Wünsche und Vorstellungen an das Produkt dem Produzenten mitteilen oder sogar dieses durch „Open Innovation" mitgestalten.

Im Zuge der Digitalisierung entwickelte sich der Begriff „Sharing Economy". Er bezieht sich auf die kollaborativen Möglichkeiten des Konsumierens und Produzierens, die mit dem Web 2.0 ermöglicht werden. Ihr wird Nachhaltigkeitspotenzial zugesprochen, da es um Dienstleistungen geht, die das Nutzen, statt das Besitzen fördern. Dies kann den Energie- und Ressourcenverbrauch reduzieren, weil sich mehrere Haushalte bspw. ein Gerät in der Nutzung teilen (vgl. Sühlmann-Faul und Rammler 2018, S. 58). Prominente Beispiele sind „AirBnb", „Uber", Wiederverkaufsmärkte wie „ebay", aber auch Serviceplattformen wie „mila.com" (vgl. Sühlmann-Faul und Rammler 2018, S. 146 ff).

Digitalisierung kann so soziale Innovation und produktive Aspekte des Konsumierens und gemeinsamen Konsum fördern, z. B. 3D-Druck zu Hause oder mediale Diskurse ohne professionelle Journalisten bzw. Verlage. Sie kann zur Emanzipation der Verbraucherinnen und Verbraucher durch z. B. Handreichungen zum Selbstreparieren, originale Reparaturanleitungen oder Wartungshandbücher fördern und so einen Kontrapunkt zur Wegwerfkultur setzen (vgl. Bala und Schuldzinski 2016).

Voraussetzung für ein funktionierendes „Sharing" ist die Stärkung der „Prosumenten", die Dezentralisierung von Produktion und des öffentlichen und freien Zugangs zu Information. Tatsächlich wirkt das Internet inzwischen eher als Marktplatz mit großem Machtungleichgewicht zu Ungunsten der Nutzer und dominiert von einigen Akteuren.

2.2.5 „Nichts kann schief gehen … schief gehen… schief gehen."

Scheinbar überlegene Technologie erzeugt oft mehr Probleme als sie löst: Das kann auch für KI gelten.

Gesellschaftlich gefordert wird Nachvollziehbarkeit, Kontrolle und Korrektur-möglichkeit der Ergebnisse der KI bzw. autonomer Systeme durch die Nutzer oder die Gemeinschaft, die Einhaltung demokratischer Grundprinzipien und Menschenrechte sowie die Beschränkung des Einsatzes starker KI.

Der Titel dieses Kapitels bezieht sich augenzwinkernd auf einen Hollywood-Film aus dem Jahr 1973. In „Westworld" wird für einen mit androiden Robotern ausgestatteten Vergnügungspark mit dem Versprechen „Nichts kann schief gehen" geworben. Der weitere Verlauf des spannenden Films straft das Versprechen lügen und die Maschinen zeigen offensichtliche Defekte – zum Schaden der Parkbesucher und Unterhaltung und der Zuschauer (vgl. Sawyer 2019).

Hintergrund KI wird voraussichtlich Auswirkungen auf und eine Verwendung in jeder Branche haben und wird wahrscheinlich eine der nächsten großen technologischen Ver-änderungen sein, wie das Aufkommen des Computerzeitalters oder die Revolution des Smartphones.

Laut dem Marktforschungsunternehmen Tractica wird für 2019 ein Wachstum des globalen KI-Softwaremarkts von etwa 154 % gegenüber 2018 mit einer prognostizierten Größe von 14,7 Mrd. US$ erwartet. Auch für die Zukunft ist ein weiteres starkes Wachs-tum prognostiziert (vgl. Tractica 2019).

Neben dem Risiko, dass sich sog. „starke KI" zukünftig außerhalb der Kontrolle von Menschen weiterentwickeln und diese in ihren Fähigkeiten übertreffen ohne über mensch-liche Moral zu verfügen, bestehen heute bereits gesellschaftliche Risiken durch den Ein-satz von „schwacher KI". Diese Risiken sind Arbeitsplatzverluste auch von komplexen und kreativen geistigen Tätigkeiten, individuell und kollektiv fehlende Nachvollziehbar-keit von KI-gestützten Entscheidungen, gesellschaftlich unerwünschte Verzerrungen, z. B. ethnische, religiöse und geschlechtliche Diskriminierungen oder Übervorteilungen bei KI-gestützten Entscheidungen oder der Missbrauch von KI in autonomen Waffen.

Ein Beispiel dafür ist ein frauendiskriminierende „Bewerbungsroboter", d. h. eine KI, die Bewerbungsunterlagen auf bestimmte für die Stelle relevante Stichwörter prüfte und für den Recruiter eine Vorauswahl trifft. Bei Amazon entschied sie sich statistisch gehäuft gegen Frauen und diskriminierte damit (vgl. Wilke 2018). Ein anderes Beispiel ist eine „rassistische KI". Googles Bilderkennungs-KI beschrieb einen farbigen Men-schen als „Gorilla". Statt das Problem bei der Wurzel zu packen, löschte das Unter-nehmen (für Jahre) die Begriffe „Gorillas", „Schimpanse" oder „Affe" aus dem Lexikon des Service (vgl. Simonite 2018). Die Liste der Beispiele für Diskriminierungen durch KI ist lang (vgl. Cossins 2018).

Aufgrund der Skalierbarkeit von KI-basierten Geschäftsmodellen besteht die Gefahr eine Monopolisierung und Kräfteakkumulation politischer oder wirtschaftlicher Art.

Auf diese Gefahren weisen zahlreiche wissenschaftliche und politische Projekte hin und stellen Regeln auf, z. B.

- "The Malicious Use of Artificial Intelligence" (vgl. Future of Humanity Insitute 2018),
- "The Responsible Machine Learning Principles" (vgl. The Institute for Ethical AI & Machine Learning 2019),
- „Algo.Rules - Regeln für Gestaltung algorithmischer Systeme" (vgl. Bertelsmann Stiftung und iRights.Lab 2019),
- Principles for Accountable Algorithms and a Social Impact Statement for Algorithms" (vgl. Fairness, Accountability, and Transparency in Machine Learning 2019),
- „Asilomar AI Principles" (vgl. Future of Life Institute 2017),
- „Principles for Algorithmic Transparency and Accountability" (vgl. Association for Computing Machinery US Public Policy Council 2017).

Viele Parlamente entwickeln aktuell politische Haltungen zu diesem Thema, so auch die Bundesregierung in der „nationalen KI-Strategie" (vgl. Bundesregierung 2018) oder die Europäische Kommission in der Leitlinie „Ethics guidelines for trustworthy AI" (vgl. European Commission 2019a),

Zahlreiche Unternehmen haben Selbstverpflichtungen zum Umgang mit KI veröffentlicht, wie z. B. Microsoft, SAP und die Deutsche Telekom (vgl. Abschn. 5.2.2). Für KMU wird ein „Gütesiegel" vom KI Bundesverband e. V. vergeben (vgl. KI Bundesverband e. V. 2019). Unklar bei all diesen Regeln ist, welche Gütekriterien zukünftig relevant sein werden (vgl. Rohde 2018).

Es bestehen Forderungen KI nicht in privater Hand zu lassen. Eine Übersicht, wo KI-gestützte automatisierte Entscheidungssystem in der EU bereits in Gebrauch sind und wie die Diskussion darüber geführt wird, bietet die Abhandlung zu „Automating Society" (vgl. AlgorithmWatch und Bertelsmann Stiftung 2019).

2.2.6 Digitale Ungerechtigkeit

Auch in der digitalen Welt besteht die Erwartung, Gerechtigkeit zwischen den Menschen herzustellen. Das bedeutet, dass auch Menschen in „Ländern des Südens" in gleicher Weise Zugang zu Software, Daten und Wissen bekommen. Durch „digitale Nachhaltigkeit" mit dem Grundsatz der Quelloffenheit und Möglichkeit aller Menschen (auch nachfolgender Generationen) von Daten und Algorithmen zu profitieren, soll dem Machtungleichgewicht zu Ungunsten der Nutzer entgegengewirkt werden.

Hintergrund Digitale immaterielle Güter wie Algorithmen, Daten oder digitale Medien haben die Eigenschaft der (theoretisch) unendlichen Multiplizierbarkeit ohne Kosten. Damit handelt es sich um das gegenteilige Prinzip zu den natürlichen Ressourcen, die auf der Erde endlich sind. Bei der Frage nach dem ethischen Umgang mit diesen Gütern, die unsere Gesellschaft heute prägen, müssen daher auch andere Antworten gefunden werden.

Die „Digitalen Nachhaltigkeit" überführt die Ideen der Nachhaltigkeit in die digitale Welt (vgl. Grießer 2013). Das dahinterliegende normative Konzept: Gerechtigkeit zwischen den Generationen heute und zukünftig in Bezug auf digitale Güter ist dann erreicht, wenn sie der „größtmöglichen Anzahl von Menschen zugänglich und mit einem Minimum an technischen, rechtlichen und sozialen Restriktionen wiederverwendbar sind" (Luki e. V. 2019; vgl. Dapp 2013).

Aktuell ist der Zugang zur digitalen Welt eben nicht „gerecht" (vgl. ITU 2018). Organisationen aus der Netz-, Umwelt- und Entwicklungspolitik fordern, dass Länder des globalen Südens die Möglichkeit bekommen, eine eigene auf die lokalen und nationalen Bedürfnisse ausgerichtete Digitalisierung zu entwickeln. Gesellschaften sollen gleichen Anteil an Nutzen und Kosten der Digitalisierung haben können. Eine weitere Forderung ist die Langlebigkeit von Software (bspw. durch Vermeidung von „Software-Locks") und die breite Nutzbarkeit von Daten sicherzustellen (vgl. Bits & Bäume 2018).

Ziel ist es, den Nutzen der Digitalisierung für die Menschheit heute und morgen zu maximieren. Digitale Artefakte, d. h. Algorithmen und Daten, als inzwischen größten Teils des Wissens der Menschheit, werden dabei grundsätzlich als quelloffen und teilbar betrachtet, so dass alle (auch nachfolgende Generationen) davon profitieren können. „Open Source"- und „Open Data"-Initiativen bieten Möglichkeiten an. Digitale Nachhaltigkeit kann daher als Grundlage für soziale Gerechtigkeit einer digitalisierten Gesellschaft angesehen werden (vgl. Stürmer et al. 2017; Stürmer 2017). Im schlechtesten Fall wird ein digitales Gut zu wenig oder gar nicht genutzt bzw. seine Nutzungsdauer künstlich verkürzt („Tragik der Anti-Allmende").

Der alleinige Zugriff zu Ressourcen ist wesentlicher Bestandteil unternehmerischen Denkens und – sofern Teil der Wertschöpfungsprozesses – wesentlich für den Unternehmenserfolg. Welche Teile der digitalen Unternehmensressourcen dürfen nach unternehmerischen Gesichtspunkten geöffnet werden? Copyright- oder Urheberrechtsverletzungen gehören zum Alltag im Netz und das Durchsetzen von Urheberrechten (und damit verbundenen Einnahmen) ist vielen Urhebern unmöglich. Stehen sich hier digitale und soziale Nachhaltigkeit unvereinbar gegenüber? Auch dies sind Teile der Debatte um digitale Nachhaltigkeit.

2.2.7   Im Takt der Maschinen

Die vorherrschende Dystopie der Digitalisierung ist die Übernahme von Arbeit durch Roboter und Maschinen; die vorherrschende Utopie, eine Welt, in der Menschen nicht mehr arbeiten müssen. Jenseits davon wird gesellschaftlich erwartet, dass Menschen im Mittelpunkt der digitalen Transformation von Arbeitsplätzen stehen und damit soziale mit wirtschaftlichen Gesichtspunkten abgewogen werden.

Arbeit soll menschengerecht, qualitätsvoll und fair bezahlt sein; Persönlichkeits- und Menschenrechte sollen gewahrt werden. Die soziale Verbindung durch Arbeit soll bei zunehmend virtueller, mobiler sowie veränderlicher Zusammenarbeit erhalten bleiben.

Hintergrund Arbeit ist für den Einzelnen von großem Wert – sie bedeutet Selbstwertgefühl, gesellschaftliche Teilhabe und Existenzgrundlage. Mit der Digitalisierung und der Chance, dass „Maschinen die Arbeit machen", steht dieses Konzept zur Debatte. Im digitalen Zeitalter müssen wir diskutieren, was „menschenwürdige Arbeit" (vgl. Sustainable Development Goal 8) für uns bedeutet.

Mit dem im Jahr 2013 von Frey und Osborne veröffentlichten Bericht kam die Angst auf, dass „Roboter menschliche Jobs übernehmen" (vgl. Frey und Osborne 2013). Seitdem haben weitere Studien die dystopischen Ansichten modifiziert (vgl. World Economic Forum 2018a). Richtig ist: Veränderungen von Unternehmen aufgrund der Digitalisierung führen zu erheblichen Veränderungen der Arbeit. Bereits heute haben 25 % aller Berufe in Deutschland ein hohes Substituierungspotenzial (vgl. Dengler et al. 2018). Nicht alle Arbeitnehmer können neu ausgebildet werden, was zu einer wachsenden „sozialen Belastung" für Wirtschaft und Gesellschaft führt. Aus politischer Sicht ist es Aufgabe der Unternehmensverantwortung, wirtschaftliche Vorteile und soziale „Kosten" des Arbeitsplatzverlusts in Einklang zu bringen.

Im Zuge des Wandels der Branchen sind neue Qualifikationen erforderlich, die zu dramatischen Änderungen der Berufsbilder führen. Digital gestützte Automatisierung ersetzt bereits repetitive Aufgaben von Arbeitern und Angestellten. KI-gesteuerte Roboter oder Drohnen werden zukünftig in noch höherem Maße in der Produktion, aber nun auch in Dienstleistungsbereichen, z. B. als Assistenz oder Ersatz von Handwerken, Pflegern oder Erntehelfern, im Einsatz sein. Gründe dafür sind neuartige Fähigkeiten, wie z. B. das „feinmotorische" Greifen oder die feine Koordination der Bewegungen im Raum, aber vor allem die Erwartung deutlich geringerer Kosten, da kein Lohn für die Maschinen anfällt und sie potentiell 24 Std. am Tag im Einsatz sein können. Die politische Diskussion um eine „Roboter-Steuer" läuft (vgl. Bundeszentrale für politische Bildung 2017).

Big-Data- und KI-Unterstützung der Entscheidungsfindung in Unternehmen wirken sich auf die Arbeitsplätze von Experten, Managern und anderen hochqualifizierten Arbeitskräften aus. Möglicherweise treibt die Digitalisierung die soziale Ungleichheit weiter voran.

> „Die sozial Benachteiligten werden ihre neu gewonnene Zeit für mehr Arbeit einsetzen müssen, um den automatisierten Fortschritt zu halten – während die Privilegierten neue Räume für die eigene Kultivierung und kreative Weiterbildung nutzen können." Thomas Krüger, Präsident der Bundeszentrale für politische Bildung (Krüger 2017)

Es ist eine Frage der öffentlichen und privaten Innovationskraft, neue Unternehmen und Arbeitsplätze zu schaffen, um die veralteten zumindest teilweise zu ersetzen. Arbeitgeber müssen ihre Mitarbeiter mit neuen (digitalen) Fähigkeiten ausstatten und den Übergang zu neuen Aufgaben unterstützen.

Mit der digitalen Dynamik zielen Unternehmen darauf ab, sich schneller anzupassen und flexible, kollaborative, virtuelle und temporäre Arbeitseinsätze zu vergeben. Die Zahl der Freiberufler in der Europäischen Union ist die am schnellsten wachsende Gruppe auf dem Arbeitsmarkt: Sie hat sich zwischen 2000 und 2014 verdoppelt. In den USA könnten sie bis 2027 mehr als die Hälfte der Erwerbsbevölkerung des Landes ausmachen (vgl. Morgan Stanley 2018). Es besteht Sorge um kontinuierliche Einkommen oder Sozialleistungen einer festen Beschäftigung wie bezahlter Urlaub, Altersvorsorge und beruflicher Aufstieg. Arbeitgeber müssen sich mit diesen sozialen Problemen auseinandersetzen und akzeptierte Lösungen finden.

In Zukunft arbeiten „Mensch und Maschine" enger zusammen. Menschliche Arbeit kann zunehmend von App und Algorithmus abhängig werden, die den „Takt der Arbeit" vorgeben. Über Plattformen werden einzelne Teilaufgaben und Prozessschritte, die online ausgeführt werden können, unternehmensextern vergeben, wie z. B. Text- und Datenpflege, Kategorisierung und Tagging, Web-Recherchen („Clickworking", z. B. MechanicalTurk, Clickworker,de, Freelancer.de). Aber auch physische Aufgaben, wie Transport oder die Bewertung von Produkten im Laden, können über Plattformen individuell, zeit- und ortsgenau gesteuert werden (z. B. Foodora, Uber, Streetsptr). So entstehen neue Arbeitsinhalte, Arten von Arbeitsplätzen und Beschäftigungsverhältnisse im sog. „Crowdworking". Positiv ist der niederschwellige Zugang zu Arbeit zu bewerten, oft handelt es sich um Nebentätigkeiten in Selbständigkeit. Negativ ist die Tatsache, dass die Beschäftigten eher als „Nutzer" der Plattform gelten und die Arbeitsgesetze, die Mitarbeiter im ungleichgewichtigen Machtverhältnis zum Arbeitgeber schützen, keine Anwendung finden. Für Erhalt von Kompetenz und Funktionsfähigkeit von Arbeitsmitteln ist der Beschäftigte selbst und nicht mehr der Arbeitgeber verantwortlich (vgl. Bertelsmann Stiftung 2019b).

Mit der Zuteilung über Plattformen wird menschliche Arbeit auch für die digitale Erfassung zugänglich – mit den Vorteilen der Messbarkeit, aber den damit verbundenen Risiken für unfaire Arbeitspraktiken sowie der Verletzung von Persönlichkeits- und Menschenrechten. Die Arbeitgeber sind aufgefordert, Privatsphäre und Menschenrechte zu respektieren und die Arbeitnehmer nicht zu überwachen. Sie sind auch aufgefordert, ihre Fürsorgepflicht gegenüber den Mitarbeitern auf den digitalen Bereich auszudehnen und vermeidbare Schäden für die Gesundheit und das Leben der Mitarbeiter zu verteidigen (vgl. Ver.di 2019).

Neben diesen direkten Veränderungen von Aufgaben und Berufen wandeln sich heute bereits Arbeitsorganisation und Führung. Der Dynamik der Innovation und der Märkte werden steile Hierarchien in Organisationen und „Führung von oben" nicht mehr gerecht. Es wird mehr Verantwortung von den Beschäftigten für die ständige Anpassung des Arbeitsplatzes gefordert. Arbeitsinhalte, Team- und Führungsbeziehungen sollen flexibel an die Unternehmensbedarfe angepasst werden können. Es entwickeln sich sog. „agile", d. h. flexible und auf ständige Erneuerung ausgerichtete, Arbeitsweisen und Organisationen.

Dies wird unterstützt durch „mobile Arbeit", d. h. Arbeiten, wo immer man sich befindet, durch Software im Netz, günstigere Endgeräte und verbesserte Netzinfrastruktur. Es ergeben sich neue Chancen der Autonomie und Vereinbarkeit von Privatleben und Arbeit sowie auch neue Probleme durch die zeitliche und örtliche Entgrenzung der Arbeit sowie der ständigen Erreichbarkeit (vgl. Hofmann et al. 2019).

2.2.8 Manipulation und Überwachung

Zum Schutz der individuellen Freiheit sowie Privatheit wird erwartet, dass Verhaltens-manipulationen, Diskriminierungen und Überwachungen ebenso wie anlasslose Spei-cherung persönlicher Daten unterbleiben. Es wird informationelle Selbstbestimmung von Bürgern sowie Respekt vor Menschenwürde gefordert. Die neu entstehenden ethischen Ambiguitäten und Unklarheiten sind in akteursübergreifenden Dialogen zu erörtern.

Hintergrund Der „digitaler Zwilling" hinterlässt Spuren und Eindrücke, die Netz- und Digitalnutzer heute nur zu einem sehr geringen Teil kontrollieren können. Individuelle Daten werden nicht nur laufend vom und mit dem Smartphone erhoben, sondern auch die Erkennung des Einzelnen im Raum wird durch biometrische Daten möglich, wie z. B. die Gesichtserkennung durch Webcams oder die Erkennung des charakteristischen individuellen Herzschlags durch Infrarot-Laser auf 200 m Entfernung (vgl. Hambling 2019). Dadurch verringern sich Privatsphäre und Vertraulichkeit.

Darüber hinaus macht die digitaltechnologische Entwicklung in der „Real time"-Datenerhebung und -analyse neue Geschäftsmodelle möglich, die auf „Tracking" (Verfolgung), „Scoring" (Bewertung) und „Profiling" (Profilerstellung) von Nutzern (und auch Nicht-Nutzern) beruhen. Sie schaffen weitere „digitale Zwillinge" von deren Exis-tenz der Einzelne nicht immer weiß. Sie haben eventuell sogar Eigenschaften, die dem „Datengeber" gar nicht entsprechen.

Die Erkenntnisse aus den „Profilen" werden auch dazu verwendet, Nutzer „anzu-schubsen", um sich „zielgetreu" zu verhalten. Die Grenzen zwischen „Nudging", einer Verhaltensintervention, um Menschen rational sinnvoll statt irrational handeln zu lassen, und Verhaltensmanipulation sind insbesondere in der digitalen Welt fließend (vgl. Lobo 2017; Nagels 2017). Beim chinesische „Social Credit System" erfolgt diese Bewertung der Bürger staatlich und stellt somit eine Verlängerung eines totalitären Regimes in die Netzwelt dar. Die Bürger dort sehen die Vorteile durch mehr „konformes Verhalten" ihrer Mitbürger, von dem auch sie profitieren. Auch die Nachteile für Menschen mit gerin-gen Scores sind bereits offensichtlich: Ihnen werden Möglichkeiten entzogen, sie dürfen nicht fliegen oder ins Ausland. Möglichkeiten Fehler im Scoring zu beseitigen gibt es nicht (vgl. Wolff und Yogheswar 2019).

In der westlichen, wirtschaftlich geprägten Welt nutzen Unternehmen „Scores", um Kunden bessere Services anzubieten und das eigene Geschäftsmodell profitabler zu gestalten. Dies kann persönliche Risiken und Nachteile für Nutzergruppen zur Folge haben: Höhere Preise für ein Angebot, ein schlechterer Tarif für eine Versicherung oder keine Vermietung von Zimmern zur Übernachtung (vgl. Stresing 2013). Man könnte auch sagen: „Die Reichen sehen ein anderes Internet als die Armen" (Fertlik 2013).

Neben einer Bewertung der Kaufkraft des Einzelnen (in Deutschland ja auch offline durch die SCHUFA), geht es mit KI und Big Data inzwischen auch um die Bewertung von Persönlichkeitsmerkmalen (z. B. Facebook, Deeper Sense), Gesundheitszustand (z. B. Fitbit), Verhaltensweisen (z. B. Root Insurance, Predictim) und emotionale Zustände (z. B. Affectiva, Amazons Alexa), die über zukünftiges Handeln Auskunft geben („Predictive Analytics").

Das Resultat ist die Bewertung von Individuen, individuellem Handeln und dessen Vorhersage. Menschen werden damit „durchleuchtet" und „verdinglicht". Die ethischen Diskussionen befinden sich bisher erst in ihren Anfängen: Werden Nutzern damit ihren Persönlichkeitsrechte entzogen? Soll die Gemeinschaft das für den Vorteil bestimmter Gruppen in Kauf nehmen? Wie sieht eine angemessene informationelle Freiheitsgestaltung aus?

Ein weiteres Resultat sind Ausschlüsse und Diskriminierungen von Nutzergruppen, deren Zustandekommen nicht nachvollziehbar ist und deren Einfluss unklar ist (vgl. Christl und Spiekermann 2016, S. 126), In der EU haben Nutzer ein Auskunftsrecht und ein Recht auf Löschung der Daten. Inwieweit die EU-DSGVO aktuell faktisch Anwendung zum Schutz des Einzelnen vor Diskriminierung findet, ist bisher unklar. Denn die Nutzer treibt die Chance z. B. auf Kostenersparnis, Lebensverbesserung oder Zugang zum potentiellen Arbeitgeber zu einer „freiwilligen Einwilligung" zur Datensammlung, -speicherung, -verarbeitung und –weitergabe (vgl. Abschn. 2.2.9).

Besondere Aufmerksamkeit in Bezug auf Persönlichkeitsschutz im Netz brauchen alle digitalen Anwendungen, denen diejenigen, deren Daten aufgenommen werden, sich nicht entziehen können – wie z. B. im öffentlichen Raum – oder die die Konsequenzen nicht (mehr) beurteilen können, wie Kinder, alte Menschen oder andere Schutzbefohlene. Wie verändern Kinder ihr verhalten, wenn sie getrackt und überwacht werden? Wie steht es um die Schutzrechte von Senioren in Pflegeheimen mit Robotern? Was „wiegt" mehr Schutz oder Freiheit? (vgl. Initiative D21 2017).

Die Diskurse zu Daten- oder Digitalethik laufen in der Fachwelt. Die Herausforderung besteht darin, die Themen zeitnah in politisches Handeln und zivilgesellschaftliche Aufklärung zu überführen, um Sicherheit für Individuen und auch für Investitionen in datengetriebene Businesses zu gewinnen.

2.2.9 Missbräuchliche Nutzung von Kundendaten

Es besteht die Erwartung eines gesetzlichen und freiwilligen digitalen Verbraucherschutzes sowie dem Herstellen von „Augenhöhe" zwischen Nutzer und Digitalunternehmen in Bezug auf Datensammlung und –auswertung. IT-Sicherheit, Datenschutz und Datensouveränität, d. h. der selbstbestimmte Umgang mit den eigenen Daten, wird als grundlegende Voraussetzung dafür gesehen, dass Verbraucherinnen und Verbraucher in der zunehmend digitalen Welt handlungsfähig bleiben oder werden.

Hintergrund   Für Kunden und Verbraucher ist es gänzlich unmöglich zu erkennen, welche Daten von ihnen erhoben, verarbeitet oder weitergegeben werden. Dies zeigt das Ausmaß des Cambridge-Analytica-Skandals von Facebook im Jahr 2018, indem Daten von 87 Mio. Nutzern betroffen waren und für die US-Wahl manipuliert werden sollen (vgl. Dachwitz et al. 2018). In der EU-Datenschutzgrundverordnung werden ebenfalls seit 2018 EU-weit die Rechte von Bürgern und Nutzern an ihren Daten geschützt – auch bei Unternehmen und Organisationen, die hier „nur" ihre Serviaces anbieten und ihren Geschäftssitz außerhalb der EU haben. Unternehmen haben die Pflicht, rechtskonform mit den Daten ihrer Nutzer und Kunden umgehen. Dazu kommt die Pflicht, diese Daten vor dem unberechtigten Zugriff Dritter zu schützen.

Datenschutz und Datensicherheit bilden die Grundlage für digitale Geschäftsmodelle und Daten als Teil der Wertschöpfung. Sie bilden die Grundlage für das Vertrauen, das für Geschäftsbeziehungen nötig ist. Für dieses Vertrauen ist darüber hinaus Transparenz und Fairness beim Umgang mit Daten (insb. personenbezogenen) nötig. Aktuell hält fehlendes Vertrauen Verbraucher und Verbraucherinnen von der Nutzung digitaler Angebote ab (vgl. Abschn. 1.4.4. und 1.4.5.).

Eine Möglichkeit Verbraucher bei der Nutzung digitaler Angebote zu sichern und zu schützen, um Vertrauen zu gewinnen, ist der „digitale Verbraucherschutz", eine staatliche Aufgabe, die jedoch von der Wirtschaft unterstützt werden muss (vgl. Verbraucherzentrale Nordrhein-Westfalen 2018, S. 5). Aufgrund der beispielsweise zunehmenden Vernetzung der Geräte zu Hause, wie Thermostate, Webcams, Route sowie Sprachassistenten wie „Alexa" oder „Siri", entstehen neue Gefahrenquellen, wenn diese IT-Infrastruktur nicht ausreichend vor dem Zugriff Dritter geschützt ist. Bisher werden hier von Herstellerseite keine Sicherheitsstandards eingehalten, obwohl die Anzahl der Meldungen von Sicherheitslücken in Betriebssystemen ständig zunimmt. (vgl. ibid., S. 7–8). Auch von politischer Seite besteht Handlungsbedarf, um faire Haftungsregelungen bei Sicherheitslücken zu definieren und die Last nicht auf die Verbraucher „abzuladen" (ibid, S. 9).

Digitaler Verbraucherschutz kann sich durch „privacy by design" und „privacy by default" bei der Auslieferung von Produkten oder bei der Nutzung von Online- Services zeigen. Dazu gehört beispielsweise die aktive Freischaltung von Datenauswertung durch den Nutzer oder die verständliche und nachvollziehbare Formulierung von Datenschutzerklärungen (ibid, S. 11).

Darüber hinaus ist es für Kunden und Verbraucher heute nicht erkennbar, welchen Status in Bezug auf IT-Sicherheit, Datenschutzniveau oder Berücsichtigung von Datensouveränität ein smartes Gerät, ein Online-Service oder eine App hat. Es bestehen sehr hohe Transaktionskosten für die Auswahl eines sicheren und geschützten Produkts (ibid, S. 12–13). Abhilfe könnte beispielsweise eine freiwillige, eventuell branchenweite Kennzeichnung von digitalen Anwendungen, Online-Diensten, Hardware oder Software bieten. Verbraucherinnen und Verbraucher könnten durch diese Maßnahmen einer verantwortungsvollen Digitalisierung sensibilisiert werden und mehr Sicherheit und Schutz in der Nutzung erreichen.

Auf Basis unterschiedlicher Technologien, wie z. B. Big Data, Internet der Dinge (Internet of Things, IoT) oder KI, werden Daten von Nutzern und ihrem Verhalten erhoben, analysiert und für Entscheidungsprozesse eingesetzt, d. h. Nutzer werden „getrackt", Profile erstellt, kategorisiert und „gerankt". Gesammelt und bewertet werden dabei auch intime Informationen wie eine Einschätzung der Persönlichkeit, emotionale Befindlichkeit, sexuelle Vorlieben oder Drogenkonsum. Selbst wenn Daten anonym gesammelt werden, können sie in der Kombination wieder auf einen Nutzer zurückgeführt werden. Ziel ist es, beispielsweise Kaufempfehlungen zu unterbreiten, Preise im Sinne der Preisbereitschaft anzupassen oder Risiken bei der Kreditvergabe bzw. Versicherungspolicen zu reduzieren sowie die Leistung von Beschäftigten zu steigern (vgl. Christl und Spiekermann 2016, S. 13–44; Lange und Santarius 2018, S. 50–57).

Da dies (oft) intransparent ohne Wissen, Kontroll- oder Korrekturmöglichkeit des Nutzers passiert, entsteht ein Machtungleichgewicht zum Nachteil der Nutzer. Die erstellten Profile können zu Fehlurteilen und Diskriminierung führen. Die Vorhersagen und Rückmeldungen an die Nutzer können Verhalten personalisiert manipulieren: Sie werden verdinglicht. Hier stellt sich die die Frage, inwieweit es sich hierbei um Eingriffe in die Persönlichkeits- und Freiheitsrechte sowie Beeinträchtigung der Menschenwürde handelt (vgl. Christl und Spiekermann 2016, S. 118–130).

> „Eine auf allgegenwärtigem digitalem „Tracking" basierende Gesellschaft, die intransparent abläuft und Menschen systematisch aus wirtschaftlichen Gründen benachteiligt, wirft ernsthafte Fragen zur Zukunft der Freiheit, der Demokratie, der Autonomie und der Menschenwürde auf." (Christl und Spiekermann 2016, S. 139, eigene Übersetzung)

Zu diesem Machtungleichgewicht trägt auch die sog. „freiwillige Zustimmung" zur Nutzung von personenbezogenen Daten durch den digitalen Service in den inzwischen rechtlich verpflichtenden Datenschutzerklärungen bei. Zum einen sind Datenschutzerklärungen häufig schwer zu erfassen und werden einfach „angeklickt" (vgl. Obar und Oeldorf-Hirsch 2018; der Hashtag #TOS;DR „Terms of service, didn´t read" (dt. Datenschutzerklärung, nicht gelesen) hat sich dazu in den Sozialen Medien etabliert.) Zum anderen bedeutet eine Nichtzustimmung gleichzeitig, dass der Service nicht genutzt werden kann; es gibt zum „Bezahlen mit Daten" keine Alternative. Keine Wahl zu haben, ist keine gute Basis für Vertrauen (vgl. Lee und Zong 2019). Unternehmen können so zwar die Datenschutzgesetze einhalten, aber sie übergeben die Verantwortung an die (überforderten) Nutzer: Kreative unternehmerische Konzepte tun Not (vgl. Abschn. 1.5.5).

Ein weiterer kritischer Punkt: Die Europäische Datenschutzgrundverordnung (EU-DSGVO) bildet zwar seit 2018 das gesetzliche Rahmenwerk um personenbezogene Daten innerhalb der Europäischen Union zu schützen, sie geht aber nicht auf die gesellschaftlichen Wirkungen von Datennutzung und auf mögliche Verletzung von grundlegenden Persönlichkeits-, Freiheits- und Menschenrechten ein. Es bestehen

Vorschläge, wie auf ethischen und gesellschaftlichen Werten basierende Überprüfungen von Datenverarbeitungsprozessen gestaltet werden können (vgl. Mantelero 2018).

Der gesellschaftliche Diskurs der Interessen läuft. Das „Sozialkredit-System" der Volksrepublik China, das durch Zugriff auf unterschiedliche Datenbanken jedem teilnehmenden Bürger einen Wert („Score") zu seiner „Aufrichtigkeit" ermittelt, wird aktuell als „Schreckensszenario" diskutiert – aber die Antwort, wie demokratische Grundrechte in einer digitalen Gesellschaft effektiv geschützt werden können, steht noch aus.

2.2.10 Druck auf Gemeinschaft und Wohlbefinden

Online-Interaktion durch das „Social Web" – insbesondere Social Media – und mit mobilen Anwendungen haben das Leben durch neuartige partizipative Strukturen und Kommunikationsformen bereichert. Doch sie führen zu Druck auf Gemeinschaft und das Wohlbefinden des Einzelnen, z. B. durch politische Desinformation, menschenfeindliche Hassreden, neue Formen der Internetkriminalität, Verringerung der kognitiven Kapazitäten, eventuell sogar der mentalen Gesundheit. Es besteht die Erwartung an die „Architekten" des Social Web und mobiler Anwendungen, im digitalen Wandel die sozialen Bedingungen für ein gutes Miteinander bei einer sich verändernden Kommunikationskultur aufrecht zu erhalten.

Hintergrund Das Internet hat seine Unschuld verloren; es wirkt heute nicht mehr (nur) auf Augenhöhe und über Kulturen hinweg verbindend. Die Aufmerksamkeit der Nutzer wird im „Social Web" inzwischen als profitable „Ware" behandelt (sog. „Aufmerksamkeitsökonomie"; vgl. Euler 2018; Griessbaum 2013). Der Cambridge-Analytica-Skandal zeigte, dass der Schritt zum Missbrauch der gesammelten und analysierten Nutzerdaten z. B. zur versuchten Wahlmanipulation im U.S. Wahlkampf nicht weit ist (vgl. Dachwitz et al. 2018).

Wir wissen heute, dass eine erdachte Unwahrheit, die schrill genug ist, sich schneller und flächendeckender verbreitet als Nachrichten seriöser Anbieter (sog. „Fake News"; vgl. Russ-Mohl 2019). Die Medien des Social Web bewerten nicht den Wahrheitsgehalt von „Posts", sondern profitieren von der Aufmerksamkeit – egal mit welchem Inhalt. Und „Fake News" haben zudem gegenüber qualitätsvollen Informationen einen wirtschaftlichen Vorteil: sie können mit weit weniger Aufwand produziert werden.

Der Wirkmechanismus der Sozialen Medien mit „liken" und „teilen" fördert auch „Filterblasen", einem Informationskontrollproblem, das bisher nur unzureichend untersucht ist (vgl. Center for Information and Bubble Studies 2019). Er scheint dadurch zu entstehen, dass Menschen auch im Netz aktiv die Gemeinschaft mit Gleichgesinnten suchen und die Empfehlungsalgorithmen z. B. von YouTube dies verstärken. (vgl. Retzbach 2018; Sühlmann-Faul und Rammler 2018, S. 67–69). Im Social Web begegnet uns immer häufiger menschenfeindliche und diskriminierende Kommunikation, sog.

„Hate Speech. Das Netz ist ein Ort neuer krimineller Taten, wie „Trolling", „Cyber-mobbing", „Cyberstalking", „Doxing". Identitätsklau, „Cybergrooming" bei Kindern (vgl. Bundesamt für Sicherheit in der Informationstechnik 2019).

„Fake News" und eine gezielte Verzerrung der öffentlichen Debatte werden auch aus politischen Interessen produziert. „Hate Speech" und Diskriminierungen geben den populistischen politischen Strömungen Aufwind. Damit trägt das Social Web zur politischen Meinungsbildung bei, ohne den Regularien der Medien, z. B. durch das Mediengesetz, zu unterliegen. Es ergeben sich Probleme für das Funktionieren der Demokratie, in der die Staatsgewalt vom Volk ausgeht (Art. 20 Abs. 2 GG) und in der den freien Medien eine herausragende Stellung bei der Verfügungsstellung von Information und im öffentlichen Diskurs zukommt. Die „gesamtgesellschaftlich transformierende Digitalisierung beeinflusst die Integrität der Grundordnung" (Sühlmann-Faul und Rammler 2017, S. 66).

Es darf aber nicht vergessen werden, dass die neuartigen partizipativen Strukturen und Interaktionsformen des Social Web und der mobilen Anwendungen eine weltweite Bewegung zur Aufklärung von Missbrauchsskandalen mit dem Hashtag „#MeToo" ebenso wie den „Arabischen Frühling" möglich machten. Und es ist sicherlich auch die Nutzungsfreude durch Vereinfachung und die Neugier an den technologischen Möglichkeiten, die dazu geführt hat, dass inzwischen mehr als die Hälfte aller Menschen auf dem Globus online sind (vgl. Hootsuite/We are social 2018).

Durch zunächst positive Gefühle bei der Nutzung wie Begeisterung, Schaffensfreude, Motivation oder sogar einem Flow-Erlebnis wird im Social Web eine Sogwirkung entwickelt, die in ständiger Erreichbarkeit, fehlenden Ruhezeiten und ggf. „digitalem Stress" münden kann und sich so auch das Wohlbefinden des Einzelnen vermindern kann (vgl. Haufe 2018). Es wird von einer „Always-on"-Mentalität oder sogar von „Online-Sucht" gesprochen: über zwei Stunden pro Tag wird das Smartphone in Deutschland im Durchschnitt genutzt, bei 18- bis 29-jährigen sogar über vier Stunden (vgl. Telefónica Deutschland 1019). Das Handy belastet die menschlichen „Aufmerksamkeitsressourcen" und führt zu einer Verringerung der kognitiven Kapazitäten (vgl. Ward et al. 2017). Zugleich nehmen die psychischen Störungen, Depressionen und Schlafstörungen – gerade auch unter Jugendlichen – deutlich zu, wobei zu klären ist, inwieweit dies durch die Nutzung des Social Web verursacht ist.

Aufgrund der Neuheit der Phänomene – man bedenke nur, dass das inzwischen für unseren Alltag so wichtige Smartphone gerade erst zwölf Jahre alt ist – sind weder die institutionellen Schutzmechanismen ausgeprägt genug, noch die Kompetenz der Einzelnen, um sich selbst oder gar die Schutzbefohlenen zu schützen. Erst 2018 ist in Deutschland gesetzlich durch das Netzwerkdurchsetzungsgesetz (NetzDG) geregelt, dass Online-Netzwerke beleidigende und strafbare Inhalte innerhalb von 24 Stunden löschen müssen. Das sog. „Facebook-Gesetz" wird jedoch stark kritisiert, da es die gewünschte Wirkung nicht entfaltet, wohl aber die Meinungsfreiheit im Netz einschränkt (vgl. Mihr 2018, Sühlmann-Faul und Rammler 2018, S. 72).

Um sich der Entwicklung entgegen zu stellen, ist im Silicon Valley eine Bewegung entstanden, die sich für die Förderung von positiver menschlicher Interaktion statt

Bindung der Aufmerksamkeit einsetzt. Die „Humane-Tech"-Initiative hat die Kampagne „Time Well Spent" (deutsch: gut verbrachte Zeit) ins Leben gerufen und setzt sich für ein „humanes" Design digitaler Anwendungen ein. Facebook und auch Apple haben darauf reagiert und informieren inzwischen die User über ihre Nutzungsdauer (vgl. Meedia 2018). In Deutschland wird mit zahlreichen Angeboten rund um „Digital Detox" den Nutzern die „digitale Entgiftungskur" nahe gelegt.

2.2.11 Mutloses „weiter so"

Innovative Geschäftsmodelle mit sozialen und nachhaltigen Ansprüchen können durch die Digitalisierung einfacher umgesetzt werden. Dadurch entstehen Chancen für mehr Teilhabe, Umweltschutz und Fairness, die den gesellschaftlichen Ansprüchen der Nachhaltigkeit und des Sozialstaats entsprechen. Nur: Das Risiko von Fehlinvestitionen ist hoch. Besteht genug Mut für neues Wirtschaften?

Hintergrund Die Digitalisierung hat das Potential eines „Game Changers" für wirtschaftliche und gesellschaftliche Prozesse. Ob dies zu mehr Nachhaltigkeit und der Lösung gesellschaftlicher Herausforderungen beitragen kann, ist aktuell unklar (vgl. Seele und Lock 2017). Für Unternehmen bedeutet das, Digitalisierung nicht rein zur Effizienzsteigerung, sondern als Katalysator für Innovation mit einem „Shared Value" für Profit und Umwelt bzw. Soziales zu verstehen. Es sind die Innovationsbereiche in bestehenden Unternehmen, Startups bzw. Inkubatoren, die diese neuen nachhaltigen Marktchancen nutzen und zu erfolgreichen Geschäftsbereichen oder Unternehmen aufbauen können.

„Digitale soziale Innovation ist eine Art von sozialer und kollaborativer Innovation, bei der Innovatoren, Benutzer und Gemeinschaften mithilfe digitaler Technologien zusammenarbeiten, um Wissen und Lösungen für eine breite Palette sozialer Bedürfnisse in einem Ausmaß und einer Geschwindigkeit zu schaffen, die vor dem Aufstieg des Internets unvorstellbar waren." (Bria et al. 2015, S. 9). Mit dem Zugang zu digitaler Infrastruktur und Werkzeugen könnten sich soziale Praktiken ändern, z. B. Carsharing statt ein Auto zu besitzen, Arbeiten von zu Hause aus statt zur Arbeit zu fahren, Im-Moment-Recherche in einer in Echtzeit aktualisierten Online-Enzyklopädie statt Schlagworte zu Hause in einer veralteten gedruckten nachzuschlagen.

Digitale soziale Innovation experimentiert mit Elementen wie „Offenheit", „Teilen" und „Zusammenarbeit" und arbeitet mit Technologien wie offenen Dateninfrastrukturen, Wissens- und Co-Creation-Plattformen, dezentralen sozialen Netzwerken, freier Software und offener Hardware sowie drahtlosen Sensornetzwerken (vgl. Bria et al. 2015).

Obwohl es zahlreiche Beispiele für digitale soziale Innovationen aus der Zivilgesellschaft gibt, bleiben die Lösungen von Hochschulen oder Nichtregierungsorganisationen oft in Nischen und können Probleme nicht in großem Maßstab angehen. Es sind die Innovationsbereiche in bestehenden Unternehmen, Startups oder

Gründerzentren, die diese potenziellen Geschäftsmöglichkeiten stärker nutzen können (vgl. Holtgrewe und Schwarz-Woelzl 2019).

In den letzten Jahren sind unternehmensbezogene, aber auch öffentlich geförderte Inkubatoren, Hubs oder Akzeleratoren entstanden, die digitale, „grüne" oder „soziale" Startups finanziell oder mit Netzwerk und Know-How fördern. Dazu gehören beispielsweise EcoCrowd, Startnext, Green Alley Award, Borderstep Institut, GreenTech Hub, Grüne Helden, Ashoka oder das Social Impact Lab. In Wettbewerben werden digitale Gründungsideen mit Ziel Nachhaltigkeit oder sozialer Wirkung gefördert, wie z..B. beim Next Economy Award (vgl. Dreyer 2017).

Während bei nachhaltigkeitsorientierten Startups Wachstum und Profit Unternehmensziel Nummer eins sind, stehen bei „Social Startups" die Lösung gesellschaftlicher Probleme an erster Stelle, z. B. die Inklusion von Migrantinnen, das Training von Demenzkranken oder die Verminderung des Lebensmittelabfalls. Die Social Entrepreneure entwickeln innovative soziale Konzepte mit unternehmerischen Mitteln. Die finanzielle Rendite steht im Hintergrund. Bestehende Sozialorganisationen setzen auf „Social Startups", um die gesellschaftlichen Herausforderungen mit neuen – insbesondere auch digitalen Mitteln – zu begegnen.

Vor allem die Innovation von Geschäftsmodellen steht bei der Digitalisierung im Vordergrund (neben Technologie-, Produkt-, Service- und Prozessinnovationen). Digitale Geschäftsmodelle sind datengestützt und ihre Wertschöpfung beruht (ganz oder teilweise) auf diesen Daten. „Everything-as-a-service" kann Ressourcen- und Energieeinsparungen bedeuten, wenn statt eines physischen Produkts nur dessen Nutzung als Dienstleistung angeboten wird (siehe Abschn. 1.3.4 und 1.4.1).

Das Nutzenerlebnis durch konfigurierbare und personalisierte, bei Bedarf nutzbare „Smart Services" ist hoch. Individuelle Lösungen für benachteiligte Personengruppen sind gestaltbar. Skaleneffekte können so auch für Nischenprodukte erzielt werden, wie sie viele „grüne" oder „faire" Produkte und Services heute darstellen. Gleiches gilt für Nicht-mehr-Gebrauchtes, Reparaturbedürftiges oder Social Impact Lösungen. Es entstehen Chancen, das Konsumniveau zu senken oder fair und ökologisch erzeugte bzw. regionale, lokale Waren aus gering-kommerziellen Quellen zu beziehen (vgl. Lange und Santarius 2018, S. 45–47).

Im Folgenden werden innovative Geschäftsansätze für mehr Nachhaltigkeit dargestellt. Digitalisierung bietet Chancen für nachhaltigen Konsum aufgrund der geringeren Kosten für Marketing und Distribution von grünen, nachhaltigen oder lokal produzierten Nischenprodukten. Für Verbraucher bietet sich eine bessere Vergleichbarkeit von Nachhaltigkeit als nicht prüfbares Qualitätskriterium von Produkten – die sog. „Transaktionskosten" sinken. Es kann zu einer faireren Preisgestaltung kommen und die Produkte werden stärker nachgefragt. Beispiele dafür sind „Codecheck", „BarCoo" oder „RankaBrand". Auch können einfacher „persönliche" auf den individuellen Bedarf hin geschnittene Angebote und Dienstleistungen angeboten werden. Als Prosumenten können Verbraucher Produkte oder Dienstleistungen auf Tauschbörsen oder in Shops anbieten. Beispiele dafür sind „Etsy" für Selbstgemachtes, „Kleiderkreisel" für

Kleidung, „drivy" für Autofahrten, „Tauschbörsearbeit" für Nachbarschaftshilfen oder „Fairleihen" für Dinge des täglichen Gebrauchs.

Für nachhaltigkeitsorientierte Verbraucher bietet das Internet eine größere Verfügbarkeit von grünen und fair produzierten Angeboten und macht damit einen nachhaltigkeitsorientierten Lebensstil einfacher. Entsprechende Angebote bieten „Avocadostore", „Fairmondo" oder „Greenality". Benachteiligte Personengruppen können mit digitalen Tools oderAngeboten besser unterstützt werden, wie z. B. „ichó" als digitaler Therapieball, „Kiron University" mit kostenfreien Online-Hochschulkursen für Migranten und Asylsuchende oder „TBD*-Community" durch Vermittlung von Arbeit mit Sinn.

2.2.12 Technikgläubigkeit oder wirkliche Chance für die Nachhaltigkeit?

Bis 2030 hat sich eine globale Gemeinschaft von 193 Nationen 17 Ziele der Nachhaltigen Entwicklung („Sustainable Development Goals", SDG) mit 140 Unterzielen gegeben. Inzwischen ist deutlich, dass die Anstrengungen der Weltgemeinschaft nicht ausreichen, um diese Ziele zu erreichen. Von der Entwicklung der Digitaltechnologien wird erwartet, dass sie bei der SDG-Zielerreichung unterstützen und verstärken. Kann sie das leisten?

Hintergrund Im Jahr 2018 wurde zum ersten Mal deutlich, dass keines der G20-Länder die SDG bis 2030 mit den bis dahin durchgeführten Maßnahmen erreichen würde („business as usual- Szenario"). Das gilt auch für Deutschland – insbesondere für die Ziele SDG 13 „Maßnahmen zum Klimaschutz" und SDG 14 „Leben unter Wasser" (vgl. Bertelsmann Stiftung and Sustainable Development Solutions Network 2018).

Digitale Technologien können die Welt besser machen – das zeigen zahlreiche Beispiele (vgl. betterplacelab 2016). Der WBGU fordert in seinem Gutachten, die Nutzung der Digitalisierung als mächtiges Instrumentarium zur Erreichung der Nachhaltigkeitsziele einzusetzen (vgl. WBGU 2019, S. 8–9). Dabei geht er davon aus, dass Digitalisierung dazu beitragen kann, planetarische Leitplanken durch Dekarbonisierung, Kreislaufwirtschaft, umweltschonendere Landwirtschaft, Ressourceneffizienz und Emissionsreduktionen einzuhalten sowie Monitoring und Schutz von Ökosystemen durch digitale Innovationen leichter und schneller erreicht werden könnten. Zudem würden weltumspannendes Wissen und Kommunikation dazu beitragen können, eine „transnational vernetzte Gesellschaft" hervorzubringen und ein „Weltumweltbewusstsein" zu stärken.

Neben dem moralischen Imperativ der SDG-Zielerreichung bieten die SDG hohe Marktpotenziale, die mit 12 Billionen US$ Umsatz und Kosteneinsparungen pro Jahr sowie 380 Millionen neuer Jobs im Jahr 2030 abgeschätzt werden. Es wird davon ausgegangen, dass die Digitaltechnologie entscheidender Faktor für die Realisierung dieser Marktchancen sein wird. Diese wirtschaftlichen Chancen beziehen sich auf die Sektoren

Ernährung und Landwirtschaft, Städte und Kommunen, Energie und Ressourcen sowie Gesundheit und Wohlbefinden (vgl. 2030 Vision Global Goals Technology Forum 2017). Die Beispiele reichen von der Verfolgbarkeit von (nachhaltig produzierten) Lebensmitteln mittels Blockchain, über Präzisions-Landwirtschaft mit Robotern, reduziertem Treibstoffbedarf in der Logistik mit autonomen Fahrzeuge bis hin zu einer personalisierten medizinische Versorgung mit „Wearables", Big Data und KI.

Die Analyse der Global e-Sustainability Initiative (GeSI) und Accenture zeigt, dass die digitale Technologie im Jahr 2030 mit Lösungen, die sich positiv auf die globalen Ziele auswirken, einen zusätzlichen Jahresumsatz von 2,1 Billionen US-Dollar erzielen könnte (vgl. Global e-Sustainability Initiative 2016; vgl. Abschn. 2.1.3).

Die Digitalisierung der Vergangenheit zeigt aber auch, dass das wesentliche Nachhaltigkeitsversprechen der ITK, nämlich die Dematerialisierung, bisher nicht eingehalten werden konnte. Das Internet, E-Commerce, die globale Verbreitung der Smartphones und die zunehmende Automatisierung sind mit steigenden Energie- und Ressourcenverbräuchen und mit Konsummustern, die die Umwelt mehr belasten, einhergegangen (siehe Abschn. 2.2.15). Daher kann davon ausgegangen werden, dass es keine „Technologiedeterminierung" der großen Nachhaltigkeitsherausforderungen gibt, sondern dass politische und gesellschaftliche Leitplanken dafür sorgen müssen, dass Technologie der Nachhaltigkeitsidee folgt (vgl. WBGU 2019, S. 9).

2.2.13 Konsum 4.0

Es geht hier um Verantwortungsübernahme von Unternehmen bei Werbung und Marketing, einen Perspektivenwechsel vom reinen Absatzfokus und Durchbrechen des „Teufelskreises des Konsums" d. h. die „Unersättlichkeit" der Konsumenten auszunutzen. Kritische Reflexion der Annahmen zum Marketing sowie der dahinterliegenden Werte ist gefordert; ebenso mehr Verständnis von Unternehmen zu den sozialen und ökologischen Auswirkungen ihrer Produkte, ihrem Beitrag zu globalen Nachhaltigkeitsherausforderungen und ihrer gesellschaftlichen Verantwortung bei Werbung und Marketing.

Hintergrund Die Digitalisierung regt nicht nur das Online-Shopping an, sondern sie erhöht insgesamt die Optionen für das Konsumieren – auch Offline (vgl. Lange und Santarius 2018, S. 48). Dabei werden die Bedürfnisse durch die verfeinerten Methoden des Online-Marketings nicht nur gedeckt, sondern auch gesteigert. „Profiling" und Analysen geben den Unternehmen Informationen darüber, was Kunden mögen und die Individualisierung von Angeboten macht es den Interessenten immer schwerer zu widerstehen: „Big Data" sorgt für „Big Needs" und kurbelt die „High-Speed-Wirtschaft" an (vgl. Lange und Santarius, S. 50–57).

Die Werbe„maschinerie" beruht auf den Spuren, die Nutzer im Netz hinterlassen. Diese Spur wird mittlerweile von Suchmaschinen- und Plattformbetreibern individuell nach Vorlieben, Kaufkraft, eventuell sogar politischen oder religiösen Einstellungen oder Persönlichkeitsmerkmalen ausgewertet. „Big Data", die Massendatenauswertung in Echtzeit, macht das möglich. Die Datenprofile werden für die personalisierte bzw. kundensegmentspezifische Anzeige von Werbeanzeigen, das sog. „Microtargeting", genutzt. Dabei werden Angebote anhand persönlicher „Profile" ausgerichtet und über Websites und Endgeräte hinweg angezeigt. Die Kaufbereitschaft der Kunden wird durch „dynamische Preisbildung" erhöht. Sie hängt mit dem Endgerät, dem Zugriffsort oder -zeit sowie dem „Profil" zusammen. Ziel ist es, die Wahrscheinlichkeit des Kaufs anhand statistischer Erfahrungen zu erhöhen.

Und die Konsumfreude der Deutschen wächst, denn inzwischen haben 34 % 500 EUR oder mehr als finanziellen Spielraum (vgl. Sommer 2018). Mit dieser positiven Nachricht ist eine Schattenseite für die Umwelt verbunden, denn der personenbezogene Energie- und Ressourcenverbrauch steigt stark mit der Höhe des Einkommens und bewegt sich jenseits ökologisch vertretbarer Grenzen (vgl. Umweltbundesamt 2018).

Die Forderung nach einem Verständniswandel in Werbung und Marketing kam bereits in den 70er Jahren mit der Umweltbewegung auf (vgl. Belz und Peattie 2009, S. 26). Sie ist bisher ohne Ergebnis geblieben. Die Kritik an der Werbebranche eine nicht-nachhaltige Konsumgesellschaft zu fördern, erreicht mit der den digitalen Möglichkeiten die Wünsche von „gläsernen Kunden" vorauszusagen, Angebote daran anzupassen und damit die „High-Speed-Wirtschaft" anzuheizen ein neues ökologisch und sozial schädliches Niveau (vgl. Belz und Peattie 2009, S. 178–179).

Eine Vorbildfunktion der Länder des Nordens im Verständniswandel des Konsums ist für eine nachhaltige Entwicklung essenziell wichtig, da aufgrund des wachsenden Wohlstands in den Ländern des Südens – dem global steigenden Pro-Kopf-Einkommen und der schwindenden Ungleichheit zwischen den Ländern und Armutsquote – die globale Anzahl von potenziellen Käufern steigt (vgl. Lomborg 2016; Rosling 2010; Our world in data 2019).

2.2.14 Circular Economy – nur ein magischer Trick?

Klima- und Umweltschutz ist in einer Welt mit bald 10 Mrd. Menschen zentral. Eine Reduktion des Energie- und Ressourcenverbrauchs sowie Abfalls durch „zirkuläre" Ressourcen- und Stoffkreisläufen scheint möglich. Aber dies braucht ein massives Umdenken und Umsteuern aller Akteure. Können die Möglichkeiten der Digitalisierung für eine „Circular Economy" genutzt werden oder ist es nur ein „magischer Trick", der echte Veränderung zur Ressourcenschonung verhindert?

Hintergrund Digitalisierung als Ermöglicher einer „Circular Economy" (CE, dt. Kreislaufwirtschaft) ist allgemein anerkannt. Dabei geht es darum, Ressourcen länger im Wirtschafts- und Stoffkreislauf zu halten und die Verwendung von Primärressourcen zu reduzieren, d. h. weniger Rohstoffe werden effizienter genutzt. Ein zentraler Punkt in CE-basierten Geschäftsmodellen ist, dass die Langlebigkeit von Produkten erhöht wird und sie, wo immer möglich, geleast, gemietet oder geteilt werden, anstatt verkauft zu werden (vgl. Antikainen et al. 2018, S. 45). Die Umweltvorteile können erheblich sein, beispielsweise Einsparung von bis zu 90 % der Treibhausgasemissionen im Geschäftsmodell der Ressourcenrückgewinnung (vgl. OECD 2018, S. 6; vgl. Abb. 2.2).

Zukunftsweisende und mit der „Circular Economy" verwandte Konzepte sind „Net Zero Carbon Footprint", d. h. eine neutrale CO2-Bilanz über den Lebenszyklus von Produkten zu erzielen, „Blue Economy", d. h. die kaskadenartige Weitergabe von Abfällen als Rohstoffe für das nächste Geschäftsmodell, das „Cradle-to-Cradle"-Prinzip, d. h. der vollständige Qualitätserhalt der Stoffe innerhalb der Zyklen und „Zero Waste", d. h. „Null Abfall" anzustreben (vgl. Wilts 2016, S. 8).

Die Vernetzung von Produktionsprozessen durch Sensoren und das Internet der Dinge, die Nachverfolgung durch die Blockchain, die Sammlung von Echtzeitdaten mit „Big Data" und die Auswertung durch KI bringt neue Chancen für Transparenz und Verfolgbarkeit in den Lebenszyklen der Produkte. Intelligente Lösungen ermöglichen eine Reduzierung des Energieverbrauchs, Logistikwege und Kapazitäten können effizienter genutzt werden. Die Digitalisierung kann einen transparenten Zugang zu Daten über den Ressourcenverbrauch von Produkten schaffen und ermöglicht die Optimierung der Produktlebenszyklen.

Der Handlungsbedarf in Deutschland ist groß: Im Jahr 2010 wurden nur 14 % der in Deutschland eingesetzten Rohstoffe aus Abfällen gewonnen (vgl. Wilts 2018, S. 13). Auch beim klima-, umwelt- und gesundheitsschädlichen Plastikmüll werden in Deutschland nur 15,6 % zu Rezyclat (vgl. Heinrich-Böll-Stiftung 2019).

Die Idee von zirkulären Geschäftsmodellen ist es, dass nicht ein Unternehmen den Kreis schließt, sondern mehrere Unternehmen, die ein Ökosystem bilden. Daher fungieren Unternehmen mit ihren Geschäftsmodellen in unterschiedlichen Teilen der Wertkette (vgl. OECD 2018, S. 5). Die aktuelle Herausforderung ist die Entwicklung profitabler CE-Geschäftsmodelle und entsprechender Rahmenbedingungen dafür. Folgende Ansätze bestehen (vgl. OECD 2018, S. 4, Accenture 2014; vgl. Abb. 2.2):

- Ressourcenrückgewinnung: Recyceln Abfälle in Sekundärrohstoffe und leiten so Abfälle vom Endprodukt ab. Dadurch Verbesserung der Entsorgung bei gleichzeitiger Verdrängung der Gewinnung und Verarbeitung neuer natürlicher Ressourcen.
- Verlängerung der Produktlebensdauer: Verlängern die Nutzungsdauer vorhandener Produkte und verlangsamen den Fluss der Bestandteile und Materialien durch die Wirtschaft. Sie reduzieren die Rate der Rohstoffgewinnung und Abfallerzeugung.
- „Sharing" Plattformen: Erleichtern das Teilen von nicht ausreichend genutzten Produkten und können daher die Nachfrage nach neuen Produkten und ihre eingebetteten Rohstoffe verringern.
- Zirkuläre Zulieferkette: Ersetzen traditioneller Materialinputs mit Rohstoffen aus biologisch-abbaubaren, erneuerbaren oder rückgewonnenen Materialien. Sie verringern langfristig die Nachfrage nach Rohstoffgewinnung.

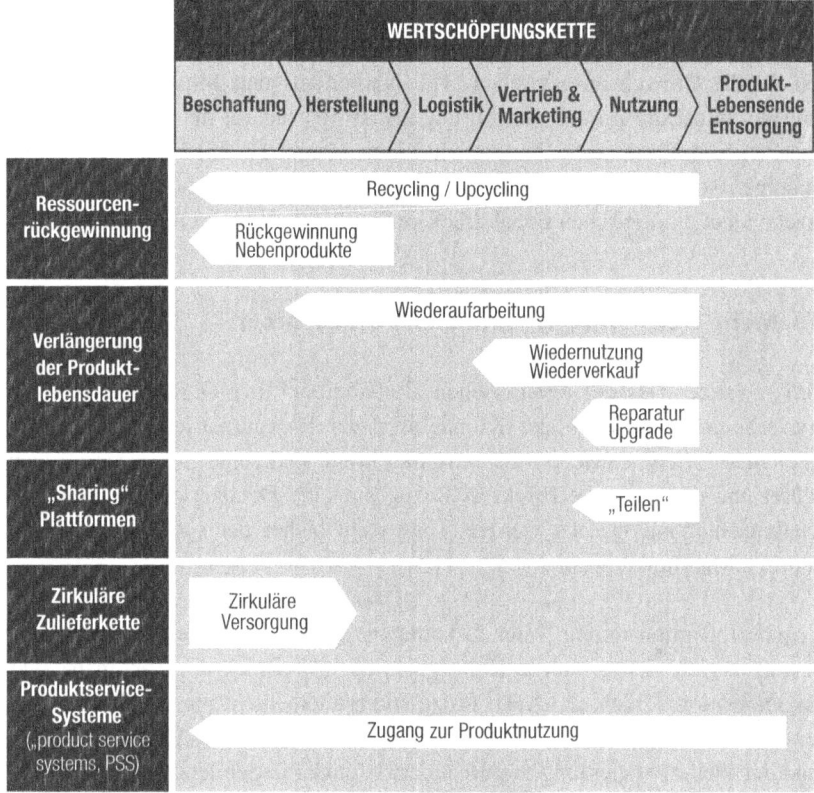

Abb. 2.2 Die fünf Geschäftsmodelle der „Circular Economy". (Eigene Darstellung nach Accenture 2014, Grafik mit freundlicher Genehmigung von © BOSSE UND MEINHARD 2019. All Rights Reserved)

- Produktservice-Systeme („product service systems, PSS) bei denen eher Dienstleistungen als Produkte vermarktet werden, verbessern die Anreize für umweltfreundliches Produktdesign und effizientere Produktnutzung, wodurch ein sparsamerer Umgang mit natürlichen Ressourcen gefördert wird.

Zentral ist die Vernetzung und Zusammenarbeit mit Stakeholdern, aber auch neue Partnerschaften sind erforderlich, um zirkuläre Geschäftsmodelle zu ermöglichen. Bei der Vernetzung und gemeinsamen Gestaltung spielen Plattformen für die digitale Zusammenarbeit mit virtuellen Technologien eine wichtige Rolle (vgl. Antikainen et al. 2018, S. 48).

Es ist jedoch zu befürchten, dass die Idee der „Circular Economy", die Primärproduktion durch das Schließen von Material- und Produktkreisläufen zu verhindern, nicht realisiert werden kann. Sie könnte unter einem ähnlichen Rebound-Effekt wie Energieeffizienzstrategien leiden und durch einen effizienten Materialeinsatz Produkte billiger und attraktiver machen: Während die technologischen Entwicklungen die Auswirkungen pro Stück verringern, wird durch Mehrnutzung und Wirtschaftswachstum der Nutzen für die Umwelt ausgeglichen (vgl. Narberhaus und Mitschke-Collande 2017). Ein Beispiel bildet die Zimmervermittlung „AirBnB", die auf dem Geschäftsmodell der Sharing-Plattform basiert. Die Zimmer sind in der Regel 15–20 % günstiger als normale Hotelzimmer, was jedoch nicht eingespart, sondern von den Mietern für Konsum mit entsprechendem ökologischen Fußabdruck verwendet wird (vgl. OECD 2018, S. 7).

2.2.15 Mehr Treibhausgase und Elektronikschrott

Es wird erwartet, dass der ökologischen „Fußabdruck" der Digitaltechnik – d. h. der Energieverbrauch und damit der Klimaeffekt, der Ressourcenverbrauch insbesondere von „Seltenen Erden" sowie der „Elektronikschrott" und seine Entsorgung – sich nicht vergrößert und der indirekte Effekt in Bezug auf eine Dematerialisierung („reduzierte Materialintensität") umgesetzt werden. Dem steht bisher der systemische „Rebound"-Effekt durch Mehrnutzung entgegen.

Hintergrund Digitalisierung kann Leistungen „dematerialisieren". Algorithmen und Daten nutzen sich – wie andere Kulturgüter auch, beispielsweise Romane oder eine Musikkomposition – nicht ab. Auch Prozessoren altern nicht nur das Durchführen von Rechenoperationen (vgl. Hilty 2019). Trotz der Entwicklung der ITK, des globalen Internets und der Weiterentwicklung von Rechnerleistungen in den letzten Jahrzehnten landet jedoch mehr Hardware auf dem Müll, steigt der globale Flugverkehr und Konsum. Heute bereits hängen nicht nur Computer- und Smartphones von Software ab, sondern mit dem „Internet der Dinge" auch normale Alltagsgegenstände, wie vernetzte Jalousien, Staubsaugerroboter, „Smartes Spielzeug". Dabei werden Metalle verwendet, die nach heutigem Stand mit Recycling-Verfahren nicht zurück gewonnen werden können, sondern für immer verloren scheinen.

Die materielle Grundlage der Digitalisierung, der „Bits und Bytes", bildet die Digitaltechnologie mit ihren ökologischen Nachhaltigkeitsrisiken. Positive Nachhaltigkeitseffekte beispielsweise auf die Emission von Treibhausgasen, insbesondere Kohlendioxid, sind bisher nicht feststellbar. Rebound-Effekte im Gesamtsystem, beispielsweise durch Mehrkonsum, schmälern die gewünschte Reduktion (vgl. Behrendt und Erdmann 2004, S. 4, Dörr 2012, S. 30–39, Lange und Santarius 2018, S. 24–23).

Wesentlich ist ihr Energieverbrauch: In Europa trägt IKT bereits zu 4 % zu den unerwünschten Treibhausgasemissionen bei, die „schmutzige" Luftfahrt nur zu 3 % (vgl. ICTfootprint.eu 2019). Und es ist zu befürchten, dass dieser Anteil steigt: in den Prognosen wird von einem exponentiellen Anstieg des Stromverbrauchs der IKT ausgegangen (vgl. Lange und Santarius 2018, S. 34) und einem Anstieg der CO_2-Emissionen bis 2020 auf 26 Mrd. Tonnen CO2-Äquivalente um fast 50 % gegenüber 2002 (vgl. Global e-Sustainability Initiative 2009).

Der IKT-bedingte Stromverbrauch in Deutschland lag im Jahr 2010 bei etwa 56 Terawattstunden – das waren 2007 10 % des Gesamtenergieverbrauchs; es wird prognostiziert, dass dieser Verbrauch sinkt. Hinzu kommen jedoch ansteigende Verbräuche einer wachsenden Anzahl von Datenzentren sowie dem Datenverkehr dorthin. Für die globale Entwicklung des IKT-Energieverbrauchs machen Studien unterschiedliche Trendaussagen – eindeutig ist jedoch ein weltweiter Anstieg an benötigten Strommengen für Datenzentren, die zwar immer effizienter werden, aber deren Kapazitäten stark ansteigen. Ein Grund hierfür ist, dass mit der Digitalisierung von nahezu allen Lebensbereichen eine Zunahme der benötigten Rechen-und Speicherkapazität einhergeht, die im Wesentlichen von Datenzentren zur Verfügung gestellt wird (vgl. Richard et al. 2017, S. 33–35, 41–42).

Doch die Problematik ist weit größer: Durch Industrie 4.0 und das „Internet der Dinge" (Internet of Things, IoT) nehmen Sensoren und IoT-Netzwerke, wie z. B. für „Smart Cities" zu, die ebenfalls auch im Standby Strom benötigen (vgl Fraunhofer IZM und Borderstep Institut 2015, S. 23). Das „Mining" der Bitcoins – noch immer eine „digitale Nische" – braucht nach Hochrechnungen heute bereits so viel Energie wie Dänemark (vgl. Frankfurter Allgemeine Zeitung 2018). Und auch die Elektro-Fahrzeuge und „Flugtaxis" werden mit Strom „getankt". Die Stromversorgung bei diesen Entwicklungen zu ermöglichen und zudem in Bezug auf Klima und globalen Zugang nachhaltig zu gestalten, ist eine komplexe Aufgabe, bei der heutige Methoden und Denkweisen an ihre Grenzen kommen (vgl. Seidel 2019).

Es werden drei mögliche Wirkungsebenen der IKT auf eine klimafreundliche Gesellschaft diskutiert (vgl. Mingay und Pamlin 2010, S. 10)

- Direkt den eigenen Energieverbrauch des Betriebs und der Mitarbeiter senken („Energieeffizienz")
- Indirekt den Energieverbrauch der Produkte während der Nutzungsphase bzw. im gesamten Lebenszyklus senken („2 %")
- Indirekt als „Enabler" (Ermöglicher) zur Dematerialisierung und Dekarbonisierung durch Nutzung von IKT in anderen Sektoren wirken, z. B. Videoconferencing statt Treffen, Streaming statt Video kaufen/leihen, Carsharing statt Auto kaufen („98 %")

Mingay und Pamlin betonen, dass der Fokus auf den indirekten Wirkungen der IKT als Enabler liegen sollte, da dort 98 % der Wirkung entfaltet werden könnten (vgl. Mingay und Pamlin 2010, S. 10). Diese Chancen der IKT für das Klima wurden in der Studie „SMART 2020" ökonomisch und ökologisch quantifiziert (vgl. Global e-Sustainability Initiative 2009). Die Studie zeigt, „dass im Jahr 2020 ITK-basierte Lösungen die deutschen Emissionen um zusätzliche 0,2 Gigatonnen (Gt) senken können." (Prof. Hans Joachim Schellnhuber, Global e-Sustainability Initiative 2009, S. 4).

Die aktuellen Reports zum Verfehlen der Klimaziele Deutschlands zeigen, dass die Maßnahmen bisher nicht ausreichten, um diese Effekte zu erzielen. Die IKT konnte bisher ihr Potenzial zur Dematerialisierung und Dekarbonisierung nicht einlösen. Nach Lange und Santarius (2018, S. 26) ist die Digitalisierung ein typisches Beispiel für den Rebound-Effekt. Technische Effizienzsteigerungen, z. B. beim sinkenden Energieverbrauch pro Rechenleistung, führen zu Mehrverbrauch, was die Einsparpotenziale zunichte macht.

Neben dem Klimaeffekt ist der Rohstoffbedarf für Netz- und Übertragungstechnik sowie Endgeräte und Computer für den ökologischen Fußabdruck der IKT wesentlich. Er steigt durch den verstärkten Einsatz von Elektronik und Sensorik. Kritisch ist dabei auch die soziale und ökologische Wirkung beim Abbau der bislang unersetzlichen Seltenen Erden und des Tantal-Erzes Coltan, das als „Konfliktrohstoff" gilt und seit Jahrzehnten militärische Konflikte finanziert (vgl. Misereor 2019; Schüler 2019).

Smartphones und andere Hardware werden immer häufiger ausrangiert und landen auf den ärmeren Regionen der Welt, um ohne Gesundheits- oder Umweltschutz entsorgt zu werden: Der „Müllberg" des Elektroschrotts ist inzwischen weltweit 43 Megatonnen groß und soll bis 2020 auf rund 52 Megatonnen wachsen (vgl. Lange und Santarius 2018, S. 25). Die Deutsche Rohstoffagentur erwartet, dass 2035 der Bedarf von Lithium nur für die Elektromobilität auf das 3,5-fache der heutigen Produktion steigt. Aufgrund der Knappheit müssen immer aufwändigere Verfahren angewandt werden, um die Rohstoffe zu gewinnen (vgl. Germanwatch 2019). Dabei sind Herkunft und Produktion der Teile heute nicht einmal für eine Computermaus nachzuvollziehen (vgl. Nager IT 2019).

Diese „unerwünschten Nebenwirkungen" der Digitalisierung mit negativen Auswirkungen auf Individuen, Gemeinschaft, Umwelt und Klima wurden aus gesellschaftlicher Perspektive formuliert und dargestellt. Für Unternehmen, die sich als Akteure nachhaltiger Entwicklung verstehen, ist wichtig zu erkennen, inwieweit sie selbst zur Wert- oder Schadschöpfung beitragen. Im folgenden Kapitel wird vermittelt, wie eine eigene unternehmerische Positionierung zu diesen Themen gefunden werden kann.

Selbst Check

Nach Bearbeitung dieses Kapitels sollten Sie
- die Wirkung nachhaltiger Digitaltechnologie kennen,
- Beispiele für mögliche positive Effekte von Digitalisierung darstellen können,
- wissen, wieso Digitalisierung ein Nachhaltigkeitsrisiko sein kann,
- aufzeigen können, welche „unerwünschten Nebenwirkungen" die Digitalisierung bereits heute zeigt,
- verstehen, welche unterschiedlichen gesellschaftlichen Gruppen oder Umweltbelange die „unerwünschten Nebenwirkungen" beeinträchtigen und
- eine Vorstellung entwickeln, welche der Themen das Unternehmen, in dem Sie tätig sind, heute oder zukünftig tangiert.

Literatur

Accenture (2014) Circular advantage. Innovative business models and technologies to create value in a world without limits to growth. https://www.accenture.com/t20150523T053139__w__/us-en/_acnmedia/Accenture/Conversion-Assets/DotCom/Documents/Global/PDF/Strategy_6/Accenture-Circular-Advantage-Innovative-Business-Models-Technologies-Value-Growth.pdf. Zugegriffen: 28. Juni 2019

Bria F, Gascó M, Baeck P, Halpin H, Almirall E, Kresin F (2015) Growing a digital social innovation ecosystem for Europe. DSI final report. Publications Offfice of the European Union, Luxembourg. https://ec.europa.eu/futurium/en/system/files/ged/50-nesta-dsireport-growing_a_digital_social_innovation_ecosystem_for_europe.pdf. Zugegriffen: 8. Juni 2019

Christl W, Spiekermann S (2016) Networks of control. Facultas, Wien. https://crackedlabs.org/en/networksofcontrol. Zugegriffen: 9. Febr. 2019

Deloitte (2018) Europäische Kommission: Kommissionsvorschlag zur Besteuerung der digitalen Wirtschaft. Internationales Steuerrecht vom 22.03.2018. https://www.deloitte-tax-news.de/steuern/internationales-steuerrecht/europaeische-kommission-kommissionsvorschlag-zur-besteuerung-der-digitalen-wirtschaft.html. Zugegriffen: 8. Juni 2019

Desai MA, Dharmapala D (2006) Corporate social responsibility and taxation: the missing link. https://static1.squarespace.com/static/5723a035356fb098e46ccab0/t/573a359f22482e2875dbb266/1463432607494/Corporate+Social+Responsibility+and+Taxation-+The+Missing+Link.pdf. Zugegriffen: 8. Juni 2019

Fertlik M (2013) The rich see a different internet than the poor. Scientific American vom 01.02.2013. https://www.scientificamerican.com/article/rich-see-a-different-internet-than-the-poor. Zugegriffen: 8. Juni 2019

Global e-Sustainability Initiative (2009) SMART 2020 Addendum Deutschland: Die IKT-Industrie als treibende Kraft auf dem Weg zu nachhaltigem Klimaschutz. https://www.telekom.com/resource/blob/314946/845c540d99f81aceab95a67521188193/dl-smart-2020-data.pdf. Zugegriffen: 8. Juni 2019

Global e-Sustainability Initiative (2016) System transformation. Summary Report. https://gesi.org/report/detail/system-transformation. Zugegriffen: 15. Juni 2018

Krüger T (2017) Digitale Teilhabe als Voraussetzung für soziale Teilhabe. Keynote zum DIVSI-Bucerius Forum in Hamburg am 11.05.2017. http://www.bpb.de/presse/248495/digitale-teilhabe-als-voraussetzung-fuer-soziale-teilhabe-hamburg-11-mai-2017. Zugegriffen: 8. Juni 2019

Kuhlen R (2002) Napsterisierung und Venterisierung: Bausteine zu einer politischen Ökonomie des Wissens. Prokla Zeitschrift für kritische Sozialwissenschaft 126:57–88. http://www.prokla.de/index.php/PROKLA/article/view/713/679. Zugegriffen am 08.06.2019

Lange S, Santarius T (2018) Smarte grüne Welt? Digitalisierung zwischen Überwachung. Konsum und Nachhaltigkeit, Oekom

Lobo S (2012) Die größte digitale Lüge. Spiegel Online vom 13.03.2012. https://www.spiegel.de/netzwelt/web/die-grosse-agb-luege-im-internet-a-820864.html. Zugegriffen: 1. Aug. 2019

Luki e. V. (2019) Digitale Nachhaltigkeit. https://digitale-nachhaltigkeit.net/. Zugegriffen: 8. Juni 2019

Stiftung Neue Verantwortung (2019) Digitalisierung braucht Zivilgesellschaft. https://www.stiftung-nv.de/de/publikation/digitalisierung-braucht-zivilgesellschaft. Zugegriffen: 9. Febr. 2019

Sühlmann-Faul F, Rammler S (2018) Der blinde Fleck der Digitalisierung. Oekom, München

United Nations Secretary-General (2018) Secretary-General's remarks at closing of High-Level Political Forum on Sustainable Development [as delivered]. 18.07.2019. https://www.un.org/sg/en/content/sg/statement/2018-07-18/secretary-generals-remarks-closing-high-level-political-forum. Zugegriffen: 13. Juli. 2019

Wagner FW (2017) Steuervermeidung und gesellschaftliche Verantwortung von Unternehmen. Eberhard-Karls-Universität, Tübingen und Universität Wien. https://www.ifu.ruhr-uni-bochum. de/mam/content/pdf/folien/9_11_17_folien_wagner.pdf. Zugegriffen: 8. Juli 2019

Wissenschaftlicher Beirat der Bundesregierung Globale Umweltveränderungen WBGU (2019) Unsere gemeinsame digitale Zukunft. Zusammenfassung. Berlin, WBGU. https://www. wbgu.de/fileadmin/user_upload/wbgu/publikationen/hauptgutachten/hg2019/pdf/WBGU_ HGD2019_Z.pdf. Zugegriffen: 3. Mai 2019

Zoom in! Digital Responsibility im Unternehmen bestimmen

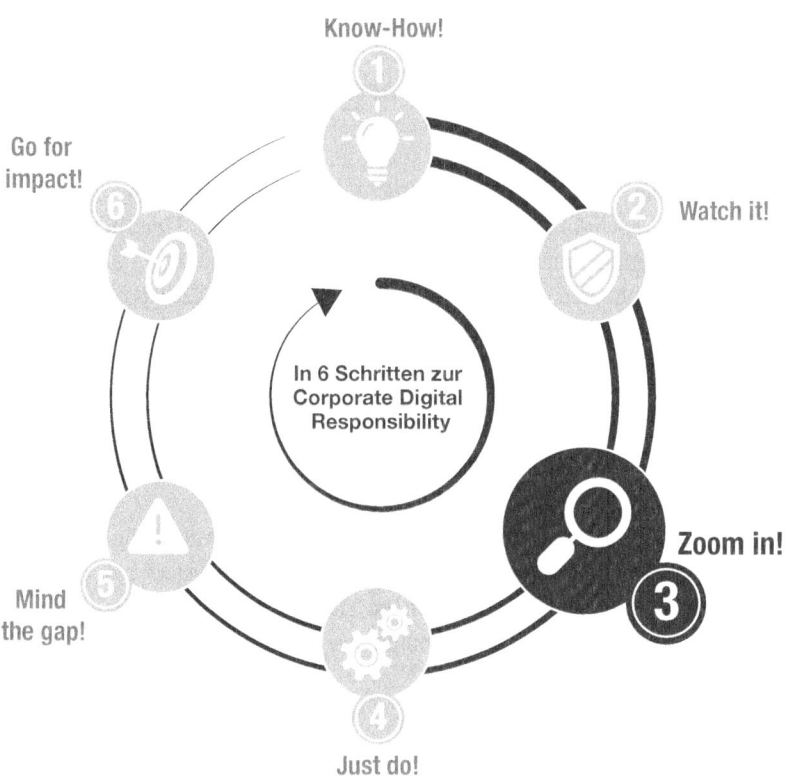

© Springer-Verlag GmbH Deutschland, ein Teil von Springer Nature 2020
S. Dörr, *Praxisleitfaden Corporate Digital Responsibility,*
https://doi.org/10.1007/978-3-662-60592-9_3

Zusammenfassung

Ziel des Kapitels ist es, den Stand der Unternehmensverantwortung im Digitalzeitalter zu bestimmen. Es wird eine Vorgehensweise vorgestellt, der sog. „Digital Responsibility Check", der bei der konkreten Statusbestimmung in Bezug auf Reifegrad unterstützt. Mit dem „Digital Responsibility Kompass" können Aussagen zur Ansprache unterschiedlicher Stakeholder-Gruppen getroffen werden. Die Vorgehensweise basiert auf 15 Verantwortungs-Clustern der CDR, die aus den gesellschaftlichen Ansprüchen hergeleitet wurden. Sie stellen damit ein Modell für CDR in der Unternehmenspraxis dar. Im folgenden Abschnitt wird jedes der 15 Verantwortungs-Cluster definiert und die unternehmerischen Chancen und Risiken, die sich aus CDR-Aktivitäten ergeben, erläutert. Dies wird durch Beispiele und Hinweise zur Umsetzung ergänzt.

3.1 Wie der Stand im Unternehmen konkret überprüft werden kann

Die Digitalisierung wirft gesellschaftliche Herausforderungen auf und hat „unerwünschte Nebenwirkungen", die neu sind oder die für Unternehmen, die zwar keine Technologieunternehmen sind, aber ihre Geschäftsmodelle digitalisieren, neu „auf dem Radar" erscheinen können. Sie wurden in Abschn. 2.2. detailliert beschrieben. Sie bilden die Ansprüche, auf die mit verantwortungsvollem Unternehmenshandeln im Digitalzeitalter reagiert werden kann.

Die Handlungsfelder für Unternehmen werden als Verantwortungs-Cluster bezeichnet. Jede der 15 „unerwünschten Nebenwirkungen" führt zu einem Verantwortungs-Cluster (vgl. Abb. 3.1). Sie bilden ein systematisches Modell der CDR und sind im Abschn. 3.2. ausführlich dargestellt.

Mit dem hier vorgestellten „Digital Responsibility Check" kann die bestehende Positionierung des Unternehmens in den CDR-Verantwortungsclusters festgestellt werden: Wo gibt es bereits Aktivitäten? Wo zeichnen sich Lücken ab? Er stellt eine Schnellprüfung zum Stand der CDR im Unternehmen dar.

3.1.1 Digital Responsibility Check

Um den Reifegrad der CDR im Unternehmen festzustellen, werden die 15 Verantwortungs-Cluster der CDR zugrunde gelegt (vgl. Tab. 3.1; für Details zu den Verantwortungs-Clustern siehe Abschn. 3.2). Mit dem Digital Responsibility Check soll der Stand der Aktivitäten und Maßnahmen gesammelt und aggregiert dargestellt werden.

Unerwünschte Nebenwirkungen der Digitalisierung		Handlungsfelder der CDR
1	Lücke digitaler Fähigkeiten und „digitales Abseits"	Digitale Mündigkeit
2	Ungleicher Zugang zu Digitaltechnologie	Digitale Vielfalt
3	Ohne Gemeinwohl	Neu belebte Ehrbarkeit
4	Zentralisieren statt Teilen	„Open up & Share"
5	"Nichts kann schief gehen … schief gehen… schief gehen"	Zähmung der KI
6	Digitale Ungerechtigkeit	Digitale Nachhaltigkeit
7	Im Takt der Maschinen	Transformation der Arbeitsplätze
8	Manipulation und Überwachung	Persönlichkeitsschutz im Netz
9	Missbräuchliche Nutzung von Kundendaten	Datenermächtigung
10	Druck auf Gemeinschaft und Wohlbefinden	Design für mehr Menschlichkeit
11	Mutloses „Weiter so" der Wirtschaft	„Grüne Nischen" & Social Impact
12	Technikgläubigkeit oder wirkliche Chance für die Nachhaltigkeit?	Tech für SDG
13	Konsum 4.0	Ethisches Marketing
14	Circular Economy – nur ein magischer Trick?	Zero Waste
15	Mehr Treibhausgase und Elektroschrott	Ökologischen Fußabdruck der Bits und Bytes

Abb. 3.1 Die 15 „unerwünschten Nebenwirkungen" der Digitalisierung und Verantwortungs-Cluster der CDR. (Eigene Darstellung; Grafik mit freundlicher Genehmigung von © BOSSE UND MEINHARD 2019. All Rights Reserved)

Der Digital Responsibility Check besteht aus zwei Schritten: Die Beurteilung des Reifegrads der Aktivitäten in den einzelnen Verantwortungs-Clustern sowie der Ganzheitlichkeit von CDR im Unternehmen. Dies kann zunächst als Expertenabschätzung

Tab. 3.1 Übersicht Verantwortungs-Cluster der CDR und Kurzbeschreibung. (Eigene Darstellung)

Digitale Mündigkeit	Demokratische Gesellschaften bei der Entwicklung zur digital mündigen Gesellschaft individuell und gemeinschaftlich unterstützen
Digitale Vielfalt	Teilhabe aller Menschen an den Vorteilen der Netzwelt und der Gesellschaft gleichberechtigt ermöglichen und digitale Inklusion fördern („leave no one behind")
Neu belebte Ehrbarkeit	Beachtung eines „Fairen Anteils" der Gemeinschaft bei einer mit innovativen digitalen Technologien und Daten generierten Wertschöpfung und Achtung des Gemeinwohls im Sinne des „Ehrbaren Kaufmanns"
„Open up & Share"	Förderung produktiver Aspekte des Konsumierens bzw. des gemeinsamen Konsums sowie der Emanzipation von Verbraucherinnen und Verbrauchern durch digitale Plattformen und Reduktion des Ressourcenverbrauchs („Sharing Economy")
Zähmung der KI	Beschränkung und Kontrolle von Entwicklung und Einsatz von KI und Autonomen Systemen auf Basis neuronaler Netze bei der Automatisierung von Entscheidungen im Unternehmenskontext
Digitale Nachhaltigkeit	Beitrag zum Gemeinwohl durch Zugang und nachhaltige Nutzbarkeit von unternehmensinternem digitalem Wissen (d. h. digitale Artefakte wie Daten und Algorithmen), d. h. Öffnung und Freigabe, sofern diese nicht (mehr) zur Wertschöpfung beitragen
Transformation der Arbeitsplätze	Sozial und individuell gewinnbringende Gestaltung des digitalen Wandels von Arbeit und Erweiterung der Arbeitgeberfürsorge für Mitarbeiter und weitere Beschäftigte an digital-gestützten Arbeitsplätzen
Persönlichkeitsschutz im Netz	Respekt der Grundrechte von Persönlichkeitsschutz und Menschenwürde von Nutzern bzw. „Prosumenten" im Netz (insbesondere Kindern und anderen Schutzbefohlenen) durch die Gestaltung von digitalen Produkten und Services, u. a. durch Begrenzung der der Kommerzialisierung von Verhalten und seiner Manipulation oder den Einsatzszenarien von KI und Robotern
Datenermächtigung	Respekt vor der Datensouveränität der Nutzer und Stärkung des digitalen Verbraucherschutzes; Übergabe von Datenkontrolle an „Datenlieferanten" und Nutzer
Design für mehr Menschlichkeit	Förderung einer positiven menschlichen Interaktion und Kommunikation sowie Stärkung von Demokratie und Gemeinschaft im „Social Web" und mobilen Anwendungen
„Grüne Nischen" und Social Impact	Förderung von digitalen Geschäftsmodellen zur nachhaltigkeitsorientierten sozialen Innovation und nachhaltigen Produktion und Konsum. Einsatz der Digitalisierung zur Innovation „für eine bessere Welt"

(Fortsetzung)

Tab. 3.1 (Fortsetzung)

Technologie-Einsatz für SDG	Förderung der Umsetzung der Sustainable Development Goals (SDG) und ihre (Sub-) Ziele mittels Daten und Digitaltechnologie bis 2030
Ethisches Marketing	Überdenken von Online-Werbe- und Marketingtaktiken im Sinne eines Umwelt- und Klimaschutzes sowie Datenschutz und Privatheit der Nutzer; Marketing ökologisch, ethisch sowie beziehungsorientiert ausrichten. Vermeidung des ansteigenden Ressourcen- und Energieverbrauchs durch Konsumanstieg und „High-Speed-Wirtschaft"
„Zero Waste"	Nutzung der Digitalisierung als Enabler zur Verlängerung von Produktlebenszyklen und Aufbau von innovativen Geschäftsmodellen der „Circular Economy" als Beitrag zu Klima- und Umweltschutz
Ökologischen Fußabdruck der Bits und Bytes	Management des „ökologischen Fußabdrucks" der eigenen direkten und indirekten IKT-Nutzung, der sich im Zuge der Digitalisierung vergrößert, und Reduktion der negativen Umwelt- und Klimawirkungen

erfolgen und in nächsten Schritten dann auch mittels systematischer Befragungsmethoden interner und externer Stakeholder ergänzt werden.

Schritt 1 „Abdeckung": Es erfolgt eine Analyse der bestehenden Aktivitäten im Unternehmen anhand der 15 Verantwortungs-Cluster und eine Expertenbewertung, ob und inwieweit sie bereits bearbeitet werden. Dazu können Kommunikationsmaterialien, Nachhaltigkeitsreports oder Strategiepapiere analysiert werden und Experten im Unternehmen befragt werden. Das Ergebnis ist eine Liste der Verantwortungs-Cluster, die bereits bearbeitet werden. Es ist Ausgangsbasis für weitere Überlegungen. Eine „geringe" Abdeckung ist im ersten Schritt nicht negativ zu bewerten.

Schritt 2 „CDR Performance": Die so extrahierten Verantwortungs-Cluster werden nun danach bewertet, welchen Ausprägungsgrad von Unternehmensverantwortung sie zeigen. Als Bewertungsmaßstab werden qualitative Einordnungen in Stufen auf Basis von Schneider (2012) und Hansen (2010, S. 41 f.) von geringer bis hoher CR-Leistung vorgeschlagen (zu Hintergründen vgl. Abschn. 6.2.1, Tab. 6.1). Diese sind:

- 0 Kein CDR Engagement („verleugnend")
- 1 Ökonomisches und rechtliches Engagement („passiv")
- 2 Social Sponsoring und lose Maßnahmen („gesellschaftlich")
- 3 Teil der Wertschöpfung und Wettbewerbsvorteil („strategisch")
- 4 Proaktive politische Gestalter („transformativ")

Für jedes Handlungsfeld ist auf Basis der oben dargestellten Materialien die „CDR Performance" einzuschätzen. Eine Überbewertung der aktuellen Leistung mag kommunikativ verlockend sein, bildet jedoch das strategische Risiko, die damit verbundenen Erwartungen nicht einhalten zu können. Zur Dokumentation des Ergebnisses und als Arbeitshilfe kann Abb. 3.2 als Vorlage genutzt werden.

CDR-Position im Überblick

UNTERNEHMEN	METHODE

1. Digitale Mündigkeit ⊕
2. Digitale Vielfalt ⊕
3. Neu belebte Ehrbarkeit ⊕
4. „Open up & Share" ⊕
5. Zähmung der KI ⊕
6. Digitale Nachhaltigkeit ⊕
7. Transformation der Arbeitsplätze ⊕
8. Persönlichkeitsschutz im Netz ⊕
9. Datenermächtigung ⊕
10. Design für mehr Menschlichkeit ⊕
11. „Grüne Nischen" & Social Impact ⊕
12. Tech für SDG ⊕
13. Ethisches Marketing ⊕
14. Zero Waste ⊕
15. Ökolo. Fußabdruck der Bits & Bytes ⊕

Legende

⊕ Kein CDR Engagement

◒ Ökonomisches und rechtliches Engagement

◒ Social Sponsoring und lose Maßnahmen

◑ Teil der Wertschöpfung und Wettbewerbsvorteil

● Proaktive politische Gestalter

Abb. 3.2 Checkliste zum CDR-Status des Unternehmens. Arbeitshilfe. Download unter https://wiseway.de/cdrbuch. (Eigene Darstellung; Grafik mit freundlicher Genehmigung von © BOSSE UND MEINHARD 2019. All Rights Reserved)

Damit liegt ein Kommunikationsinstrument für eine unternehmensinterne Diskussion und Bewertung vor. Eine geringe Leistung muss nicht als negativ bewertet werden. Relevant ist das Risikopotenzial und die strategische Bedeutung für das Unternehmen. Weitere Schritte zur Einbettung in das strategische Management sind in Abschn. 4.1.2 erläutert.

3.1.2 Digital Responsibility Kompass

Eine weitere Sichtweise auf die 15 Verantwortungs-Cluster wird durch den „Digital Responsibility Kompass" eröffnet. Er gibt eine Übersicht darüber, wie die unterschiedlichen Stakeholder-Gruppen durch CDR-Maßnahmen angesprochen sind. Der „Digital Responsibility Kompass" basiert auf den vier Handlungsgebieten der CR – Gemeinwesen, Mitarbeiter, Umwelt und Klima sowie Kunden und Markt – die jeweils Teil einer ganzheitlichen CR-Strategie sind (vgl. Lotter und Braun 2010, S. 57–59).

Leitfragen für jedes der vier Handlungsgebiete sind dabei:

- Gemeinwohl: Wie beteiligen wir uns an der gesellschaftlich positiven Entwicklung von Digitalisierung?
- Mitarbeiter: Wie sieht unser Engagement für Wohlbefinden und Leistung am digitalisierten Arbeitsplatz aus?
- Umwelt & Klima: Was tun wir, um die Klimabilanz zu reduzieren und Ressourcen der Natur (bei immer mehr IT) zu schonen?
- Kunde & Markt: Wie sichern wir heute das langfristige Vertrauen der Nutzer unserer digitalen Services?

Die 15 Verantwortungs-Cluster können anhand ihrer wesentlichen Stakeholder-Wirkung vier Handlungsgebieten zugeordnet werden. Auf das Gemeinwohl zahlen im Wesentlichen Digitale Mündigkeit, Digitale Vielfalt, Neu belebte Ehrbarkeit, „Open up & Share", Zähmung der KI und Digitale Nachhaltigkeit ein. Für Mitarbeiter als Stakeholdern zählt das CDR-Verantwortungscluster Transformation der Arbeitsplätze. Für Kunden und Marktteilnehmer als Stakeholder sind die CDR-Verantwortungscluster Persönlichkeitsschutz im Netz, Datenermächtigung, Design für mehr Menschlichkeit, „Grüne Nischen" und Social Impact, Technologie-Einsatz für SDG sowie Ethisches Marketing von Bedeutung. Für Stakeholder im Bereich Umwelt und Klima sind die CDR-Verantwortungscluster „Zero Waste" und Ökologischer Fußabdruck der Bits und Bytes wichtig.

Die CDR-Verantwortungs-Cluster decken jedoch oft nicht nur die Ansprüche einer Stakeholder-Gruppe ab. Vielmehr wirken sie oft in die Ansprüche von zwei oder mehreren Gruppen hinein. Ihr Bezug ist Abb. 3.3 dargestellt.

Jedes der 15 Verantwortungs-Cluster ist dort in der Matrix anhand seiner Nähe zu allen vier Handlungsgebieten (Stakeholdern) verortet, ähnlich eines Gravitationsfeldes. Die Nähe zu einer der Ecken zeigt die Nähe zum CR-Handlungsgebiet. Eine Verortung

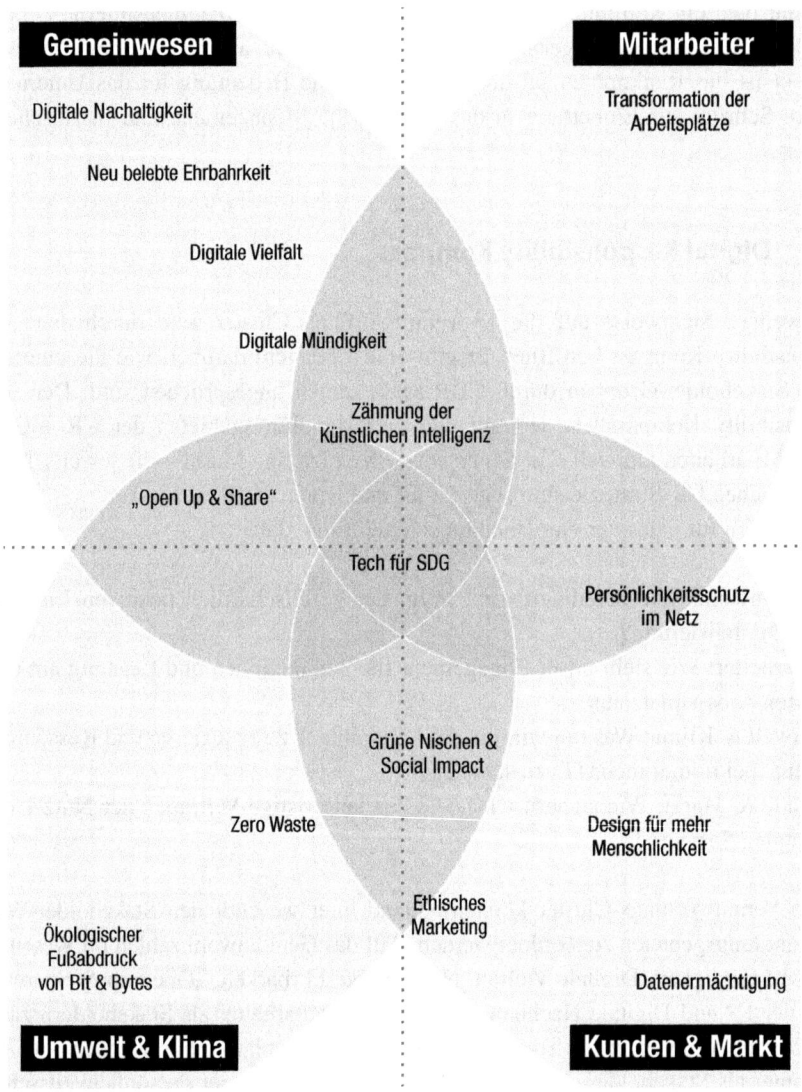

Abb. 3.3 Digital Responsibility Kompass der Stakeholder-Ansprache. Arbeitshilfe. Download unter https://wiseway.de/cdrbuch. (Eigene Darstellung; Grafik mit freundlicher Genehmigung von © BOSSE UND MEINHARD 2019. All Rights Reserved)

in der Mitte, wie z. B. bei „Zähmung Künstlicher Intelligenz" zeigt, dass alle Stakeholder betroffen sind. Lesebeispiele: „Digitale Nachhaltigkeit" zahlt eindeutig auf die Dimension Gemeinwesen ein. „Digitale Mündigkeit" hat Anteile in den Dimensionen Gemeinwesen und Mitarbeiter, da es um die digitale Kompetenz von Zivilgesellschaft, aber auch um die von Beschäftigten geht.

Zur Nutzung im Rahmen des „Digital Responsibility Checks" wird empfohlen die Verantwortungs-Cluster, für die bereits Maßnahmen und Aktivitäten bestehen, im „Digital Responsibility Kompass" zu markieren. Dazu kann die Abb. 3.3 als Vorlage und Arbeitshilfe genutzt werden. Die Frage, für welche Stakeholder-Gruppen bereits Aktivitäten bestehen, kann so einfach beantwortet werden. Eventuell können weitere Stakeholder-Gruppen mit einer Maßnahme angesprochen werden. Es können Beziehungen zu bestehenden CR-Aktivitäten hergestellt werden.

Der Digital Responsibility Check kann noch vor einer zeit- und ressourcenbindenden Wesentlichkeitsanalyse eine erste Einschätzung für die strategische Beurteilung von CDR-Verantwortungsclustern im Unternehmenskontext bieten.

3.2 Welche Verantwortungs-Cluster bestehen

Die 15 Verantwortungs-Cluster stellen ein Modell der unternehmerischen Verantwortung in einer digitalen Gesellschaft dar (vgl. Abb. 3.4; vgl. Dörr 2019).

Die Verantwortungs-Cluster der CDR sind, ebenso wie die gesellschaftlichen Themen, nicht überschneidungsfrei, aber zeigen jeweils einen Handlungsfokus. Die Verantwortungs-Cluster sollen in diesem jungen und sich schnell entwickelnden Fachgebiet eine Übersicht bieten, um Ansätze für Diskussionen und Weiterentwicklungen sowie Impulse bei der praktischen Umsetzung von CDR zu liefern. Sicherlich werden sich im Laufe des digitalen Wandels Bedeutungen verschieben und neue gesellschaftliche

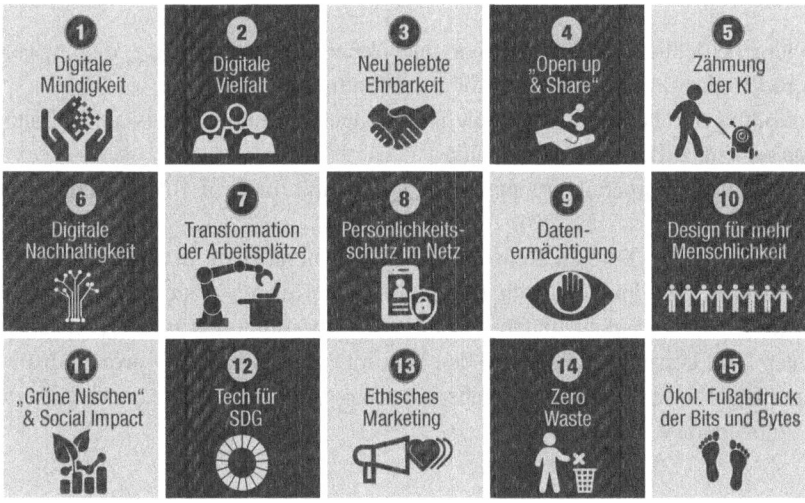

Abb. 3.4 CDR Modell aus 15 Verantwortungs-Clustern. (vgl. Dörr 2019, Grafik mit freundlicher Genehmigung von © Unternehmen Verantwortung Gesellschaft e. V. und BOSSE UND MEINHARD 2019. All Rights Reserved)

Themen hinzukommen. Insofern kann es sich hierbei nur um eine Momentaufnahme handeln, die nicht den Anspruch erhebt, vollständig und objektiv zu sein.

Im Folgenden ist die inhaltliche Zielrichtung der Verantwortungs-Cluster aus Unternehmenssicht definiert. Weiterhin sind Chancen und Risiken, die sich aus CDR-Aktivitäten ergeben, skizziert und es werden Hinweise und Beispiele zur Umsetzung gegeben.

3.2.1 Digitale Mündigkeit

Unternehmerisch verantwortlich als Antwort auf die Lücke digitaler Fähigkeiten und „digitales Abseits" (vgl. Abschn. 2.2.1) zu handeln, heißt demokratische Gesellschaften bei der Entwicklung zur digital mündigen Gesellschaft – individuell und gemeinschaftlich - zu unterstützen.

Unternehmen können sich profilieren, indem sie mit Bildungs- und Aufklärungsprojekten im weiteren Sinne die die Digitale Mündigkeit – insbesondere die Civic Literacy – und damit Demokratie im Digitalzeitalter ausbauen. Neben einem Engagement für die Öffentlichkeit können hier insbesondere auch Beschäftigte angesprochen werden und eine Weiterbildung über betriebliche Belange hinaus angeboten werden.

Für Unternehmen kann dies zur Reputation und Mitarbeiterbindung und Arbeitgebermarke beitragen. Da Digitale Mündigkeit besonders gering bei den Ältesten in Deutschland sowie mittelmäßig bei Frauen oder Bürgern mit niedrigem Bildungsstand ausgeprägt ist, könnte mit einem Kompetenzaufbau insbesondere hier angesetzt werden (vgl. D21-Initiative 2019; Nationales E-Government Kompetenzzentrum e. V. 2018).

Möglichkeiten des Engagements sind:

- Öffnung betrieblich vorhandener Aus- und Weiterbildungsinhalten, z. B. zur „Technical Literacy" oder „Privacy Literacy" für die Öffentlichkeit
- Entsendung von betrieblichen Know-How-Trägern zu Informations- und Bildungsveranstaltungen, z. B. in vhs oder Schule
- Förderung von Corporate Volunteering zur Durchführung von Bildungsprojekten

Risiken bestehen im Bereich Reputation, wenn Unternehmen demokratische Prozesse behindern oder Individuen – auch Kundinnen und Kunden – nicht als mündige Teile der Gesellschaft behandeln und bspw. ihre Selbstbestimmtheit oder Privatsphäre einschränken bzw. korrumpieren. Durch den Verein Digitalcourage e. V. werden bspw. jährlich die „Big Brother Awards" verliehen, der das Unternehmensimage schädigen kann (vgl. Digitalcourage e. V. 2019).

3.2.2 Digitale Vielfalt

Unternehmerisch verantwortlich als Antwort auf „Ungleicher Zugang zu Digitaltechnologie und ihren Vorteilen" (vgl. Abschn. 2.2.2) zu handeln, heißt, die Teilhabe aller Menschen an den Vorteilen der Netzwelt und der Gesellschaft gleichberechtigt zu ermöglichen und digitale Inklusion zu fördern („leave no one behind").

Es geht um die Ermöglichung von digitaler Teilhabe benachteiligter oder bislang ausgegrenzter Personengruppen nicht nur bei der Nutzung, sondern auch bei der Gestaltung digitaler Anwendungen z. B. von Frauen, Älteren, Einkommensschwachen, gering Qualifizierten, Behinderten oder Migranten (vgl. Abschn. 5.2.1 Praxisbeispiel Microsoft).

Beispiele für ein Engagement können sein:

- Zugang zum Internet und digitalen Services durch technische Ausstattung ermöglichen
- Barrierefreiheit digitaler Services und Apps etc. gewährleisten (vgl. Bundesfachstelle Barrierefreiheit 2019)
- Website oder App zur Nutzung in „Leichter Sprache" anbieten (vgl. Netzwerk Leichte Sprache 2013)
- Nutzung des Angebots nicht-digital ermöglichen
- Persönliche Hilfestellung für Nutzung digitaler Angebote durch „Paten" anbieten
- Betroffene Personengruppen in die Technologie-Entwicklung und -diskussion explizit einschließen

Neben einem Gewinn für die Reputation besteht die Möglichkeit neue Kundensegmente zu erschließen oder die Kundenzufriedenheit und –loyalität zu erhöhen.

Der Zwang zur Online-Nutzung von Angeboten oder die Ausgrenzung und Diskriminierung gesellschaftlicher Gruppen kann zu Reputationsschäden führen.

3.2.3 Neu belebte Ehrbarkeit

Unternehmen handeln verantwortlich, wenn sie die Gemeinschaft bei der Wertschöpfung mit Daten, Digitaltechnologie und digitalen Geschäftsmodellen beteiligen und das Gemeinwohl im Sinne des „Ehrbaren Kaufmanns" achten. Dies bedeutet, der Gemeinschaft – hier im Sinne des Staates in dem die Wertschöpfung entsteht – einen „fairen Anteil" abzugeben. Damit kann unternehmerisch verantwortungsvoll auf die unerwünschte Nebenwirkung „Ohne Gemeinwohl" reagiert werden (vgl. Abschn. 2.2.3).

Mit dem „Ehrbaren Kaufmann" ist das Leitbild von Unternehmern gemeint, das sich auf Werte wie Ehrlichkeit, Verlässlichkeit und Verantwortung für die Wirtschafts- und Gesellschaftsordnung bezieht.

> „Wir erkennen und übernehmen Verantwortung für die Wirtschafts- und Gesellschaftsordnung, da sie den notwendigen Rahmen für unser Handeln bilden: Wir setzen uns für Freiheit, soziale Sicherheit und Wahrung der Menschenwürde und gegen Korruption ein. Hierbei halten wir uns an das Prinzip von Treu und Glauben. Das heißt, wir verhalten uns redlich und loyal und berücksichtigen berechtigte Interessen anderer." (Versammlung Eines Ehrbaren Kaufmanns 2019)

Das Leitbild wirkt bis heute für Unternehmen in Deutschland und wird in der Gesetzes-grundlage für Industrie- und Handelskammern genannt (vgl. BMJV 1956, § 1, Absatz 1). Die Versammlung Eines Ehrbaren Kaufmanns bezieht sich auf Wurzeln, die bis in das 16. Jahrhundert zurück reichen (vgl. ibid 2019). Dieses Leitbild gilt es in der globa-len und digitalisierten Wirtschaftswelt neu zu beleben, statt vorhandene Regelungslücken auszuschöpfen.

Es bestehen Reputationschancen für Unternehmen durch Unterstützung der Trans-formation des Steuermodells in Bezug auf digitale Geschäftsmodelle und digitale Technologien. Stärkung der sozialstaatlichen Grundwerte der Verfassung und der Gemeinschaft, Anerkennen der gesamtwirtschaftlichen Chancen eines fairen Wett-bewerbs. Das kann bedeuten auf Steueroptimierung zu verzichten oder Steueropfer zu erbringen. Es kann auch bedeuten, gesellschaftlich-politische Bewegungen, die sich für einen „fairen Anteil" der Gemeinschaft einsetzen, zu unterstützen.

Insbesondere Gemeinwohl-orientierten Unternehmen kommt dabei eine besondere Verantwortung zu. Ihnen geht es um eine „ethische Marktwirtschaft für ein besseres Leben für alle" (Gemeinwohlökonomie 2019). Sie müssen sich die Frage stellen, wie sie verhindern können, in global vernetzten Wertschöpfungsstrukturen „unehrbare Kauf-leute", wie z. B. steuervermeidende Konzerne, (indirekt durch Nutzung der Services) zu unterstützen und Grundwerte von Solidarität und Gerechtigkeit damit zu unterlaufen.

In diesem Themenfeld bestehen vor allem Risiken durch Reputationsschaden wegen fehlender Unterstützung der sozialen Gemeinschaft, einer unlauteren „Bereicherung" mit datengetriebenen Geschäftsmodellen, keiner oder geringer Zahlung von Steuern oder Behinderung der Regulierung für digital-gestützte Geschäftsmodelle durch Lobbyarbeit.

Es ist sicherlich eine Frage der Zusammenarbeit zwischen Staaten wie auch von öffentlicher Transparenz – z. B. der Steuerzahlungen – ob das Konzept von Ehrbarkeit auch in einer globalen Wirtschaft noch Bestand hat.

3.2.4   „Open up & Share"

Unternehmerisch verantwortlich als Antwort auf „Zentralisieren statt Teilen" (vgl. Abschn. 2.2.4) zu handeln, heißt, die produktiven Aspekte des Konsumierens bzw. des gemeinsamen Konsums sowie der Emanzipation von Verbrauchern durch digitale Platt-formen zu fördern und den Ressourcenverbrauch zu verringern.

Die „Sharing Economy" hat das Denken von Verbrauchern über Eigentum ver-ändert und eine neue Form der Interaktion zwischen Fremden in Städten und der Welt geschaffen. Bei „Sharing Economy"-Geschäftsmodellen können Kunden auf ein Pro-dukt bei Bedarf zugreifen, statt es zu besitzen. Da das Produkt weniger „Leerlauf" hat, bedeutet dies eine effizientere Nutzung. „Product as a service"-Modelle funktionie-ren ähnlich, sind jedoch weniger auf die Teilnahme und dem guten Verhalten andere Benutzer abhängig (vgl. Abschn. 1.4.1).

Aber Sharing ist nicht gleich Sharing.

„Zahlreiche Firmen bereichern sich durch Geschäftsmodelle, die nach außen hin den Schein vom sozialen Teilen wahren. […] Dadurch leidet zum Teil die eigentliche Wirtschaft." (Malteser 2019)

Für Unternehmen bietet das kontinuierliche kleinteilige Kundenfeedback in der „Sharing Economy" auf internetbasierten Kooperations- bzw. Kollaborationsplattformen die Chance, unternehmensfremde Ressourcen und kreative Potenziale zur Leistungserstellung und Wertschöpfung für sich zu nutzen (vgl. Industrie- und Handelskammer Hannover 2016). Dabei können Kunden und Nutzer „von außen" Produktoptimierungen entwickeln und damit zu einem Innovationsgewinn beitragen sowie das Risiko von Fehlentwicklungen vermindern. Die Plattform „Innonatives" bietet sich für Open Innovation mit Nachhaltigkeitsfokus an (vgl. Innonatives 2019). Offene Entwicklungen können zur Innovation beitragen und die Reputation sowie den Zugang zu Talenten verbessern.

Sog. „Open-Source-Unternehmen" stellen z. B. Bauanleitungen für Kleinmöbel oder Elektronik ins Netz (vgl. Lange und Santarius 2018, S. 47). Für Produzenten besteht die Chance einen positiven ökologischen Beitrag zu leisten, indem Daten, Reparieranleitungen oder Bauteilbaupläne veröffentlicht werden. Dadurch kann die Produktlebenszeit eines Produkts verlängert werden. Die Freigabe von digitalem Wissen stärkt Verbraucher und Zivilgesellschaft und ist ein Beitrag zur digitalen Nachhaltigkeit (vgl. Abschn. 3.2.6). Für Unternehmen kann dies eine positive Reputationswirkung haben.

Weitere Chancen zur Reputationssteigerung und Kundenbindung bietet ein Peer-to-Peer-Sharing, d. h. des untereinander Teilens und Tauschens von Produkten, Dienstleistungen oder Ideen durch Kunden. Ein Beispiel stellt die „futopolis"-Community der GLS Bank dar (vgl. GLS Bank 2019). Im Zuge eines gesellschaftlichen Engagements können Projekte zur Stärkung von Reparatur als Kulturkompetenz, Förderung von Open Source, Open Knowledge oder Open Data und eines „Internet of Commons", unterstützt werden.

Reputationsrisiken entstehen durch Ausnutzen eines Machtungleichgewichts gegenüber den Nutzern und Verhinderung einer nachhaltigen wirtschaftlichen Entwicklung. Ökonomische Schäden können durch Verlust von Wettbewerbsvorteil durch (zu) geringe Innovationsgeschwindigkeit entstehen.

3.2.5 Zähmung der Künstlichen Intelligenz

Unternehmerisch verantwortlich als Antwort auf „Nichts kann schief gehen … schief gehen… schief gehen" (vgl. Abschn. 2.2.5) zu handeln, heißt, die Entwicklung und den Einsatz von KI und Autonomen Systemen auf Basis neuronaler Netze bei der Automatisierung von Entscheidungen im Unternehmenskontext zu beschränken und zu kontrollieren. Der Fokus liegt hier auf der sog. „schwachen KI". Zu Begriffen und Abgrenzung von KI siehe auch Abschn. 1.3.2.

Eine Selbstbeschränkung bei Entwicklung und Einsatz KI kann für Vertrauen bei Kunden und Öffentlichkeit sorgen und der Reputation dienen (vgl. Abschn. 5.2.2 Praxisbeispiel Deutsche Telekom). Mögliche Maßnahmen sind, z. B.

- menschliche Kontrolle und Veto KI-gestützter Entscheidungen,
- der transparenten Gestaltung des Algorithmeneinsatzes,
- der unabhängigen Überprüfung der Ergebnisse von Algorithmen,
- Bildung von KI-Ethikbeiräten, deren Entscheidungen öffentlich sind,
- Auskunfts- und Widerspruchsrechte für Nutzer
- faire Verhandlungen mit Gewerkschaften und Sozialpartner beim Einsatz von KI im betrieblichen Kontext,
- Nutzung einer Professionsethik
- (Mit-)Entwicklung von staatlichen Zulassungs- und Kontrollmechanismen für den KI-Einsatz

Weitere Reputationschancen bestehen darin, KI für den Einsatz zum Gemeinwohl oder Nachhaltigkeit einzusetzen. Im Rahmen dieser Projekte lässt sich eine verantwortungsbewusste KI-Kompetenz aufbauen.

Es bestehen Reputations- und Marktrisiken durch Diskriminierungen und Verbrauchermanipulationen durch KI-gestützte Entscheidungen, Einsatz von KI als Waffen oder in anderen Kontexten der Menschenrechtsverletzung, der Verletzung von Persönlichkeitsrechten von Arbeitnehmern oder anderen Beschäftigtengruppen bei der Tätigkeit an KI-gestützten Arbeitsplätzen. Chancen und Risiken stehen aufgrund der engen Verzahnung von KI im engen Zusammenhang zum Aufbau digitaler Mündigkeit und Datenermächtigung sowie Persönlichkeitsschutz im Netz stehen (vgl. Abschn. 3.2.1, 3.2.8, 3.2.9).

Erhebliche Reputationsschäden können beim Einsatz von KI bei Schutzbedürftigen (z. B. Kinder, Pflegebedürftige, Behinderte) folgen. Diese sollten nur nach entsprechender Wirksamkeits- und Ethikstudie sowie in Begleitung eines Ethikrats eingesetzt werden.

Es ist mit einer Regulierung von KI-Entwicklung und -Betrieb je nach Einsatzbereich und Branche zu rechnen. An manchen Stellen wird ein „Algorithmen-TÜV" gefordert, der anderen unpraktikabel erscheint. Allein der Google-Such-Algorithmus wurde 2017 2500mal angepasst (vgl. Bundesverband digitale Wirtschaft e. V. 2019). Eine Offenlegungspflicht von Algorithmen würde Geschäftsgeheimnisse preisgeben und Wettbewerbsnachteile nach sich ziehen. Folgerichtig wäre, sich an der Entwicklung von KI in Open-Source-Projekten zu beteiligen.

Es kann unternehmerisch riskant sein, kein Knowhow zu den gesellschaftlich-ethischen Diskursen und politischen Entwicklungen aufzubauen.

3.2.6   Digitale Nachhaltigkeit

Unternehmerisch verantwortlich als Antwort auf „Digitale Ungerechtigkeit" (vgl. Abschn. 2.2.6) zu handeln, heißt, die nachhaltige Nutzbarkeit von unternehmensinternem digitalem Wissen – digitale Artefakte wie Daten und Algorithmen – zum Gemeinwohl beizutragen. Diese können zugänglich gemacht und freigegeben werden, sofern sie nicht (mehr) zur Wertschöpfung beitragen.

Eine Ermöglichung des Zugangs und der Nutzung von digital vorliegendem Unternehmens-Assets und -Wissen kann unterschiedliche strategische Zielsetzung verfolgen: Beispielsweise werden in inzwischen häufig zu findenden Open Innovation-Projekten die Innovationskraft und Wünsche von Kunden als Prosumenten oder einer innovativen „Crowd" genutzt. Der Gewinn ist eine schnellere zielgerichtete Innovation und Produktentwicklung (vgl. Abschn. 3.2.4).

Auf einen Reputationsgewinn zielt der Zugang zu unternehmsintern gesammelten oder angereicherten „Datenpools" für Startups, Wissenschaftler oder zivilgesellschaftliche Anwender nach dem Open-Source-Prinzip unter offener Lizenz ab (vgl. Abschn. 5.2.3 Praxisbeispiel Deutsche Bahn). Wichtig ist in Projekten zur digitalen Nachhaltigkeit die Art der Lizenz. Sie soll es ermöglichen Daten beliebig zu kopieren, zu nutzen und zu modifizieren, wie z. B. die „Creative Commons Attribution 4.0 International" (CC BY 4.0)-Lizenz. Ansonsten könnte der Vorwurf des „Ethischen Theater" vorgebracht werden (vgl. Abschn. 6.1.1).

Durch die Öffnung werden neue Einblicke durch Datenanalysen und innovative Anwendungen ermöglicht, von denen die Gesellschaft im Sinne der digitalen Nachhaltigkeit profitiert. Dies kann auch als ein „Zurückgeben" and die Gemeinschaft verstanden werden, wenn z. B. beim Training von KI auf öffentliche Daten zugegriffen wurde und nun „wertvollere" Daten wieder der Gemeinschaft zur Verfügung gestellt werden.

Wenn Produkte am Ende ihres Lebenszyklus angekommen sind oder der Service nicht (mehr) vom Hersteller übernommen wird, ist die Ermöglichung von Zugang und Nutzung zu Bau- oder Serviceanleitungen oder die Entfernung von Software-Locks eine Maßnahme zur digitalen Nachhaltigkeit, die die Nutzung der Produkte weiter verlängert (vgl. Abschn. 3.2.14). Davon kann die Reputation des Unternehmens im Bereich Umwelt und Klima profitieren.

Erfolgreiche Beispiele für digitale Nachhaltigkeit bilden Open-Source- und Open-Data-Projekte zu Wissen (bswp. Wikipedia), Software (bspw. Linux, Ubuntu, Signal), offen zugänglichen Designs von Hardware (z. B. Adafruit Industry, Spark Fun Electronics), die wachsende Anzahl an „FabLabs" als offene Hightech-Werkstätten oder innovative dezentrale und demokratiefördernde Projekte wie Everipedia, einer Weiterentwicklung des Wikipedia-Konzepts auf Basis der Blockchain (vgl. Everipedia 2019). Es kann eine Chance für Unternehmen zu sein, solche Projekte finanziell zu fördern oder sich ihnen anzuschließen.

Digitale Nachhaltigkeit wird mit der Digitalisierung zu einer stärkeren zivilgesellschaftlichen Forderung. Gerade Unternehmen mit datenbasierten Geschäftsmodellen könnten Reputationsrisiken eingehen, wenn sie die Ansprüche der Gesellschaft übersehen.

3.2.7 Transformation der Arbeitsplätze

Unternehmerisch verantwortlich als Antwort auf „Im Takt der Maschinen" (vgl. Abschn. 2.2.7) zu handeln, heißt, den digitalen Wandel von Arbeit sozial und individuell gewinnbringend zu gestalten und die Arbeitgeberfürsorge auf Mitarbeiter und weitere Beschäftigte an digital-gestützten Arbeitsplätzen zu erweitern.

Für Unternehmen bestehen die Chancen in einem verantwortungsvollen Umgang bei der Transformation der Arbeitsplätze in dem Erhalt der Leistungsfähigkeit durch Zugang zu Arbeitskräften und Talenten sowie Mitarbeiterbindung.

Die Verantwortung bezieht sich auf alle an der Wertschöpfung beteiligten Kräfte, wie Selbstständige, Projektmitarbeiter, Crowdworker etc. und geht wie alle CDR-Maßnahmen über die gesetzlichen Vorschriften hinaus. Mitarbeiterschutz und -fürsorge an KI- oder Roboter-gestützten Arbeitsplätzen werden in die Netzwelt ausgeweitet. Es geht um eine Kultur und Haltung, die Menschen in das Zentrum der Transformation stellt. Beispiele für Maßnahmen in der Umsetzung sind:

- Beschränkung der Verhaltens- und Leistungskontrolle externer Workforce in digitalisierten Arbeitsabläufen
- Verzicht auf personenbezogene Speicherung und Auswertung
- Selbstverpflichtung für einen fairen Umgang mit Crowdworkern
- Digitaler Arbeitsschutz, Gesundheit und Grenzen der Erreichbarkeit
- Qualifizierung für die Jobs der Zukunft in der digitalisierten Arbeitswelt
- Einsatz von steuernden „Arbeitsassistenten" unter Mitbestimmung des Sozialpartners
- Menschenfreundliche und soziale Konzepte zum Einsatz von Maschinen im Arbeitsprozess
- Strenge Auslegung des Datenschutzes bei Beschäftigten (kein Machtmissbrauch durch sog. „freiwillige Zustimmung")

(vgl. CSR Europe 2018)

Es bestehen Vorschläge zum verantwortungsvollen Einsatz von KI in der Personalarbeit oder zum fairen Umgang mit Crowdworkern (vgl. Ethikbeirat HR Tech 2019; vgl. Abschn. 5.2.4 Praxisbeispiel Testbirds). Sie stehen Unternehmen zur Verfügung, die sich selbst über die gesetzlichen Bestimmungen hinaus binden wollen, um damit Verantwortung über das gesetzliche Maß hinaus zu übernehmen. Mit einer weiteren Entwicklung von Selbstverpflichtungen beim Umgang mit Beschäftigten und Veränderung der Rechtsprechung ist zu rechnen.

Ein wesentliches Risiko, wenn in Unternehmen keine verantwortungsvolle Transformation der Arbeitsplätze erfolgt, ist die Minderung der Motivation und Leistungsfähigkeit. Eine schlechte Reputation im Arbeitsmarkt kann zu einem schlechteren Zugang zu Arbeitskräften und Talenten führen. Mitarbeiter – gerade diejenigen, die mit Projektaufträgen oder als Selbstständige nicht fest gebunden sind – beenden die Zusammenarbeit mit dem Unternehmen. Dies kann in „alternden" Gesellschaften wie Deutschland, wo bereits heute in einigen Branchen Fachkräftemangel besteht, erfolgskritisch sein. Leistungsfähigkeit kann sich auch mindern, wenn die fachlichen und methodischen Kompetenzen von Beschäftigten nicht an die Veränderung von Leistungen, Geschäftsmodellen und Arbeitsweise angepasst werden.

So einfach es für Plattformen ist, Crowdworker zu gewinnen, so schnell können sie sich auch wieder „ausloggen", wenn andere Möglichkeiten der Plattformarbeit zu besseren Konditionen angeboten werden. Die Niederschwelligkeit des Wechsels von Arbeitskraft kann zum unternehmerischen Risiko werden. Aktuell werden Nutzer und Anbieter von Plattformbetreibern durch nichtportables „Reputationskapital" (z. B. Anzahl und Art der guten Bewertungen) „eingeschlossen" – genau diese Portabilität und Plattformunabhängigkeit wird aktuell politisch als bedeutender Regulierungsmechanismus diskutiert.

Clickworking wird medial unter dem Schlagwort „digitale Tagelöhner" diskutiert und menschenunwürdige Arbeitsbedingungen z. B. von für Facebook und Co. arbeitende Clickworker in Manila, aufgezeigt (vgl. Briegleb 2018). Damit in Verbindung gebracht zu werden, kann für Reputationsschäden sorgen.

Wie eine „Solidarität 4.0" unter Plattformarbeitern aussehen kann, ist heute noch unklar. Gewerkschaften bieten Vertretung auch für solo-selbständige „Crowdworker" an und Plattformarbeiter beginnen sich zu organisieren, wie z. B. „Liefern am Limit" (vgl. IG Metall 2019a; Sortino 2018). Mit Regulierung beziehungsweise Einzug des Themas in die Tarif- und Arbeitsrecht ist zu rechnen.

3.2.8   Persönlichkeitsschutz im Netz

Unternehmerisch verantwortlich als Antwort auf „Manipulation und Überwachung" (vgl. Abschn. 2.2.8) zu handeln, bedeutet, die Grundrechte von Persönlichkeitsschutz und Menschenwürde von Nutzern bzw. „Prosumenten" im Netz – insbesondere Kindern und anderen Schutzbefohlenen – bei der Gestaltung von digitalen Produkten und Services zu respektieren. Dies kann, u. a. durch Begrenzung der Kommerzialisierung von Verhalten und seiner Manipulation oder der Einsatzszenarien von KI und Robotern erfolgen (vgl. Abschn. 3.2.5).

Datenmärkte – insbesondere von personenbezogenen Daten – bieten heute verlockende Geschäftschancen. Um hier das Vertrauen der Nutzer oder Mitarbeiter (je nach Anwendung) zu gewinnen und zu erhalten, empfiehlt es sich, die Entwicklung verantwortlich und über das gesetzlich Geforderte hinaus voranzutreiben. Maßnahmen dazu könnten sein:

- Freiwillige Selbstbeschränkung zum Tracking, Profiling und Scoring, insbesondere von Schutzbefohlenen
- Keine Datenerfassung ohne explizite Zustimmung – auch nicht zur „Sicherheit"
- Erreichbare Ansprechpartner für Nutzer, die sich falsch bewertet oder diskriminiert fühlen
- Transparente Gestaltung der Verbraucherhaftung und -verantwortung im Fall von B2B2C-Plattformgeschäften
- Vermeidung unbeabsichtigter Diskriminierung z. B. bei der Auslieferung von Online Werbung durch einen Algorithmus
- Integration von Stakeholder-Perspektiven und ethischen Ambiguitäten in die digitale Entwicklung

Die wesentliche Chance besteht darin, eine verantwortungsvolle Digitalisierung mit den Menschen im Fokus voranzutreiben und sich damit einen Reputationsgewinn zu verschaffen.

Geschäftsmodelle, die auf „regelkonformes" Verhalten abzielen (z. B. Versicherungen) oder Profile von Nutzern aufbauen und ökonomisch nutzen, sind als riskant zu bewerten. Sie stellen möglicherweise das Recht auf informationelle Selbstbestimmung, Privatheit und Menschenrechte in Frage und stellen sich somit gegen die demokratische Grundordnung Deutschlands und Europas. Für Unternehmen stehen das Vertrauen der Öffentlichkeit und die „licence-to-operate" auf dem Spiel.

Die Perspektive, was grundrecht- und verfassungswidrig ist, verändert sich in der politischen und öffentlichen Debatte und mit der Entwicklung neuer Möglichkeiten der Digitaltechnologie. Unsere Gesellschaft befindet sich im Prozess einer individuellen und kollektiven Güterabwägung. Diese Veränderungen und ihre Wirkungen auf Geschäftsentscheidungen zu verfolgen, ist ein Teil eines zukunftsgerichteten Risikomanagements in Digitalunternehmen. Es ist zu erwarten, dass neben weitergehender Regulierung zukünftig zivilgesellschaftliche Organisationen wie AlgorithmWatch oder Digitalcourage e. V. für weitere Transparenz sorgen.

Je nach Anwendung im Unternehmen folgt danach als größte Risiken der Verlust des Kundenvertrauens oder der Verlust des Zugangs zum Markt für Talente und Fachkräfte. Unternehmen mit Geschäftsmodellen in Datenmärkten sind daher gut beraten, bei Design und Entwicklung ihrer Services die Perspektiven von unterschiedlichen Interessensgruppen so früh wie möglich zu integrieren, um diese ethischen Ambiguitäten berücksichtigen zu können und Misserfolge durch fehlende Akzeptanz zu vermeiden (vgl. Dörr und Paderta 2019).

3.2.9   Datenermächtigung

Unternehmerisch verantwortlich als Antwort auf „Missbräuchliche Nutzung von Kundendaten" (vgl. Abschn. 2.2.9) zu handeln, bedeutet, die Datensouveränität der Nutzers und Stärkung des digitalen Verbraucherschutzes zu respektieren und Datenkontrolle an „Datenlieferanten" und Nutzer zu übergeben.

Vertrauensgewinn und damit Zugang zu Kunden und Marktsegmenten sowie Kundenbindung ist die wesentliche unternehmerische Chance in diesem Handlungsfeld. Durch eine verantwortliche Vorgehensweise, die sich vom Handeln der Mitbewerber absetzt, könnten strategische Wettbewerbsvorteile erzielt werden.

Immer mehr Unternehmen, die zur Verbesserung ihrer eigenen Services oder zur Umsetzung neuer digitaler Geschäftsmodelle Daten speichern und analysieren, zeigen einen verantwortlichen Umgang mit Kundendaten („Data Stewardship"), Transparenz beim Umgang mit diesen Daten („Data transparency"). Sie übergeben digitale Souveränität an ihrer Kunden und Nutzer („digital empowerment") und steigern die Vorteile, die Kunden für den Austausch ihrer Daten erhalten („digital equity") (vgl. Cooper et al. 2015).

Es geht darum, nicht an der „Wild West"-Manier der heutigen Datenwirtschaft festzuhalten und Daten zu „kapern", sondern die bewusste Entscheidung dem Kunden überlassen, wie viele der Daten gesammelt und wofür sie ausgewertet werden dürfen. Tim Berners-Lee, der „Vater des Internet", hat aus diesem Grund im Jahr 2018 das Software-Projekt „Solid" gestartet, das Nutzern das Dateneigentum wieder zurück geben soll, indem es Inhalte und Applikationen im WWW strikt voneinander trennt. Nutzer sollen dann mit ihren Daten zwischen unterschiedlichen Anwendungen „umziehen", einzelne Daten temporär freigeben und eine Übersicht darüber, welche Daten sie freigegeben haben, bekommen können (vgl. CSAIL-MIT 2019). Und auch die „Hu-Manity Plattform" möchte das Recht, jederzeit über die persönlichen Daten bestimmen zu dürfen, umsetzen. Dazu erstellt das Unternehmen die weltweit erste dezentralisierte App für Menschenrechte auf der Blockchain. An diesen noch jungen Entwicklungen lässt sich absehen, dass sich die technischen Möglichkeiten für eine digitale Souveränität der bisher „schwachen Nutzer" ändern können und diese Entwicklung aus den demokratischen Prinzipien genährt wird (vgl. Hu-manity 2019).

In der Produkt- und Softwareentwicklung können die Prinzipien des „Privacy by Design" und Datensparsamkeit umgesetzt werden, z. B. sollte Installation von Anwendungen oder Auslieferung von Geräten und Hardware zunächst der Kunde aktiv werden, bevor Daten gespeichert werden. Auch eine in die App integrierte Möglichkeit, einzelne personenbezogene Daten nicht mehr „tracken" zu lassen oder die Daten vollständig oder teilweise zu löschen, z. B. über einen Button, gehört heute noch nicht zum Standard (vgl. Abschn. 3.2.2).

Um Fairness und Rechtskonformität beim Umgang mit Daten von Nutzern öffentlich zu machen, könnte diese Vorgehensweise durch unabhängige Dritte überprüft werden.

Aufgrund der Neuerungen durch die DSGVO gibt es bisher keine privaten Zertifizierungsstellen, die dafür akkreditiert sind, und somit keine Aussagen, die die Konformität mit der DSGVO bewerten und bestätigen („Zertifikate") (vgl. Stiftung Datenschutz 2018). Mit „Trustable Techmark" wird ein Zertifikat für die Vertrauenswürdigkeit „smarter" Gegenstände wie z. B. im vernetzen Haus entwickelt. Es soll Verbrauchern über ein einfaches System ähnlich den Energieeffizienzlabeln von Haushaltsgeräten, Informationen über fünf Vertrauensdimensionen des Geräts – Privatheit, Transparenz, Sicherheit, Stabilität und Offenheit – geben (vgl. ThingsCon 2019; vgl. Abschn. 4.3.4).

Wesentliches Risiko ist der Vertrauensverlust von Nutzern und damit ein Einbruch von Umsatz und Gewinn. Bei Facebook lässt sich dieser Effekt aktuell (noch) nicht zeigen – trotz der Datenschutzskandale stieg der Umsatz im Jahr 2018 um rund 15 Mrd. US$ auf einen Höchstwert von knapp 55,84 Mrd. US$ (vgl. Statista 2019).

3.2.10 Design für mehr Menschlichkeit

Unternehmerisch verantwortlich als Antwort auf „Druck auf Gemeinschaft und Wohlbefinden" (vgl. Abschn. 2.2.10) zu handeln, heißt, eine positive menschliche Interaktion und Kommunikation zu fördern sowie Demokratie und Gemeinschaft im „Social Web" als auch durch mobile Anwendungen zu stärken.

Die Unternehmen, die Social-Web-Anwendungen und verbraucherorientierte mobile Technologien entwickeln haben, stehen unter Druck nicht nur für Wachstum und Profit zu sorgen, sondern auch die negativen Auswirkungen der Produktnutzung auf die Gesellschaft zu beseitigen. In Deutschland gibt es bereits prominente Beispiele, die sich aus dem Social Web zurückziehen. Unternehmerische Chancen entstehen durch Reputationssteigerung, Erhalt der „Licence-to-operate" und Kundenbindung.

Unternehmen können darauf achten, bei Social-Media-Anwendungen die gesetzlichen Anforderungen zur Moderation und Löschung von Inhalten im Social Web im Sinne einer respektvollen Kommunikation auszulegen. Sie können alternative Social-Media-Anwendungen oder Anwendungen, in denen es um Stärkung der persönlichen Begegnung geht, unterstützen (vgl. Naumann 2018).

„Menschenorientiertes Design" kann bereits in der Entwicklung der Apps berücksichtigt werden, z. B. nach den Prinzipien des „Humane Design Guides" (vgl. Center for Humane Technology 2019, eigene Übersetzung). Diese sind:

- Gefühle: Das Design schafft Ruhe, Gleichgewicht, Sicherheit, unterstützt Pausen und den Tagesrhythmus.
- Aufmerksamkeit: Es kann mehr Aufmerksamkeit und Achtsamkeit erzeugen.
- Sinn: Es kann dazu beitragen abzuwägen, zu lernen, sich auszudrücken und sich geerdet zu fühlen.
- Entscheidungsfindung: Es ermöglicht Entscheidungsfreiheit, „Purpose" (Zweck) und Klärung von Absichten.

- Soziale Kontakte: Ermöglicht eine sicherere und authentischere Verbindung mit anderen.
- Gruppendynamik: Es trägt dazu bei Zugehörigkeitsgefühl und Zusammenarbeit zu entwickeln.

Die Basis dafür bildet ein wertesensibles Design von digitalen Produkten und Services, indem Entwickler und Entscheider in den Unternehmen für die komplexen und widersprüchlichen Wirkungen die Produkte in unterschiedlichen gesellschaftlichen Gruppen sensibilisiert werden. Um gesellschaftliche oder individuelle „Schädigungen" festzustellen, könnten t echnische Entwicklungsprojekte gesellschaftlich begleitet werden oder Interessensgruppen direkt einbezogen werden (vgl. Wertelabor 2019).

Unternehmen können sich aktiv gegen Denunziation und Diskriminierung, gegen digitale Spaltung durch „Filterblasen" und Fake News, radikale Kommentare sowie Populismus stellen. Medien-Unternehmen haben in diesem Handlungsfeld dabei eine besondere Vorbildfunktion. Fünf deutsche Mediengruppen schlossen sich 2018 gegen „Fake News" und „Hate Speech" zusammen, um eine „Agenda für True Media" zu veröffentlichen. Sie erheben dabei z. B. den Anspruch das „publizistische Fundament für die pluralistische Demokratie" zu sichern und „mit Menschen für Menschen" zu agieren (vgl. Schwegler 2018). Unternehmen mit Nähe zu Medien und Kommunikation greifen das Themenfeld im Kontext von Bildungsprojekten für Kinder und Jugendliche auf, z. B. Telefónica-Stiftung „Think Big".

Wesentliche unternehmerische Risiken sind der Vertrauensverlust der Öffentlichkeit, weitere Regulierungen, Reputationsschäden durch verletzen Verbraucher- oder Kinderschutz oder Schäden an der Demokratie.

3.2.11 „Grüne Nischen" und Social Impact

Unternehmerisch verantwortlich als Antwort auf „Mutloses „weiter so"" (vgl. Abschn. 2.2.11) zu handeln, bedeutet, digitale Geschäftsmodellen zur nachhaltigkeitsorientierten und/oder sozialen Innovation zu fördern und für das Wirtschaften „für eine bessere Welt" zu stärken.

Innovationen können außerhalb bestehender Geschäftsfelder wachsen und die „Köpfe" der Unternehmer, die für ihre Vision Hürden überwinden, sind entscheidend. Dies haben sich in den letzten Jahren viele Unternehmen zunutze gemacht, indem sie sich an „digitalen Startups", also an zukünftigen potentiellen Wettbewerbern, finanziell beteiligen und damit von den innovativen Geschäfsideen partizipieren. Für Unternehmen bietet sich hier zum einen die Chance eines Zugangs zu Know-How, Innovationen und neuen Märkten. Bei dem Fokus von Startup-Förderung mit Bezug zu Nachhaltigkeit oder sozialer Wirkung kann die Unternehmensreputation gefördert werden oder auch der Zugang zu Talenten verbessert werden. Die Kombination aus wirtschaftlicher Zielsetzung und Reputationsgewinn macht dieses Handlungsfeld für Unternehmen attraktiv.

Digitale soziale Innovation zielt darauf ab, soziale Bedürfnisse durch den Einsatz digitaler Technologien oder durch die Ergänzung mit digitaler Diensten oder Praktiken zu erfüllen, z. B. nachhaltigere individuelle Mobilität, erschwingliche Gesundheitsdienste, Hilfestellungen jederzeit überall oder gegenseitige Hilfeleistungen in der Nachbarschaft (vgl. Abschn. 5.2.5 Praxisbeispiel nebenan.de).

Die Innovation sozialer Praktiken ist auf nachhaltige Entwicklung ausgerichtet. Für Unternehmen in der digitalen Transformation kann es eine Möglichkeit sein, Innovationen aus sozialen und nicht aus technologischen Gründen zu fördern (vgl. Acatech 2018). Für Unternehmen kann es vorteilhaft sein, Ansätze der „Social Innovation" für den Wandel der Unternehmenskultur zu nutzen. Im Gegensatz zum Ansatz der technologischen Innovation beginnt die digitale soziale Innovation mit einem „realen Problem" und einer Gruppe von Menschen mit einem konkreten persönlichen Bedarf. Anschließend werden häufig Methoden aus der Service-Entwicklung wie das Design Thinking angewendet, um skalierbare Lösungen zu finden. Tech-Unternehmen könnten ihre Fähigkeiten und ihre Infrastruktur zur Unterstützung dieses sozialen Innovationsprozesses bereitstellen (vgl. Holtgrewe et al. 2017).

Das Risiko für Unternehmen ist ein ökonomisches. Es kann für den Unternehmenserfolg mittel- oder langfristig kritisch sein, digitale Innovationen, aber auch gesellschaftliche und nachhaltige, nicht zu verfolgen, zu bewerten und rechtzeitig das entsprechende Know-How aufzubauen. Aufgrund der Unsicherheiten oder zu kleiner Zielgruppen besteht gleichzeitig das Risiko von Fehlinvestitionen.

3.2.12 Technologie-Einsatz für SDG

Unternehmerisch verantwortlich als Antwort auf „Technikgläubigkeit oder wirkliche Chance für die Nachhaltigkeit?" (vgl. Abschn. 2.2.12) zu handeln, bedeutet, bei Entwicklung und Einsatz von Digitaltechnologie ihre förderliche Wirkung auf die Sustainable Development Goals zu stärken und die neuen Geschäftschancen zu nutzen.

Mit der Veröffentlichung der SDG im Jahr 2015 wurden ausdrücklich alle Unternehmen aufgefordert, ihre Kreativität und ihr Innovationspotenzial zu nutzen, um die Herausforderungen einer nachhaltigen Entwicklung zu meistern. Dazu gehören auch der Einsatz der Digitalisierung sowie die Digitaltechnologien.

Diese stellen zukünftige Geschäftschancen dar, beispielsweise durch innovative Technologien im Bereich Energieeffizienz, erneuerbare Energien und Energiespeicher oder „grüner Gebäude", bei der Emissions- und Abfallreduktion durch den Einsatz von ITK und dem „Internet der Dinge" oder bei neuen Produkten und Dienstleistungen in Gesundheitsversorgung, Bildung, Ernährung und Erzeugung von Lebensmitteln, die das Leben der vier Milliarden in Armut lebenden Menschen verbessern können (vgl. GRI, UN Global Compact and the WBCSD 2018).

Innovative Tech- oder IT- Unternehmen und digitale Startups können die wirtschaftliche Chance zur Produktentwicklung für Nachhaltigkeit und des entsprechenden „Business Case" für Unternehmen und Gesellschaft als wirschaftliche Chance und zum Reputationsgewinn nutzen. Die Konzerne und Großunternehmen haben dies bereits aufgegriffen (vgl. z. B. IBM 2018, Microsoft 2019a). Bei den KMU spielt dies – wie auch die Nachhaltigkeitsberichterstattung – erst eine untergeordnete Rolle.

Unternehmen können sich Wettbewerbsvorteile sichern, wenn sie ihre Beiträge bei Entwicklung oder Einsatz von Digitalisierung oder digitalen Technologien zur SDG-Zielerreichung in den Nachhaltigkeitsreport aufnehmen. Voraussetzung dafür ist unternehmensinterne Transparenz wie digitale Produkte oder Wertschöpfung auf die SDG einzahlen. Bisher ist dies in der Nachhaltigkeitsberichterstattung nicht gefordert. Es kann aber dennoch von Vorteil sein, da die Vereinten Nationen und auch die Bundesregierung an die gesellschaftliche Verantwortung der Unternehmen appellieren und immer mehr Investoren darauf Wert legen (vgl. Global e-Sustainability Initiative 2019).

Unternehmerische Risiken bestehen darin, Marktchancen für die oben dargestellten Märkte nicht aufzugreifen und damit das Unternehmen in Bezug auf sich verändernde gesellschaftliche Anforderungen nicht weiter zu entwickeln. Auch wenn Chancen für einen Reputationsgewinn im Vergleich zu Mitbewerbern nicht aufgegriffen werden, kann das in der Öffentlichkeit oder bei Investoren zu einem Wettbewerbsnachteil führen.

3.2.13 Ethisches Marketing

Unternehmerisch verantwortlich als Antwort auf „Konsum 4.0" (vgl. Abschn. 2.2.13) zu handeln, bedeutet, bestehenden Online-Werbe- und Marketingtaktiken im Sinne eines Umwelt- und Klimaschutzes sowie des Datenschutzes und der Privatheit der Nutzer zu überdenken und sie nachhaltigkeitsorientiert und ethisch auszurichten. Damit kann ein Beitrag zum ansteigenden Ressourcen- und Energieverbrauch durch Konsum und „High-Speed-Wirtschaft" geleistet werden.

Die Zukunftsgeneration fordert mit der „Fridays-For-Future"-Bewegung einen Wandel in der Zukunftsfähigkeit der Politik; Minimalismus ist angesagter Lebensstil und Konsumverzicht liegen im Trend.

Für Unternehmen kann es Reputationsvorteile und Zugänge zu nachhaltigkeitsorientierten Kundengruppen schaffen, wenn sie sich durch ethische Prinzipien im Marketing von anderen Unternehmen differenzieren. Der ethische Ansatz zielt darauf ab, den Kreislauf zu durchbrechen und bewusste Verbraucher zu stärken, indem ein neuer Standard für Marketing geschaffen wird, der auf Vertrauen und Ehrlichkeit basiert (vgl. The Ethical Move 2019).

Ansätze für ein nachhaltigkeitsorientiertes ethisches Online-Marketing und Werbung können beispielsweise sein:

- Verzicht auf Werbung, wie z. B. Premium Cola
- Respekt vor Zeit und Aufmerksamkeit der Kunden und Verzicht auf störende Online-Banner und -werbung
- Verzicht auf Kundentracking, Remarketing und plattformübergreifende Werbung, bei dem Kunden das Produkt auf einer anderen Webseite angeboten werden, wie z. B bei Grüne Erde
- Verzicht auf manipulative „Call-to-action-buttons", die einen Nachteil suggerieren, wenn man sie nicht klickt
- Förderung von Konsumverzicht im Online-Shop, z. B. leihen, teilen, reparieren, wie z. B. Avocadostore

Insbesondere für Unternehmen, die bei Produkten auf Nachhaltigkeit, faire oder lokale Produktion achten oder für Sozialunternehmen ergeben sich Chancen zu Reputationsaufbau und Kundenbindung, wenn sie durch ethische Online- und Social Media-Werbung authentisch den Wandel von gesellschaftlichen Leitbilder und soziale Normen aufgreifen (vgl. Gossen und Frick 2018; Keilholz und Stakenborg 2019, vgl. Abschn. 5.2.7 Praxisbeispiel AvocadoStore).

Es kann unternehmerisches Risiko bedeuten die Trends und Zeichen des Wandels nicht rechtzeitig zu erkennen und sowohl in Produktpolitik als auch Marketing zu integrieren. Entsprechende Reputations- und Kundenverluste könnten folgen.

3.2.14 „Zero Waste"

Unternehmerisch verantwortlich als Antwort auf „Circular Economy – nur ein magischer Trick?" (vgl. Abschn. 2.2.14) zu handeln, heißt, die Digitalisierung als Ermöglicher einer Verlängerung von Ressourcen- und Produktlebenszyklen zu nutzen und innovative Geschäftsmodelle der „Circular Economy" als Beitrag zu Klima- und Umweltschutz aufzubauen.

Momentan ist ein günstiger Zeitpunkt. Während der Digitalisierung der Produktionsprozesse im Rahmen der Industrie 4.0 können auch Anpassungen für eine „Circular Economy" vorgenommen werden (vgl. Sühlmann-Faul und Rammler 2018, S. 152). Unternehmen können so neue Möglichkeiten der Ressourceneinsparung als Beitrag zu Umwelt- und Klimaschutz erzielen und als innovatives Unternehmen Reputation aufbauen.

Ansatzpunkte sind ein verbessertes und abfallvermeidendes Produktdesign sowie die Entwicklung neuer Geschäftsmodelle. Der „Circular Design Guide" der Ellen McArthur Foundation unterstützt diesen Prozess beispielsweise mit Anleitungen zur Entwicklung von „Zirkulären Chancen" oder das Sicherstellen des Engagements von Stakeholdern an zirkulären Lösungen (vgl. Ellen McArthur Foundation 2019). Bei einem „Closing the loop"-Geschäftsmodell wird das Material, aus dem ein Produkt hergestellt wird, kontinuierlich durch das Produktionssystem recycelt. Abfall wird im Produktionssystem reduziert. Die Elemente, die nicht beseitigt werden können, werden zurückgewonnen, wiederverwendet oder biologisch abgebaut und kompostiert.

Ein weiterer Ansatz ist es, die Reparierbarkeit von Produkten zu verbessern, damit defekte Geräte häufiger repariert, statt durch neue ersetzt werden. Im Jahr 2011 betrug der Markt für Reparaturdienstleistungen weniger als 1 % des Markts für Neuprodukte in Deutschland (vgl. Wilts 2016, S. 15). Als Bildungsprojekte können Kooperationen mit Maker Spaces, FabLabs oder Repair Cafés dienen, um die entsprechenden Reparaturfähigkeiten in der Gesellschaft aufzubauen oder Entrepreneure zu unterstützen.

Konzepte einer erweiterter Herstellerverantwortung werden diskutiert; zukünftige Regulierung ist möglich. Dazu gehören etwa die Lieferbarkeit von Ersatzteilen und transparente Reparaturinformationen an unabhängige und nicht herstellergebundene Reparaturbetriebe. Diese Maßnahmen können von Produzenten und Herstellern auch freiwillig durchgeführt werden, um einen Reputationsgewinn zu erzielen.

Die Sensibilität der Verbraucher in Bezug auf die Umwelt- und Klimaschädlichkeit, z. B. beim Plastikmüll, ist deutlich gestiegen. Reputationsschäden können die Folge sein, wenn Unternehmen nicht proaktiv Müll und Abfall konsequent eindämmen bzw. Recyclate im Produktionsprozess einsetzen. Eine unternehmerische „Zero Waste"-Strategie beispielsweise bei Plastik würde den Forderungen der Gesellschaft entgegen kommen (vgl. Heinrich-Böll-Stiftung 2019).

3.2.15 Ökologischer Fußabdruck der Bits und Bytes

Unternehmerisch verantwortlich als Antwort auf „Mehr Treibhausgase und Elektronikschrott" (vgl. Abschn. 2.2.15) zu handeln, bedeutet, den „ökologischen Fußabdruck" der eigenen direkten und indirekten IKT-Nutzung, der sich im Zuge der Digitalisierung vergrößert, zu managen und die negativen Wirkungen zu reduzieren.

Die gesellschaftliche Sensibilität für Klima- und Umweltschutz ist in Deutschland deutlich gestiegen; bei einer Wahl wären aktuell die „Grünen" die stärkste Partei (vgl. Tagesschau vom 06.06.2019). Unternehmen sind mehr denn je gefragt, Treibhausgasemissionen einzusparen, mit erneuerbaren Energieträgern zu wirtschaften und einen Beitrag zur Erreichung der deutschen Klimaziele zu leisten.

Unternehmen, die digitalisieren, können zum Umwelt- und Klimaschutz beitragen, indem sie auf Öko-Strom bei der Wahl ihrer Internet-Service-Provider, Webhosting- und Cloud-Service-Anbieter achten sowie „grüne Rechenzentren" beauftragen. IT- und ITK-Anbieter können ihre Kunden beim Klimaschutz unterstützen, indem sie selbst CO_2-neutrale Produktion und Betrieb anbieten (vgl. Abschn. 5.2.7 Praxisbeispiel Konica Minolta).

Wirklich nachhaltig produzierte Smartphones, Hardware und Computer gibt es bis heute nicht am Markt. Nach einer Pause in der Produktion, ist ein „Fairphone 3" bestellbar, das „Arbeitsbedingungen verbessert" und „umweltverträgliche Materialien" verwendet (vgl. Fairphone 2019; Koch 2019). Zertifizierung, wie „EPEAT" oder „TCO certified", achten auf Nachhaltigkeit in der Elektronik. Bei der nachhaltigen Beschaffung von Computern, Hardware und Zubehör kann auf ausführliche Informationen zurückgegriffen werden (vgl. Kompass Nachhaltigkeit 2019). Zusammen mit der ökologischen Nachhaltigkeit ist auch die soziale Nachhaltigkeit bei der IT-Hardware-Produktion sowie beim Abbau der Rohstoffe zu beachten (vgl. Abschn. 2.2.15).

Ökologisch und ökonomisch nachhaltig ist es, Hardware im Unternehmen möglichst lange im Gebrauch zu halten. Elektronikschrott kann vermieden werden, indem nicht mehr benötigte Hardware aufbereitet und möglicherweise Sozialprojekten zur Aufbereitung und Reparatur zur Verfügung gestellt wird.

Bei der Nutzung von Sensoren und Smart Devices sollte neben Sicherheit und Datenschutz auch auf die Robustheit und technische Langlebigkeit geachtet werden. Dazu wird derzeit ein innovativer Evaluationsprozess für Smart Devices entwickelt (vgl. Thingscon 2019; vgl. Abschn. 4.3.4).

Diese Effekte der Digitalisierung im Griff zu halten, bedarf es einer konsequenten Bilanzierung des Energieverbrauchs entlang der Wertschöpfungskette mit dem Ziel der Reduktion, dem Einsatz regenerativer Energien sowie der Ressourcenschonung durch eine digital unterstützte Circular Economy. (vgl. Greenhouse Gas Protocol 2011; Wilts und Berg 2016).

Zusammenfassend zeigt Tab. 3.1 die Verantwortungs-Cluster der CDR und eine Kurzbeschreibung in der Übersicht.

Mit einer Positionsbestimmung zur CDR kann eine systematische Beschäftigung mit Unternehmensverantwortung im Digitalzeitalter beginnen und der Handlungsbedarf auch dem Top-Management deutlich gemacht werden. Eine unternehmensbezogene Risiken- und Chancenbewertung für weitere strategische Schritte muss folgen.

Selbst Check

Nach Bearbeitung dieses Kapitels sollten Sie

- das CDR-Modell mit 15 Verantwortungs-Clustern kennen,
- den Stand der CDR in ihrem Unternehmen kennen (oder zumindest wissen, wie sie ihn bestimmen können),
- Inhalte und Bedeutung des Digital Responsibility Kompass beschreiben können und
- für ihr Unternehmen relevante CDR-Verantwortungs-Cluster mit Chancen und Risiken darstellen können.

Literatur

Dörr S (2019) 15 x Corporate Digital Responsibility: Die Handlungsfelder auf einen Blick. CSR Magazin, S 33

Gemeinwohlökonomie (2019) Theoretische Basis. https://www.ecogood.org/de/vision/theoretische-basis/. Zugegriffen: 8. Juni 2019

Hansen EG (2010) Responsible leadership systems. An empirical analysis of integrating corporate responsibility into leadership systems. Gabler, Wiesbaden

Malteser (2019) Teilen statt Kaufen: Sharing Economy. https://www.malteser.de/aware/hilfreich/sharing-economy-wie-die-wirtschaft-des-teilens-funktioniert.html. Zugegriffen: 8. Juni 2019

Schneider A (2012) Reifegradmodell CSR eine Begriffserklärung und abgrenzung. In: Schneider A, Schmidtpeter R (Hrsg) Corporate Social Responsibility. Verantwortungsvolle Unternehmensführung in Theorie und Praxis. Springer Gabler, Heidelberg, S 17–38

Versammlung Eines Ehrbaren Kaufmanns (2019) Vision und Mission https://veek-hamburg.de/wp-content/uploads/2011/09/Vision-Mission_VEEK_Din-lang_6-Seiten_final.pdf. Zugegriffen: 14. Juni 2019

Just do! Umsetzung im Unternehmen anpacken

4

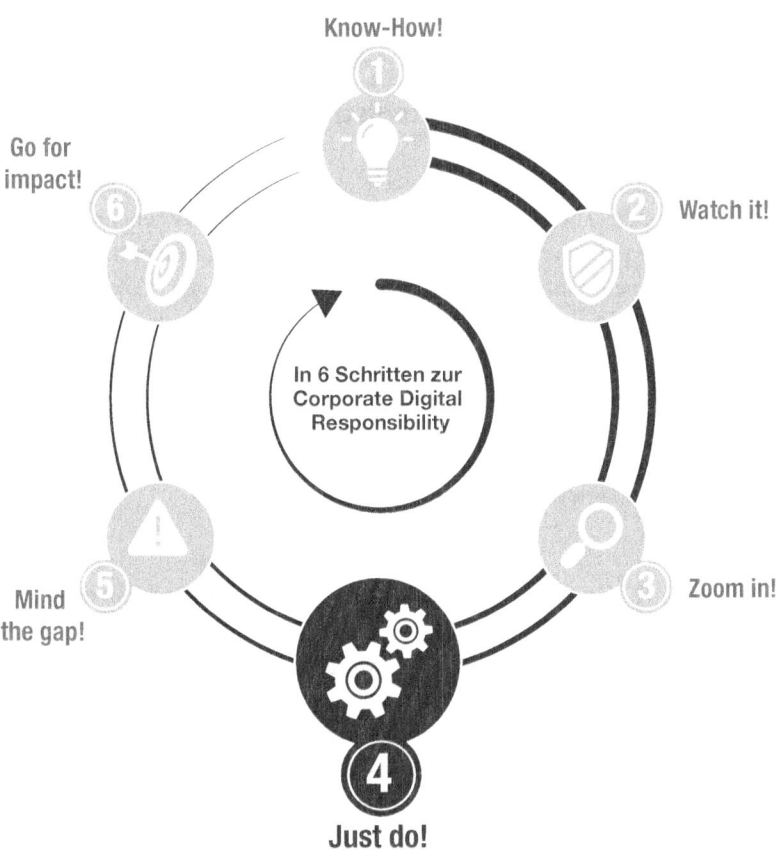

Zusammenfassung

Im Kapitel „Just do! Umsetzung im Unternehmen anpacken" geht es um das Kennenlernen von Methoden zur Umsetzung von CDR im Unternehmen. Zunächst erfolgt eine strategische Einordnung aus Top-Management-Perspektive und die Bestimmung der Potenziale für das Unternehmen durch CDR. Danach wird darauf eingegangen wie bestehende CR-Instrumente, wie Global Compact, OECD-Leitlinien oder DIN/ISO 26000, für CDR genutzt werden können. Vorschläge zur Anpassung von Stakeholder- und Wesentlichkeitsanalyse werden unterbreitet. Weiterhin werden beispielhaft 12 „digitale" Selbstverpflichtungen für Unternehmen vorgestellt, die genutzt werden können, um CDR in einem ersten Schritt auch außerhalb des Unternehmens zu zeigen. Schließlich wird dargestellt, wie digitale Innovationen mit Verantwortung durch Innovationsmethoden und Geschäftsmodellentwicklung gefördert werden können.

4.1 Digital Responsibility strategisch gedacht

Unternehmensverantwortung, Nachhaltigkeit und Digitalisierung stellen ein Bündel abstrakt wirkender Themen mit möglicherweise diffus wirkenden Zielstellungen dar. Beispielhaft können die vielfältigen Verflechtungen, Zweideutigkeiten, komplexen Wirkmechanismen, sozialen Differenzierungen und die Zukunftsorientierung angeführt werden.

Es ist die Voraussetzung für ein gelungenes CR- und Nachhaltigkeitsmanagement ihre Bedeutung für ein Unternehmen in Bezug zum Markt und Wettbewerb zu konkretisieren. Dazu gehört eine Beleuchtung der Unternehmensstrategie und der Markt- bzw. Wettbewerbssituation sowie eine Analyse der Umwelt-, Sozial- und Ethikaspekte, die aus Sicht von Stakeholdern relevant und erfolgskritisch sind.

4.1.1 14 Fragen, die sich Unternehmenslenker stellen sollten

Zur Anpassung der Unternehmensstrategie wurden Leitfragen zusammengestellt, die sich Unternehmenslenker und Entscheidungsträger für eine Ausrichtung im digitalen Zeitalter stellen sollten. Tab. 4.1 fasst sie zusammen.

Diese Fragen zu Geschäftschancen und –risiken, zu Kommunikation, Marke, Kunden, Führung etc. können die Grundlage zur Anpassung der Geschäftsstrategie bilden oder Impulse für eine CDR-Strategie bzw. Erweiterung der CR-Strategie geben. CR-Experten kann sie einer Sensibilisierung des Top-Managements für CDR dienen.

Tab. 4.1 14 Fragen für Unternehmenslenker zur Strategieentwicklung im Digitalzeitalter (vgl. Business in the community 2017, S. 20–21 und 24, eigene Übersetzung und Darstellung)

1	„Wie wirkt sich die digitale Transformation auf die verantwortungsvolle Geschäftsagenda sowohl in Bezug auf neue Risiken als auch auf Chancen aus?"
2	„Für welches Engagement im digitalen Wandel soll unsere Marke bekannt sein und wie werden wir Fortschritt und Kommunikation vorantreiben?"
3	„Welche Werte sind gefährdet, wenn wir keinen umfassenden digitalen Wandel in Deutschland bzw. in den Ländern, in denen wir aktiv sind, erzielen?"
4	„Wie entwickelt und gestaltet unser Unternehmen das digitale Zeitalter?"
5	„Wie zeigt unser Unternehmen ein vorbildliches Führungsverhalten im digitalen Zeitalter?"
6	„Wie kommunizieren wir durch unsere Marke unser Engagement für verantwortungsvolles Handeln im digitalen Zeitalter?"
7	„Wie analysiert und steuert unser Unternehmen zukünftige Risiken, um Wachstumschancen im digitalen Zeitalter zu identifizieren?"
8	„Wie stellen wir sicher, dass unsere Unternehmensführung und die interne Kennzahlen die Nachhaltigkeit unseres Programms unterstützen?"
9	„Wie können wir unsere Kunden im digitalen Zeitalter schützen, unterstützen und befähigen?"
10	„Wie können wir unsere Mitarbeiter vorbereiten und die veränderte Natur der Arbeit annehmen?"
11	„Wie erzielen wir einen noch positiveren Effekt auf die Umwelt durch unsere Produkte mit digitaler Unterstützung?"
12	„Wie können wir (digital) innovative Produkte und Services liefern, die der Gesellschaft dienlich sind?"
13	„Wie nutzen wir digitale Hilfsmittel um eine transparente, inklusive und produktive Wertschöpfung zu fördern?"
14	„Wie können wir mit politischen Entscheidungsträgern, zivilgesellschaftlichen Akteuren und Unternehmen unserer Branche besser zusammenarbeiten, um die Herausforderungen im digitalen Zeitalter kollaborativ anzugehen?"

4.1.2 Potenziale der CDR identifizieren

Unternehmensverantwortung kann zum strategischen Werttreiber werden, wenn sie sich direkt auf das Kerngeschäft, und die damit verursachten Wert- und Schadschöpfungen bezieht. Der in Abschn. 3.1.1 beschriebene „Digital Responsibility Check" und die so bestimmte Position wird im Folgenden genutzt um die strategischen Potenziale der CDR für das Unternehmen zu identifizieren.

Im diesem Schritt werden die einzelnen Verantwortungs-Cluster zunächst in Bezug auf ihre Nähe zum Kerngeschäft des Unternehmens bewertet: dem sog. „Business Fit". Die Nähe zum Kerngeschäft macht eine Aussage darüber, inwieweit mit der dahinterliegenden

gesellschaftlichen Anforderung eine Chance für das Kerngeschäft einhergeht. Die Bewertung
erfolgt zunächst qualitativ. Als Skala kann folgende genutzt werden:

- 0 Keine Passung zum Kerngeschäft
- 1 Geringfügige Passung
- 2 Mittelmäßige Passung
- 3 Vorhandene Passung
- 4 Stark vorhandene Passung

Diese Einschätzung ist bereits Teil einer strategischen Meinungsbildung. Um die
Einschätzungen zu objektivieren, können die Bewertungen von einigen Experten
unabhängig erfolgen und dann die Ergebnisse diskutiert werden. Für die Visualisierung
der Ergebnisse kann Abb. 4.1 als Arbeitshilfe genutzt werden.

Ergänzend zur Einschätzung der Chancen für das Kerngeschäft kann auf diese Weise
auch pro Verantwortungs-Cluster das Risiko für das Kerngeschäft bestimmt werden. So
können die Risikoaspekte identifiziert werden. Anschließend besteht die Möglichkeit die
Verantwortungs-Cluster im Rahmen des Risikomanagements zu bewerten und Maßnahmen zur Risikominderung oder –verlagerung durchzuführen.

Pro Handlungsfeld liegen nun die Einschätzungen zur Ausprägung des Reifegrads
(vgl. Abschn. 3.1) und zur chancenorientierten Passung zum Kerngeschäft vor. Sie bilden
die Grundlage zur Identifikation von CDR-Potenzialen mit einen ein strategischer Wettbewerbsvorteil begründet werden kann.

Es bestehen vier unterschiedliche Potenzialfelder mit vier strategischen Handlungsempfehlungen. Jedes einzelne Verantwortungs-Cluster kann in eine Matrix nach den
beiden Kriterien abgetragen und in einem der vier Quadranten positioniert werden (vgl.
Abb. 4.2). Die Handlungsempfehlungen sind im Folgenden dargestellt.

- Handlungsempfehlung „Nutzen": Bei hoher bestehender Performance und hohem
  „Business Fit" besteht bereits ein hohes Potential für einen Wettbewerbsvorteil.
  Es sollte ausgeschöpft und kommunikativ auf allen Ebenen genutzt werden (vgl.
  Abb. 4.1, Quadrant oben rechts). Durch einen „Business Case für digitale Nachhaltigkeit" ist zu überprüfen, ob durch das Engagement tatsächlich ein ökonomischer Vor-
  teil gegeben oder zu erwarten ist.
- Handlungsempfehlung „Nachbessern": Bei geringer aktueller Performance, aber
  hohem „Business Fit" kann hier beim Engagement nachgebessert werden, um die
  CDR-Leistung zu verbessern. Möglicherweise ist jedoch zunächst eine Priorisierung
  der Verantwortungs-Cluster durch Ermittlung des „Business Case für digitale Nachhaltigkeit" vorzunehmen (vgl. Abb. 4.1, Quadrant oben links)
- Handlungsempfehlung „Entspannen": Falls eine hohe Performance in Verantwortungs-Clustern mit geringem Business Fit vorliegt, können diese Aktivitäten kommunikativ genutzt werden, sollten aber eher zurückgefahren werden, denn es ist von

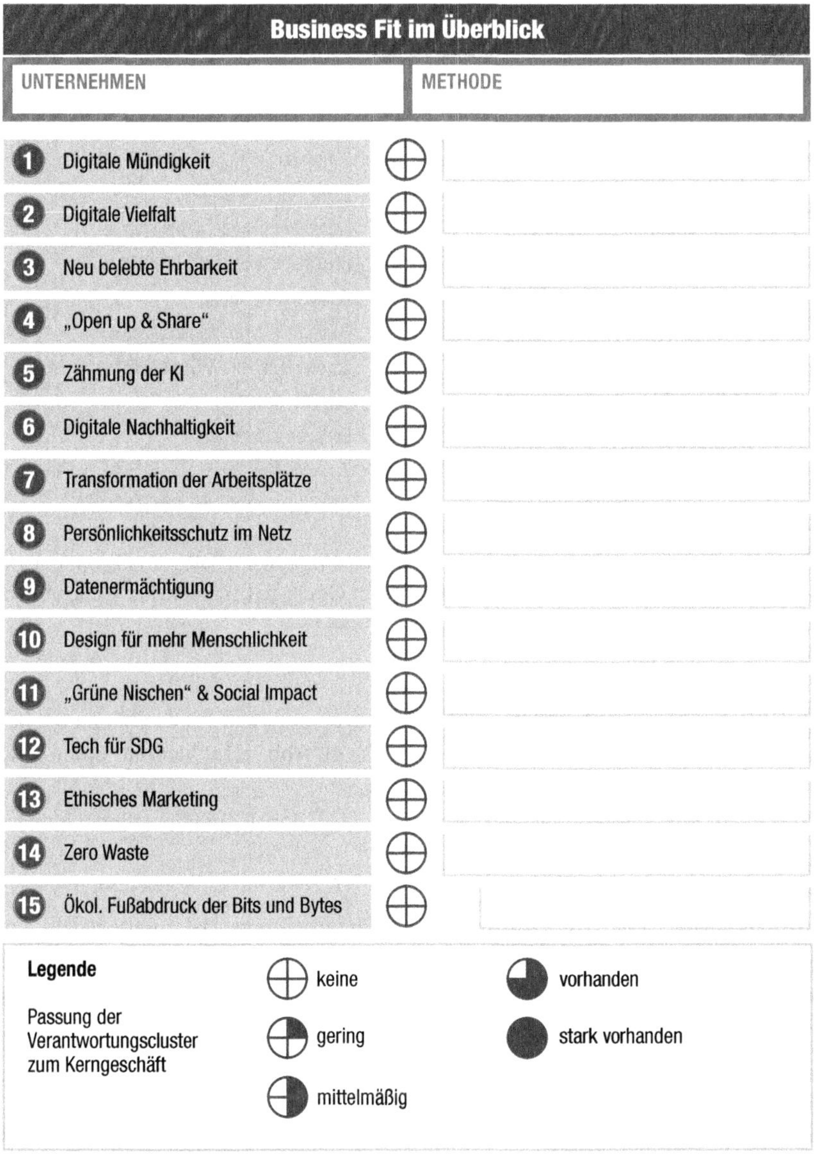

Business Fit im Überblick	
UNTERNEHMEN	**METHODE**

1 Digitale Mündigkeit	⊕	
2 Digitale Vielfalt	⊕	
3 Neu belebte Ehrbarkeit	⊕	
4 „Open up & Share"	⊕	
5 Zähmung der KI	⊕	
6 Digitale Nachhaltigkeit	⊕	
7 Transformation der Arbeitsplätze	⊕	
8 Persönlichkeitsschutz im Netz	⊕	
9 Datenermächtigung	⊕	
10 Design für mehr Menschlichkeit	⊕	
11 „Grüne Nischen" & Social Impact	⊕	
12 Tech für SDG	⊕	
13 Ethisches Marketing	⊕	
14 Zero Waste	⊕	
15 Ökol. Fußabdruck der Bits und Bytes	⊕	

Legende

Passung der Verantwortungscluster zum Kerngeschäft

⊕ keine   ◕ vorhanden

⊕ gering   ● stark vorhanden

⊕ mittelmäßig

Abb. 4.1 „Business Fit" der CDR-Verantwortungs-Cluster. Arbeitshilfe. Download unter https://wiseway.de/cdrbuch. (Eigene Darstellung; Grafik mit freundlicher Genehmigung von © BOSSE UND MEINHARD 2019. All Rights Reserved)

geringen wirtschaftlichen Vorteilen eines „Business Case für digitale Nachhaltigkeit" auszugehen (vgl. Abb. 4.1, Quadrant unten rechts)

- Handlungsempfehlung „Beobachten": Wenn Verantwortungs-Cluster eine geringe Performance und einen geringen Business Fit vorweisen, ist zunächst keine weitere

Abb. 4.2 Empfehlungsmatrix zu strategischen Maßnahmen der CDR. Arbeitshilfe. Download unter https://wiseway.de/cdrbuch. (Eigene Darstellung; Grafik mit freundlicher Genehmigung von © BOSSE UND MEINHARD 2019. All Rights Reserved)

Handlung nötig. Es wird jedoch empfohlen, sie ebenfalls in Abständen zu beobachten, damit sie nicht zu „Blinden Flecken" werden (vgl. Abb. 4.1, Quadrant unten links).

Abb. 4.2 kann zur Sammlung und Visualisierung der Ergebnisse im Unternehmen genutzt werden und als Arbeitshilfe dienen.

Wesentlichkeitsanalyse durchführen Für Unternehmen ist wesentlich, welche Bedeutung ihre Stakeholder gesellschaftlichen, ökologischen und digital-ethischen Themen beimessen. Bereits 80 % der weltweit größten Unternehmen identifizieren die Wesentlichkeit dieser Themen für ihr Reporting (vgl. KPMG 2014, S. 2). Diese werden in strategische Prozesse und das Reporting integriert.

Im Rahmen eines strategischen Prozesses können die für den „Digital Responsibility Check" vorgeschlagenen qualitativen Methoden, durch quantitative und objektive Methoden ersetzt werden, beispielsweise durch eine systematische Befragung von Stakeholdern im Rahmen einer Wesentlichkeitsanalyse. Dabei werden die Wesentlichkeit (oder „Materialität") von Themen für Stakeholder und aus der unternehmensinternen Perspektive abgetragen (vgl. Abb. 4.3).

Die CDR-Verantwortungscluster und Ergebnisse des „Digital Responsibility Checks" können eine (aufwändigere) Wesentlichkeitsanalyse für die Erweiterung von CR inhaltlich vorbereiten.

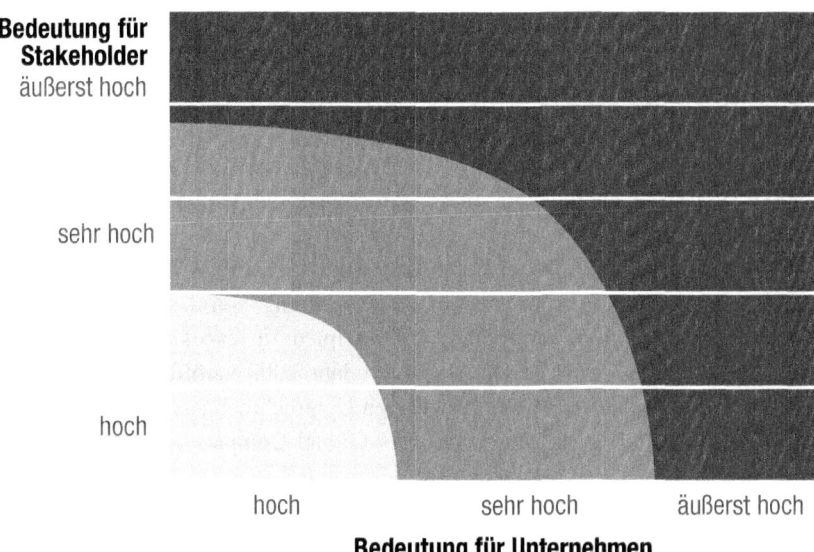

4.2 Wie auf Corporate Responsibility aufgebaut werden kann

Die Fragen an Unternehmenslenker zeigen, wie umfassend die Veränderung von Unternehmen und damit ihre gesellschaftliche Verantwortung ist. Wenn nicht heute schon, dann vielleicht in Zukunft? Möglicherweise hat der „Digital Responsibility Check" Handlungslücken ergeben oder aus anderen Quellen ist deutlich geworden, dass eine Veränderung der Unternehmensverantwortung erfolgen muss. Dann stellt sich die Frage, welche Managementansätze bestehen, um eine Umsetzung voranzutreiben.

4.2.1 CR- Instrumente für das Digitalzeitalter nutzen

Die Grundsätze für verantwortlich handelnde Unternehmen ändern sich mit der Digitalverantwortung nicht. Diese sind: Rechenschaftspflicht, Transparenz, ethisches Verhalten, Achtung der Interessen von Anspruchsgruppen, Achtung der Rechtsstaatlichkeit, Achtung internationaler Verhaltensstandards und Achtung der Menschenrechte (vgl. Bundesministerium für Arbeit und Soziales 2011, S. 12–13). Da CDR sich als Erweiterung von CR auf deren grundlegende Konzepte abstützt, wird erwartet, dass die entwickelten und wirksamen Management-Instrumente und –Vorgehensweise der CR auf CDR angewendet werden können.

Die Frage entsteht, ob und inwieweit bestehende und in Unternehmen bereits eingesetzte CR-Instrumente für eine verantwortungsvolle Digitalisierung genutzt werden können. Verhindern möglicherweise fehlende Verantwortungsaspekte die Integration in das CR-Management? Wie überschneiden sich die Aspekte der CR-Instrumente und die Nachhaltigkeitsthemen der Digitalisierung? Die wichtigsten CR-Instrumente und international anerkannten Referenzdokumente zur Unternehmensverantwortung sind der UN Global Compact, die OECD-Leitlinien für multinationale Unternehmen und die DIN/ISO 26000. Sie werden als Basis für eine tiefergehende Betrachtung herangezogen.

UN Global Compact, OECD-Leitlinien und DIN/ISO 26000 Der UN Global Compact ist die international verbreitete Selbstverpflichtung von Unternehmen, die zehn durch die Vereinten Nationen aufgestellten Prinzipien zu respektieren und regelmäßig über den Fortschritt zu berichten. Er wurde im Jahr 2000 veröffentlicht und stellt das verbreiteteste CR-Instrument mit 7000 beteiligten Unternehmen aus 145 Ländern dar. Der Zugang in Deutschland erfolgt durch das UN Global Compact Netzwerk Deutschland (vgl. ibid 2019).

Bei den „OECD-Leitlinien für multinationale Unternehmen" handelt es sich um Empfehlungen für multinational agierenden Unternehmen der 34 OECD-Länder und 12 Nicht-OECD-Ländern, die die „OECD-Erklärung über internationale Investitionen und multinationale Unternehmen" unterzeichnet haben. Die nichtbindende Empfehlung zum verantwortlichen Handeln wird dabei von den Regierungen der Länder für die jeweiligen Unternehmen ausgesprochen. Die Regierungen verpflichten sich zur Umsetzung durch Einrichtung nationaler Kontaktstellen. Dort kann Fehlverhalten von Unternehmen durch ein Beschwerdeverfahren bekämpft werden. Im Vergleich zu den beiden anderen CR-Instrumenten haben sie nur eine begrenzte geografische Reichweite. Die Leitlinien wurden 1974 erlassen und 2011 aktualisiert. Der Zugang auf Deutsch erfolgt durch die deutsche OECD-Seite (vgl. OECD 2011).

Die DIN/ISO 26000 bietet Leitlinien für Organisationen und Unternehmen, um gesellschaftliche Verantwortung als Beitrag zur nachhaltigen Entwicklung zu etablieren. Der internationale Standard wurde auf Grundlage eines Stakeholder-Prozesses mit über 90 Nationen entwickelt und 2011 veröffentlicht. In 60 Ländern wurde er in nationale Standards umgewandelt – so auch in Deutschland. Im Gegensatz zu anderen Standards kann die DIN/ISO 26000 nicht zertifiziert werden. Der Zugang in Deutschland erfolgt über den DIN e. V. (vgl. ibid. 2010, siehe auch Bundesministerium für Arbeit und Soziales 2011).

Alle drei CR-Instrumente wollen zu weiteren nachhaltigen Geschäftspraktiken motivieren. In der Frage, wie diese erreicht werden sollen, weichen sie voneinander ab. Die OECD-Leitlinien bieten ein Instrument, um Unternehmen Verantwortung für negative Auswirkungen ihrer Tätigkeiten übernehmen zu lassen. DIN ISO 26000 gibt konkrete Hinweise, wie Unternehmen gesellschaftlich verantwortlich agieren können und der Global Compact versteht sich als Lernplattform, die Unternehmen eine Möglichkeit gibt, ihre guten Taten darzustellen (vgl. Theuws und van Huijstee 2013, S. 38).

Inhaltlich decken die drei CR-Instrumente eine Breite von vergleichbaren CR- und Verantwortungsaspekten ab. Diese sind Menschenrechte, Stakeholder-Engagement, Arbeitsrechte, Umwelt, Ökonomische Aspekte, Transparenz, Lokale Entwicklung und

Wissenschaft und Technologie. Für Unterschiede und Details siehe Theuws und van Huijstee (2013, S. 24–37). Diese Verantwortungsaspekte werden für die weitere Betrachtung herangezogen.

In Europa hat der UN Global Compact hat die größte Bedeutung der drei betrachteten Instrumente. 32 % von 200 großen internationalen Unternehmen referenzieren darauf. 10 % beziehen sich auf die OECD-Leitlinien und nur 5 % auf die DIN/ISO 26000-Norm. Insgesamt nutzen aber nur 40 % diese Instrumente und der Rest referenziert auf kein CSR-Instrument (neben den genannten wurden noch UN Guiding Principles und die ILO Konventionen untersucht; vgl. European Commission 2013). Mit dem Deutschen Nachhaltigkeitskodex (DNK) geht Deutschland zudem noch einen eigenen Weg, um insbesondere KMU den Weg in das nachhaltige Wirtschaften zu erleichtern. 477 Unternehmen haben ihn Ende 2018 genutzt (vgl. Deutscher Nachhaltigkeitskodex 2018). Auch er deckt die betrachteten Verantwortungsaspekte ab, wird jedoch hier nicht im Detail analysiert.

Analyse zur Nutzbarkeit von CR-Instrumenten Ein Abgleich der Verantwortungsaspekte mit den Verantwortungs-Clustern der CDR zeigt, dass eine Integration von digitaler Verantwortung in die bestehenden CR-Instrumente in großen Teilen möglich ist, die CR-Instrumente aber auch mehr oder weniger stark ergänzt werden sollten. Das Ergebnis ist zusammenfassend in Tab. 4.2 dargestellt.

Ergebnis zur Nutzbarkeit von CR-Instrumenten Bei neun der 15 CDR Verantwortungs-Cluster ist eine Zuordnung zu den in den CR-Instrumenten genannten Erwartungen heute bereits möglich. Diese sind: Digitale Mündigkeit, Digitale Vielfalt, Neu belebte Ehrbarkeit, Transformation der Arbeitsplätze, Datenermächtigung, Design für mehr Menschlichkeit, „Grüne Nischen" und Social Impact, Ethisches Marketing und Ökologischer Fußabdruck der Bits & Bytes. CDR-Maßnahmen sind daher heute bereits in die CR-Instrumente integrierbar.

Im Folgenden wird die Zuordnung begründet und auf Besonderheiten der einzelnen CR-Instrumente hingewiesen.

Engagement zu „Digitaler Mündigkeit" kann unter dem Verantwortungsaspekt Lokale Entwicklung abgebildet werden und in der DIN ISO 26000 dabei insbesondere im Handlungsfeld 7 „Investition zugunsten des Gemeinwohls" (vgl. Bundesministerium für Arbeit und Soziales 2011, S 23). Global Compact und OECD-Leitlinien gehen auf den Aspekt der lokalen Entwicklung der Gemeinschaft nicht ein.

Aktivitäten zu „Digitaler Vielfalt" können unter dem Verantwortungsaspekt Menschenrechte abgebildet werden, da die Netzwelt einen Teil des kulturellen Lebens sowie des wissenschaftlichen Fortschritts darstellt. Die Teilhabe daran ist allgemeines Menschenrecht (vgl. § 27 „Kultur" der „Allgemeinen Erklärung der Menschenrechte", Vereinte Nationen 1948). Auch die Informationsbeschaffung über das Internet und damit der Netzzugang wird im Rahmen von § 19 „Informationsfreiheit" als allgemeines Menschenrecht verstanden (vgl. United Nations 2016).

Tab. 4.2 Zuordnung der CDR-Verantwortungs-Cluster zu den CR-Verantwortungsaspekten von UN Global Compact, DIN ISO 2600 und OECD-Leitlinien. (Eigene Darstellung)

CDR Verantwortungs-Cluster	Verantwortungsaspekte der CR-Instrumente							
	Menschen-rechte	Stakeholder-Engagement	Arbeits-rechte	Umwelt	Ökonomische Aspekte	Trans-parenz	Lokale Ent-wicklung	Wissenschaft & Technologie
Digitale Mündigkeit	X						x	
Digitale Vielfalt	X							
Neu belebte Ehrbarkeit					x		x	
„Open up & Share"					O			
Zähmung der KI		O				O		OO
Digitale Nachhaltigkeit								OO
Transformation der Arbeitsplätze		x						
Persönlichkeitsschutz im Netz	O							
Datenermächtigung					x			
Design für mehr Menschlichkeit					x		x	
„Grüne Nischen" und Social Impact					O			
Technologie für SDG	O	O	O	O	O	O	O	OO
Ethisches Marketing				x	x			
„Zero Waste"				O				
Ökol. Fußabdruck der Bits & Bytes				x				

(Legende: x: Zuordnung ohne weiteres möglich, O: Zuordnung möglich, aber CR-Instrumente zu erweitern, OO Zuordnung evtl. möglich, aber CR-Instrumente deutlich zu erweitern. leer: keine Zuordnung)

„Neu belebte Ehrbarkeit" mit Engagement für das Gemeinwohl durch Steuern und Transparenz kann unter „Ökonomischen Aspekten" und Transparenz angesiedelt werden. Insbesondere die OECD-Leitlinien gehen auf die Steuerzahlung im Sinne einer „Steuer Compliance" und Vermeidung von Risiken durch Steueranpassungen ein. In der DIN/ISO 26000 findet sich die Thematik mit der Schaffung von Werten und Einkommen inklusive Steuerverantwortlichkeiten eher unter „Lokale Entwicklung" wieder (vgl. International Organization for Standardization 2010, S. 66).

Das Handlungsfeld „Transformation von Arbeitsplätzen" lässt sich im Verantwortungsaspekt „Arbeitsrechte" abbilden. Die DIN/ISO 26000 weist explizit darauf hin, dass die Verantwortung der Organisation über die direkten Beschäftigten hinaus geht (ibid. 2010, S. 33). Sie geht auch auf die Situation von Selbständigen ein und darauf, dass sie nicht immer den Schutz und die Rechte erhalten, die ihnen zustehen und das hierauf besonderes Augenmerk gelenkt werden muss. Dies ist im Zusammenhang mit Crowdworking relevant. Es wird die Erwartung formuliert, die persönlichen Daten von Beschäftigten zu schützen sowie nicht von unfairen, ausbeuterischen oder missbräuchlichen Arbeitspraktiken seiner Partner, Lieferanten oder Subunternehmer einschließlich Heimarbeitern zu profitieren (ibid. 2010, S. 35). Damit sind Themen der digitalen Kontrolle und Manipulation oder die Ausbeutung von „digitalen Tagelöhnern" grundsätzlich abgedeckt. Die OECD-Leitlinien bleiben in dem Handlungsfeld eher allgemein auf einer institutionellen Ebene. Der UN Global Compact macht einige Aussagen zu Arbeitsrechten. In einer Überarbeitung der CR-Instrumente könnte auf die inzwischen größere Bedeutung von „kommerziellen" Arbeitsverhältnissen mit großem Machtungleichgewicht eingegangen werden.

Unternehmerische Aktivitäten zu „Datenermächtigung" sind unter „Ökonomische Aspekte" abbildbar. Hier wird heute bereits Kundendatenschutz in den OECD-Leitlinien und in der DIN/ISO 26000 genannt. Er könnte im Sinne einer „fairen Vertragsbeziehung" weiter als bisher ausgelegt werden. Der UN Global Compact macht keine Aussagen zu dieser Thematik.

Ein „Design für mehr Menschlichkeit" bedeutet Social Media und Digitales für mehr Miteinander und Demokratie einzusetzen. Die Förderung von Demokratie und zivilgesellschaftlichen Werten, des Wohlbefindens der Gemeinschaft und der Lebensqualität des Einzelnen wird unter dem Verantwortungsaspekt „Lokale Gemeinschaft" genannt (vgl. ISO 2010, S. 60–61). Die OECD-Leitlinien gehen darauf nicht näher ein und der UN Global Compact macht keine Aussage. In einer Überarbeitung könnten auf die veränderte Verantwortung durch die beobachtbaren negativen Wirkungen von Social Media auf Demokratie und Druck auf die Gemeinschaften eingegangen werden.

Im Verantwortungs-Cluster „Grüne Nischen und Social Impact" sollen mit neuen Geschäftsmodellen nachhaltiger Konsum und sozial-nachhaltige Innovation gefördert werden. Dies korrespondiert mit der unter „Ökonomische Aspekte" genannten Erwartung an Unternehmen, nachhaltigen Konsum zu fördern und nicht-nachhaltige Muster von Konsum und Produktion zu eliminieren (vgl. ISO 2010, S. 56–57; OECD 2011, S. 60–63). Der UN Global Compact gibt dazu keinen Hinweis.

„Ethisches Marketing" korrespondiert mit „Ökonomische Aspekte" und hier konkreter den Konsumentenanliegen, wie faires Marketing, unverfälschte Information, nachhaltiger Konsum und Bildung sowie Sensibilisierung. Sowohl die DIN/ISO 26000 als auch die OECD-Leitlinien machen hierzu Angaben. Der UN Global Compact geht darauf nicht ein. Bei einer Überarbeitung wären hier der ansteigende Konsum-, Ressourcen- und Energieverbrauch durch Digitalisierung zu berücksichtigen und inhaltlich anzuführen, ebenso wie die Sensibilisierung der Konsumenten für den Rebound-Effekt.

Im Handlungsfeld „Ökologischer Fußabdruck der Bits & Bytes" handelt es sich um einen Tribut an die Digitalisierung, die durch die steigenden Hardware-, Rechenzentrums- und Netzleistungen nicht nur mehr Ressourcen, sondern auch Energie verbraucht. Das Thema korrespondiert mit dem Verantwortungsaspekt „Umwelt". Die generelle Erwartung an Unternehmen, ihre negativen Umwelt- und Klimawirkungen zu reduzieren, wird durch die DIN/ISO 26000, die OECD-Leitlinien und den UN Global Compact formuliert. Dabei könnte zukünftig der Anteil der Informationstechnologie für jedes Unternehmen eine größere Bedeutung zukommen und explizit darauf hingewiesen werden.

Notwendige Erweiterung Mit den drei CDR-Verantwortungs-Clustern – „Open up & Share", „Persönlichkeitsschutz im Netz" und „Zero Waste" – bringt die Digitalisierung neue Verantwortungsaspekte ein, die in den Ansprüchen der CR-Instrumente unter „Menschenrechten", „Ökonomischen Aspekten" und „Umwelt" aufgegriffen werden könnten. Diese sind: nachhaltiges Co-Design bzw. -Herstellung durch Verbraucher als Prosumenten, der Schutzbedarf des „vernetzten gläsernen Menschen" durch die Menschenrechte und eine radikale Sicht auf Ressourcenschonung und Abfall.

Bei drei weiteren CDR-Verantwortungs-Clustern – „Zähmung der KI", „Technologie für SDG" und „Digitale Nachhaltigkeit" – fällt die Zuordnung zu den Verantwortungskategorien der CR-Instrumente schwer. Die CR-Instrumente müssten nach entsprechenden Diskursen in größerem Maße ergänzt werden.

Im Folgenden wird diese Bewertung begründet und auf Besonderheiten der einzelnen CR-Instrumente hingewiesen.

Die Emanzipation von „Prosumenten" ermöglicht durch digitale Plattformen steht im CDR-Handlungsfeld „Open up & Share" im Vordergrund. In der DIN/ISO 26000 wird auf die Bildung und Information im Handlungsfeld „Ökonomische Aspekte" eingegangen und auch das „Empowerment" von Konsumenten erwähnt (vgl. International Organization for Standardization 2010, 56–57). Die OECD-Leitlinien nennen die Verbraucherinformation und –bildung als Ziel, um bessere Konsumentscheidungen treffen zu können. Die Idee des aktiv handelnden Verbrauchers, der Produktion dezentral selbst in die Hand nimmt, kommt nicht vor. Das ist nicht verwunderlich, da sie doch tatsächlich erst mit den Geschäftsmodellen der digitalen Plattformökonomie möglich wird. Hier könnten die Standards bei einer Überarbeitung ergänzt werden. Bis dahin ließe sich ein Engagement dennoch abbilden. Der UN Global Compact macht dazu keine Aussage.

Ein Engagement zu „Persönlichkeitsschutz im Netz" ist unter dem Verantwortungsaspekt „Menschenrechte" darzustellen. Grundlage ist Artikel 12 der Allgemeinen Erklärung der Menschenrechte, die einen umfassenden Schutz des Menschen in seiner Freiheits- und Privatsphäre postuliert. Darunter wird u. a. die Integrität des Menschen mit der Unverletzlichkeit seines Körpers und seines Willens verstanden. Artikel 19 „Informationsfreiheit" sagt ergänzend, „Menschen sind online die gleichen Rechte zuzugestehen wie offline" (United Nations 2016). Alle drei CR-Instrumente machen zu diesem Verantwortungsaspekt Aussagen. Die Digitalisierung bringt neue Möglichkeiten der unautorisierten „Durchleuchtung" von Menschen, der Kommerzialisierung und Manipulation von Verhalten, die konkret im Kontext der Menschenrechte diskutiert werden müssen. In einer Überarbeitung der CR-Instrumente sollte darauf eingegangen werden.

Bei „Zero Waste" geht es darum, die Primärressourcen maximal zu schonen und im Kreislauf zu halten. Dies kann dem Verantwortungsaspekt „Umwelt" zugeordnet werden. Die DIN/ISO 26000 benennt als korrespondierende Themen die nachhaltige Ressourcennutzung, den Lebenszyklusansatz sowie die „Dematerialisierung" durch den „Produkt-Service-System"-Ansatz, die sich ja in den digitalen Plattformen der „Sharing Economy" finden (ISO 2010, S. 42, 44–45). Fokus hier, wie auch bei den OECD-Leitlinien, ist die Ressourceneffizienz. Radikale Ansätze wie „Null Abfall" oder „Cradle-to-Cradle" sowie „Circular Economy" finden sich nicht. Sie wären entsprechend zu ergänzen.

Bei „Zähmung der KI" geht es für Unternehmen darum, bei Entwicklung und Einsatz von Digitaltechnologie „ethisch" zu handeln. Unternehmen aller Branchen sind heute technologie- und innovationsgetrieben – es handelt sich also nicht um ein Branchenthema der ITK oder IT. Die Selbstverpflichtung auf ethische Werte ist die Grundlage aller drei CR-Instrumente. Stakeholder-Dialoge und Transparenz durch Reporting sind Wege, um die Anforderungen der Interessensgruppen zu erkennen und der Öffentlichkeit Zugang zu den Maßnahmen zu geben. Somit kann das CDR-Handlungsfeld unter „Stakeholder-Engagement" und „Transparenz" abgebildet werden. Die DIN/ISO 26000 nimmt in den Kapiteln „Transparenz", „Geschäftsethik" und „Stakeholder-Identifikation und -Engagement" direkt Bezug auf Ethik (vgl. ISO 2010, S. 10–12, 14). Die OECD-Leitlinien verweisen auf die freiwilligen Selbstverpflichtungen von Unternehmen dazu (OECD 2011, S. 34–35). Zusätzlich erwarten beide CR-Instrumente im Aspekt „Technologie" die Förderung von Technologieentwicklung, -zugang und -verbreitung. Die Digitalisierung bringt die Besonderheit, dass gesellschaftliche Diskurse – und damit die Benennung von Ansprüchen – der beschleunigten technologisch-wirtschaftlichen Entwicklung deutlich hinterherhinken. Die CR-Instrumente sollten um die Erwartung ergänzt werden, dass Unternehmen diese „ethische Lücke" nicht für eine wirtschaftliche Ausbeutung ausnutzen. Ergänzend sollte auf die entgegengesetzte Möglichkeit der Beschränkung des technologisch Machbaren hingewiesen werden. Der UN Global Compact fragt diese Themen nicht ab.

„Digitale Nachhaltigkeit", die nachhaltige Nutzung von Daten und Algorithmen als immer bedeutender Teil des Menschheitswissens, könnte im Verantwortungsaspekt

„Technologie" bearbeitet werden. In den OECD-Leitlinien wird darauf hingewiesen zur langfristigen und nachhaltigen Entwicklung eines Landes durch Übertragung von Nutzungsrechten und Technologietransfer beizutragen (vgl. OECD 2011, S. 65). Auch die DIN/ISO 26000 erwartet von Unternehmen Praktiken, die „den Technologietransfer und die Verbreitung ermöglichen, sofern dies wirtschaftlich machbar ist." (ISO 2010, S. 66). Der Aspekt der Gemeinwohl- und Nachhaltigkeitsförderung durch Verzicht auf eigene Rechte an z. B. Daten wird nicht explizit aufgegriffen. Der bestehende Ansatz in den CR-Instrumenten müsste, um der „Digitalen Nachhaltigkeit" Rechnung zu tragen, deutlich erweitert und konkretisiert werden. Möglicherweise wird auch dieser Themenkontext zukünftig zusammen mit den Menschenrechten der Vereinten Nationen diskutiert.

„Technologie für SDG" weist konkret darauf hin, dass es für über 140 Unterzeichner der Sustainable Development Goals darum geht, die gesteckten Ziele bis 2030 zu erreichen und dazu die Chancen der (Digital-)Technologie zu nutzen. Das Engagement kann unter „Technologie und Wissenschaft" abgebildet werden. DIN/ISO 26000 geht explizit auf Technologieentwicklung und die Erwartung an Unternehmen ein, einen Beitrag mit innovativen Technologien zur Lösung sozialer und ökologischer Probleme zu leisten (ISO 2010, S. 66). Der Passus bezieht sich auf lokale Gemeinschaften und sollte mit den SDG auf die globale Gemeinschaft ausgeweitet werden. In der derzeitigen gesellschaftlichen Diskussion zeichnet sich die Forderung ab, die technologische Entwicklung den Nachhaltigkeitszielen unterzuordnen. Sowohl die OECD-Leitlinien als auch der UN Global Compact sollten um diese Punkte erweitert werden und die Erwartung an Unternehmen formulieren, durch technologische Entwicklung und Innovation zur Erreichung der SDG (und darüber hinaus) beitragen. Zudem ist „Technologie für SDG" ein Querschnittsthema, das auf alle Verantwortungsaspekte der CR-Instrumente einzahlen könnte. Es könnte in jeder Verantwortungskategorie dargestellt werden, wie Unternehmen Digitalisierung und Digitaltechnologie einsetzen können, um sie zu stärken.

Fazit Die bisherigen Verantwortungsfelder der CR – Menschenrechte, Stakeholder-Engagement Arbeitsrechte, Umwelt, Ökonomische Aspekte, Transparenz, Lokale Entwicklung und Wissenschaft und Technologie – sind auch für CDR geeignet. Die bestehenden CR-Instrumente können als „Blaupause" für CDR dienen und die neu zu entwickelnden Ziele und Indikatoren aufnehmen – sofern sie mit entsprechendem Know-How und Willen zur Übertragung an die Herausforderungen des Digitalzeitalters genutzt werden. Aufgrund ihrer Erscheinungsjahre liegt es in der Natur der Sache, dass konkrete Bezüge in den CR-Instrumenten zu den digitalen Entwicklungen und CDR fehlen. Der globale, „allumfassende" und dynamische Charakter der technologischen Entwicklung und der Geschäftsmodelle bringt neue Erwartungen an Unternehmen mit sich, die in den CR-Instrumenten zukünftig formuliert werden müssten, um sie „in das Digitalzeitalter" zu überführen.

Dennoch sind die noch ausstehenden Anpassungen der CR-Instrumente für Unternehmen und Organisationen, die sich dieser (oder anderer) CR-Instrumente bedienen, kein Hinderungsgrund ihr CDR-Engagement dort zu integrieren: Die bestehenden Instrumente bieten ausreichend Möglichkeiten dafür.

Neben bestehenden CR-Instrumenten entwickeln sich bei der Umsetzung von CDR bereits Ansätze zur „digitalen Selbstverpflichtung". Einige davon wurden bereits mit thematischem Bezug bei den jeweiligen Verantwortungs-Clustern erwähnt. Nach der Darstellung der neuen Stakeholder werden sie gebündelt dargestellt.

4.2.2 Neue Stakeholder einbeziehen

Die neuen Verantwortungs-Cluster der CDR bringen neue Themen „auf die Agenda", die möglicherweise für ein Unternehmen und die CR-Abteilung neu sind. Wenn es darum geht, die gesellschaftlichen Anforderungen, beispielsweise für eine Stakeholder- oder Wesentlichkeitsanalyse besser zu verstehen, ist das Unternehmen auf einen Dialog mit relevanten Stakeholdergruppen angewiesen. Der Dialog kann Ausgangspunkt für strategische Partnerschaften oder Allianzen mit zivilgesellschaftlichen Organisationen sein.

In Tab. 4.3 sind beispielhafte gesellschaftliche Stakeholder der digitalen Unternehmensverantwortung in Deutschland aufgeführt.

Die Liste kann dafür genutzt werden, neue bisher im Unternehmen nicht bekannte Stakeholder für einen Dialog zu CDR-Verantwortungs-Clustern anzusprechen, einzuladen und um ihre Meinung zu bitten.

Auch jenseits der gesellschaftlichen Gruppierungen verändern sich die Stakeholder mit der Digitalisierung. Die unterschiedlichen Datenlieferanten, -auswerter, - anreicherer und –nutzer sind im Falle eines auf „Big Data" aufsetzenden Geschäftsmodells mit zu

Tab. 4.3 Gesellschaftliche Stakeholder der digitalen Unternehmensverantwortung. (Eigene Darstellung)

CDR Verantwortungs-Cluster	Stakeholder (beispielhaft)
Digitale Mündigkeit	Digitale Gesellschaft e. V. Digitalcourage e. V. Bundesverband deutscher Stiftungen D21-Initiative Initiative „Deutschland Sicher im Netz" Nationales E-Government Kompetenzzentrum e. V.
Digitale Vielfalt	Sozial- und Wohlfahrtsverbände, wie Caritas, Paritätischer oder Arbeiterwohlfahrt (AWO) „Aktion Mensch" Frauenrechtsorganisationen, z. B. Women in Digital Behindertenverbände Gesellschaft für internationale Zusammenarbeit (GIZ) International Telecommunication Union (ITU, Teil der United Nations)

(Fortsetzung)

Tab. 4.3 (Fortsetzung)

CDR Verantwortungs-Cluster	Stakeholder (beispielhaft)
Neu belebte Ehrbarkeit	Gewerkschaften, wie z. B. Ver.di Deutscher Gewerkschafsbund Bund der Steuerzahler
„Open up & Share"	Open Knowledge Foundation Open-Source-Initiative D64 Zentrum für digitalen Fortschritt Wikimedia Verbraucherzentrale Bundesverband (vzbv) Deutscher Konsumentenbund Sozialorganisationen, z. B. Malteser Runder Tisch Reparatur Repair-Café-/Maker-Space-/FabLab-/Do-it-yourself-Bewegung
Zähmung der KI	Algorithmwatch netzpolitik.org Deutsches Forschungszentrum für „Künstliche Intelligenz" Uni Osnabrück Cognitive Science Technische Universität München Forschungsinstitut für Ethik in der „Künstlichen Intelligenz" („Facebook Lehrstuhl") Stiftung Neue Verantwortung „Cyber Valley" (Forschungsgruppen Max-Planck-Institute) Bertelsmann Algorithmenethik D21-Initiative
Digitale Nachhaltigkeit	Bund für Umwelt und Naturschutz Deutschland (BUND) Brot für die Welt Chaos Computer Club (CCC) Deutscher Naturschutz Ring (DNR) Forum InformatikerInnen für Frieden und gesellschaftliche Verantwortung (FIfF) Germanwatch Institut für ökologische Wirtschaftsforschung Konzeptwerk Neue Ökonomie Open Knowledge Foundation Deutschland (OKF) Luki e. V.
Transformation der Arbeitsplätze	Gewerkschaften, z. B. IG Metall Hans-Böckler-Stiftung Initiative „Liefern am Limit" CSR Europe Bertelsmann Stiftung „Zukunft der Arbeit" „New Work"-Bewegung

(Fortsetzung)

Tab. 4.3   (Fortsetzung)

CDR Verantwortungs-Cluster	Stakeholder (beispielhaft)
Persönlichkeitsschutz im Netz	Digitalcourage e. V. Verein Zivilcourage Arbeitskreis Vorratsdatenspeicherung Chaos Computer Club European Digital Rights (Edri) AlgorithmWatch Stiftung Neue Verantwortung Deutscher Ethikrat Irights lab netzpolitik.org
Datenermächtigung	Stiftung Datenschutz Digitale Gesellschaft e. V. netzpolitik.org Datenschützer Verbraucherschutzorganisationen Verein Selbstregulierung Informationswirtschaft e. V. (SRIW)
Design für mehr Mensch-lichkeit	Forum für Streitkultur Projektbüro SCHAU HIN! Medienverbände Seitenstark e. V. Bundeszentrale für politische Bildung Forum Bildung Digitalisierung e. V. Amadeu Antonio Stiftung KMK Kultusministerkonferenz Gewerkschaft Erziehung und Wissenschaft Open Knowledge Foundation Code for Germany „FragDenStaat" Telefonica-Stiftung Ethical Tech and Humane Design Community Deutschland
„Grüne Nischen" und Social Impact	Social Impact gGmbH Hertie-Stiftung Social Entrepreneurship Netzwerk Deutschland e. V. (SEND) social-startups.de Sozialhelden e. V. betterplacelab/Gut.org „Aktion Mensch" Caritas Greenpeace Germanwatch Climate-KIC Borderstep Institut für Innovation und Nachhaltigkeit

(Fortsetzung)

Tab. 4.3 (Fortsetzung)

CDR Verantwortungs-Cluster	Stakeholder (beispielhaft)
Technologie für SDG	UN Global Compact Netzwerk Deutschland Forum Umwelt und Entwicklung Germanwatch World Wildlife Fund WWF 2030 Watch nachhaltig.digital Kompetenzplattform für Nachhaltigkeit und Digitalisierung im Mittelstand Charta der digitalen Vernetzung e. V. Bertelsmann Stiftung Global e-Sustainability Initiative Bundesverband der Deutschen Industrie Econsense CSR Germany
Ethisches Marketing	The Ethical Move Greenpeace Germanwatch B.U.N.D. e. V. Deutsche Bundesstiftung Umwelt (DBU) Bundesverband Digitale Wirtschaft (BVDW) e. V.
„Zero Waste"	Ellen McArthur Foundation Wuppertal Institut für Klima, Umwelt, Energie Organisation für wirtschaftliche Zusammenarbeit und Entwicklung (OECD) Circular Economy Initiative Deutschland Runder Tisch Reparatur Repair-Café-/Maker-Space-/FabLab-/Do-it-yourself-Bewegung
Ökologischer Fußabdruck der Bits & Bytes	International Telecommunication Union (ITU) Borderstep Institut Germanwatch/Make IT Fair Fridays-For-Future-Initiative(n) UnternehmensGrün e. V. BDI Initiative - Wirtschaft für Klimaschutz 2° Initiative – Deutsche Unternehmer für Klimaschutz Corporate Leaders Group on Climate Change Climate Savers/World Wildlife Fund (WWF) WEED - Weltwirtschaft, Ökologie und Entwicklung e. V. Electronics Watch

betrachten. Wenn es um das „Internet der Dinge" geht, werden diese noch um die Entwickler, Produzenten, Betreiber und Entsorger der Hardware-Komponente ergänzt. Bei einem auf Machine Learning bzw. KI basierenden Geschäftsmodell kommen weitere Stakeholder rund um die Entwicklung, den Betrieb und die Kontrolle des Algorithmus hinzu. (Für einen neuen Ansatz zur Betrachtung von Nachhaltigkeits-Stakeholdern im Digitalzeitalter vgl. Lock und Seele 2017).

4.3 Mit „digitalen" Selbstverpflichtungen erste Schritte gehen

Es bestehen heute bereits eine Reihe von unternehmensübergreifenden Selbstverpflichtungen, um den Herausforderungen der Digitalisierung zu begegnen.

Selbstverpflichtungen sind ein „von wirtschaftlichen Akteuren angestrebtes freiwilliges Instrument, um in Eigenverantwortung bestimmte umwelt- und sozialpolitische Ziele mit einer Verhandlungslösung (auf Basis von Verträgen bzw. Abkommen oder von rechtlich unverbindlichen Absprachen) statt ordnungsrechtlichen Lösungen anzustreben." (Suchanek et al. 2018). Es sind Maßnahmen im Rahmen der CR von Unternehmen als Antwort auf gesellschaftliche und politische Anforderungen. Sie bestehen seit Jahrzehnten in vielfältiger Form in der deutschen Wirtschaft (vgl. Deutscher Bundestag 2016).

Branchenweite Selbstverpflichtungen sind für eine wirksame Veränderung von Unternehmenshandeln bedeutsam, da sie durch Kooperation das Know-How in einer Branche ausbauen und einen einfachen Zugang zu Unternehmensverantwortung ermöglichen können. Aus politischer Sicht sind sie wichtig, können aber als „Soft Laws" nur eine Ergänzung zu notwendiger Regulierung darstellen. Für Pionierunternehmen und Vorreiter sind sie oft unattraktiv, da über eine Branchenlösung keine Differenzierung und damit Wettbewerbsvorteil durch CR aufgebaut werden kann.

Auch bei den vielfältigen Siegeln und „Labeln" von Produkten, Dienstleistungen und Internetangeboten für Verbraucher zu Umwelt, Tierschutz, Gesundheit, Fairness in der Produktion, z. B. „Fairtrade", „Initiative Tierwohl", „Blauer Engel" oder „MSC Marine Stewardship Council" handelt es sich um Selbstverpflichtungen zur Einhaltung von Umwelt- und/oder Sozialstandards (vgl. über 1000 Siegel bei Verbraucher Initiative e. V. 2019).

Wie „wertvoll" eine Selbstverpflichtung für Gesellschaft und Nachhaltigkeit ist, kommt auf eine Reihe von Kriterien an. Zum Beispiel: Wie hoch ist der Anspruch der Kriterien im Vergleich zum gesetzlich Verlangten und wie ihre soziale und/oder ökologische Wirkung? Wie unabhängig sind Kriterienentwickler, Unternehmen und Prüfer? Wie umfassend ist die Kontrolle der Einhaltung der Kriterien und gibt es Sanktionen? (vgl. Verbraucher Initiative e. V. 2019) Nicht ohne Grund werden viele Aktivitäten von zivilgesellschaftlichen Organisationen kritisch als „Window Dressing", oder „Whitewashing" betrachtet. Das gilt auch für die vielfältigen Selbstverpflichtungen zu KI oder digitalen etc., die aktuell entstehen (vgl. AlgorithmWatch 2019a; Köver 2019).

Einige der derzeitigen Initiativen sind dargestellt. Darüber hinaus gibt es zahlreiche Selbstverpflichtungen von einzelnen Unternehmen. Sie werden als erste Schritte zu mehr Verantwortung und Transparenz wahrgenommen. Um eine gesellschaftliche Wirkung zu zeigen, müssten sie in größerem Maßstab klarer auf eine gesellschaftliche Herausforderung fokussiert, Kräfte branchenintern oder -übergreifend gebündelt und Mechanismen eingeführt werden, die Stakeholder- und Verbrauchervertrauen zulassen.

Manche haben sich auf den Weg der Entwicklung umfassender Rahmenwerke gemacht, die Grundlage für Zertifizierungen der Zukunft sein können. Aufgrund der Entwicklung kann es sich nur um eine Momentaufnahme handeln.

4.3.1   Branchenübergreifende Initiativen

„Charta der digitalen Vernetzung" Bei der „Charta der digitalen Vernetzung" handelt sich um eine deutsche Unternehmensinitiative. Sie wurde 2014 im Rahmen des nationalen IT-Gipfels gegründet.

Sie umfasst zehn Grundsätze zu verschiedenen Aspekten der digitalen Vernetzung und den gesellschaftlichen und wirtschaftlichen Potenzialen. Sie beziehen sich auf Standortfaktor, Wohlstand, Dialog, Verantwortung, Daten, Teilhabe, Interoperabilität, Rahmenbedingungen, Kompetenz und Freiheit (vgl. Charta der digitalen Vernetzung 2018).

Ein Beitritt zur Initiative – inzwischen als Verein Charta digitale Vernetzung e. V. - steht allen Unternehmen aller Größe, Verbänden, Wissenschaftlern und auch Privatpersonen offen. Mit Beitritt bekennen sich Unternehmen zu den Grundsätzen und werden auf der Website genannt.

Zugang unter https://charta-digitale-vernetzung.de/.

Corporate Digital Responsibility-Initiative Die „Corporate Digital Responsibility-Initiative" wurde 2018 vom Bundesministerium für Justiz und Verbraucherschutz unter Katharina Barley gegründet.

Die Initiative hat einige grundlegende Anforderungen an CDR aus politischer Perspektive aufgestellt (vgl. dazu Abschn. 1.5.1). Für die Teilnehmer der Initiative geht es hier aber um die Schaffung eines gemeinsamen Verständnisses, Erfahrungsaustausch aus der Praxis, Sichtbarkeit des Themas und Netzwerkbildung. Zu den die Initiative mittragenden Unternehmen gehören neben ITK- und IT-Unternehmen auch der Handelskonzern Otto Group, der Haushaltsgerätehersteller Miele und das Medienhaus ZEIT (vgl. Bundesministerium für Justiz und Verbraucherschutz 2019).

Der Teilnehmerkreis soll ausgeweitet werden. Zugang unter https://www.bmjv.de/SharedDocs/Abteilungen/DE/AbtV/CDR-Initiative.html.

CDR-Initiative von „CSR Europe" Auf der europäischen Ebene ist das „European Business Network for Corporate Social Responsibility", einem Verband 30 großer europäischer Unternehmen sowie 41 nationaler CSR-Organisationen aktiv (vgl. European Business Network for Corporate Social Responsibility 2019). Dort wurde 2018 gemeinsam mit der Bertelsmann Stiftung eine Arbeitsgruppe zu CDR gegründet, der eine Reihe von Mitgliedsunternehmen beigetreten sind.

Inhaltlicher Fokus ist Erfahrungsaustausch von Praktikern zu „Digitale Transfomation: Work-Life-Balance und Gesundheit", „Daten: Stärkung des Mitarbeiteraustauschs und öffentliche Güter", „Automation und KI: Menschen im Mittelpunkt" (vgl. European Business Network for Corporate Social Responsibility 2019). Eine Teilnahme an der Arbeitsgruppe ist nur CSR Europe Mitgliedsunternehmen möglich. Weitere Informationen unter https://www.csreurope.org/future-work-investigating-corporate-digital-responsibility.

4.3.2 Funktionsbezogene Selbstverpflichtungen im Personalbereich

HR-Tech-Richtlinien für KI-Einsatz im Personalmanagement
Vom „Ethikbeirat HR-Tech", einer „mit Vertretern aus Wissenschaft, Gewerkschaften, Startups und Unternehmen" besetzten Initiative, wurden 2019 praxisorientierte Richtlinien für den verantwortungsvollen Einsatz von KI im Personalmanagement veröffentlicht und zur Kommentierung gestellt. Der Beirat ist eine Initiative des Bundesverbands der Personalmanager (BPM) sowie einer Unternehmensberatung.

Ziel des Ethikbeirat HR-Tech ist es, Personalmanagern Orientierung zu verantwortungsvollem Einsatz von Digitaltechnologie zu geben und einen Diskurs von Praktikern zu ermöglichen. Die einzelnen Aspekte der Richtlinie beziehen sich auf folgende Themen: Transparenter Zielsetzungsprozess, fundierte Lösungen, Menschen entscheiden, notwendiger Sachverstand, Haftung und Verantwortung, Zweckbindung und Datenminimierung, Informationspflicht, Achten der Subjektqualität, Datenqualität und Diskriminierung sowie stetige Überprüfung.

Eine Reihe von Unternehmen sind Teil des Ethikbeirats. Weitere Mitglieder werden nicht zugelassen. Ein Feedback zu den Richtlinien ist gewünscht. Zugang unter https://www.ethikbeirat-hrtech.de/.

Code of Conduct: Grundsätze für bezahltes Crowdsourcing bzw. Crowdworking Es handelt sich um ein allgemein gültiges Regelwerk zu verantwortungsvollem Crowdsourcing, das freiwillig von Crowdworking-Anbietern übernommen werden kann. Ziel ist es, Crowdworking als moderne Arbeitsform zu etablieren und zu einem Win-Win für die Beteiligten zu machen.

Die Inhalte des Code of Conduct in der Zusammenarbeit mit den Crowdworkern sind: Gesetzeskonforme Aufgaben, Aufklärung über Gesetzeslage, faire Bezahlung, motivierende gute Arbeit, respektvoller Umgang, klare Aufgabendefinition und angemessene Zeitplanung, Freiheit und Flexibilität, konstruktives Feedback und offene Kommunikation, geregelter Abnahmeprozess und Nacharbeit, Datenschutz und Privatsphäre (vgl. Testbirds 2019a).

Das Regelwerk wurde auf Initiative des Crowdtesting-Anbieters Testbirds entwickelt und von acht weiteren Unternehmen sowie dem Verband unterzeichnet (vgl. Abschn. 5.2.4). Weiteren Unternehmen steht die Unterzeichnung offen. Zugang unter http://www.crowdsourcing-code.de/.

4.3.3 Technologiebezogene Richtlinien zu Künstlicher Intelligenz

Seit 2018 schießen die Richtlinien zu KI „aus dem Boden". Mit Stand Juli 2019 hatte die Datenbank der NGO AlgorithmWatch bereits über 80 Einträge teilweise sehr umfänglicher Werke. Die NGO spricht von der „Demonstration von Tugendhaftigkeit" (vgl. AlgorithmWatch 2019a). Die meisten davon sind eher Empfehlungen (wie z. B. durch Bitkom) oder Erklärungen. Auf Unternehmensebene entstehen selbst entwickelte Verpflichtungen für eigenes Handeln sowie das von Geschäftspartnern, z. B. durch Google, Handelsblatt, SAP, IBM, Mozilla, Microsoft, Deutsche Telekom. Weiterhin finden sich Forderungen von Wissenschaft, Politik oder IT-Verbänden. Auf diese soll nicht weiter eingegangen werden. Beispielhaft seien einige übergreifende genannt, die in Deutschland entwickelt wurden oder für deutsche Unternehmen aufgrund ihres internationalen Angangs relevant sein können.

„KI Gütesiegel" Der KI Bundesverband hat sich zum Ziel gesetzt, einen menschenzentrierten und menschendienlichen Einsatz von KI zu fördern. Dazu wurde im April 2019 das sog. „KI Gütesiegel – AI made in Germany" publiziert. Gütekriterien für Unternehmen, die das „KI Gütesiegel" per Download erhalten können, sind Ethik, Unvoreingenommenheit, Transparenz sowie Sicherheit und Datenschutz. Die Einhaltung wird formlos dokumentiert. Es besteht kein unabhängiger Kontrollmechanismus oder Mechanismen einer Aberkennung.

Das Gütesiegel steht allen Mitgliedern des KI Bundesverbands offen. Eine Mitgliedschaft steht allen Unternehmen offen. Zugang unter https://ki-verband.de/ki-guetesiegel-ai-made-in-germany.

Algo.Rules für Entwickler von algorithmischen Systemen Bei den „Algo.Rules" handelt es sich um einen Katalog an formalen Kriterien, die beachtet werden müssen, um eine gesellschaftlich förderliche Gestaltung und Überprüfung von algorithmischen Systemen zu ermöglichen und zu erleichtern. Sie wurden 2019 vom Think Tank iRights. Lab und der Bertelsmann Stiftung in einem offenen, partizipativen und interdisziplinären Prozess entwickelt.

Folgende Kriterien sollen bereits bei der Entwicklung der Systeme mitgedacht und „by design" implementiert werden (in Schlagworten): Funktionsweise und Auswirkungen, Verantwortung durch natürliche oder juristische Person, Test der Sicherheit vor dem Einsatz und fortlaufend, Kennzeichnung des Einsatzes, nachvollziehbare Entscheidungsfindung, Gestaltbarkeit des algorithmischen Systems, Überprüfung der Auswirkungen, Personen beeinträchtigende Entscheidungen müssen erklärt und gemeldet werden können (vgl. iRights.Lab und Bertelsmann Stiftung 2019).

Die „Algo.Rules" richten sie sich „an alle Personen, die einen wesentlichen Einfluss auf die Entstehung, die Entwicklung und Programmierung, den Einsatz und die Auswirkungen algorithmischer Systeme haben" (ibid. 2019). Diese sind eingeladen, die Algo.Rules zu testen oder weiterzuentwickeln. Aufgrund ihrer konkreten Ausprägung könnten sie sich zu einem Berufskodex entwickeln. Zugang unter https://algorules.org/.

Prinzipien für rechenschaftspflichtige Algorithmen Die „Principles for Accountable Algorithms and a Social Impact Statement for Algorithms" (deutsch: Prinzipien für rechenschaftspflichtige Algorithmen und die Erklärung zu gesellschaftlichen Auswirkungen der Algorithmen) wurden von Computerwissenschaftlern gemeinsam mit und für Produktmanager, IT-Entwickler und -Designer in Unternehmen entwickelt. Die Community kommt jährlich in einer Konferenz für „Fairness, Accountability, and Transparency in Machine Learning" (FAT/ML) zusammen.

Als Prämisse gilt der Mensch als Verursacher der Eigenschaften von Algorithmen. Das gilt sicherlich auch für andere Richtlinien, ist aber hier explizit und besonders prägnant formuliert.

> „Algorithmen und die Daten, die sie steuern, werden von Menschen entworfen und erstellt. Es gibt immer einen Menschen, der letztendlich für Entscheidungen verantwortlich ist, die von einem Algorithmus getroffen oder beeinflusst wurde. „Der Algorithmus ist schuld" ist keine akzeptable Entschuldigung, wenn algorithmische Systeme Fehler machen oder unerwünschte Konsequenzen auch aus maschinellen Lernprozessen entstehen." (Fairness, Accountability, and Transparency in Machine Learning 2019, eigene Übersetzung)

Folgende Prinzipien für rechenschaftspflichtige Algorithmen wurden entwickelt:

- Verantwortung: Stellen Sie nach außen sichtbare Wege für die Wiedergutmachung für nachteilige individuelle oder gesellschaftliche Auswirkungen eines algorithmischen Entscheidungssystems bereit und bestimmen Sie eine interne Rolle für die Person, die für die rechtzeitige Behebung solcher Probleme verantwortlich ist.
- Erklärbarkeit: Stellen Sie sicher, dass algorithmische Entscheidungen sowie alle Daten, die diese Entscheidungen beeinflussen, Endnutzern und anderen Interessengruppen in nichttechnischer Hinsicht erklärt werden können.
- Genauigkeit: Identifizieren, protokollieren und artikulieren Sie Fehlerquellen und Unsicherheiten im gesamten Algorithmus und in seinen Datenquellen, sodass erwartete und ungünstigste Auswirkungen verstanden werden und Abhilfemaßnahmen ermöglicht werden können.
- Prüfbarkeit: Ermöglichen Sie interessierten Dritten, das Verhalten des Algorithmus zu untersuchen, zu verstehen und zu überprüfen, indem Sie Informationen bereitstellen, die Überwachung, Überprüfung oder Kritik ermöglichen, einschließlich

der Bereitstellung detaillierter Dokumentation, technisch geeigneter Programmierschnittstellen und zulässiger Nutzungsbedingungen.

- Fairness: Stellen Sie sicher, dass algorithmische Entscheidungen beim Vergleich ver-
schiedener demografischer Gruppen nicht zu diskriminierenden oder ungerechten
Auswirkungen (z. B. Rasse, Geschlecht usw.) führen.

(vgl. Fairness, Accountability, and Transparency in Machine Learning 2019, eigene
Übersetzung).

Es wird Unternehmen, die KI oder autonome Systeme entwickeln oder einsetzen,
empfohlen, eine Erklärung zur gesellschaftlichen Wirkung von Algorithmen zu veröffentlichen. Auf Grundlage der Prinzipien sind unterstützende Fragen zur Durchführung
relevanter Maßnahmen dargestellt. Sie bilden die inhaltliche Basis für die Erklärung.

Zugang über https://www.fatml.org/resources/principles-for-accountable-algorithms.

„Ethically Aligned Design" autonomer und intelligenter Systeme In einem drei-
jährigen Entwicklungsprozess wurde 2019 die erste Fassung für ein „Ethisch angepasstes
Design autonomer und intelligenter Systeme" vom Institute of Electrical and Electronics
Engineers (IEEE) veröffentlicht (vgl. AlgorithmWatch 2019b; IEEE Standards Association 2019a). Es handelt sich um den internationalen Berufsverband von Ingenieuren aus
Elektro- und Informationstechnik mit über 400.000 Mitgliedern. Das viele hundert Sei-
ten umfassende Werk wurde in einem „Community"-basierte Ansatz mit Beiträgen von
Wirtschaft, Unternehmen und politischen Rahmengebern entwickelt. Es ist bislang das
umfassendste Werk seiner Art.

Das Dokument soll „Regierungen, Unternehmen und der breiten Öffentlichkeit
eine Orientierungshilfe bieten für die Weiterentwicklung der Technologie zum Wohle
der Menschheit" (vgl. IEEE Standards Association 2019a). Dabei geht der „ethische"
Anspruch über Moral hinaus und bezieht soziale Fairness, ökologische Nachhaltigkeit
und dem Wunsch nach Selbstbestimmung mit ein (vgl. AlgorithmWatch 2019b).

Die in der Arbeit zugrunde gelegten allgemeinen Prinzipien von „Ethically Aligned Design autonomer und intelligenter Systeme" sind: Menschenrechte respektieren,
fördern und schützen, gesteigertes menschliches Wohlbefinden als primäres Erfolgs-
kriterium für die Entwicklung, Handlungsfähigkeit von Personen durch Zugriff auf Daten
erhalten und Identität kontrollieren können, Nachweis der Wirksamkeit und Eignung für
die Zwecke, Erkennbarkeit der Grundlage der Entscheidung, eindeutige Begründung für
alle getroffenen Entscheidungen, potenziellen Missbräuchen und Risiken bereits in der
Entwicklung vorbeugen, Kenntnisse und Fähigkeiten, die für einen sicheren und effekti-
ven Einsatz erforderlich sind (vgl. IEEE Standards Association 2019a).

Ziel ist dabei die Standardisierung von automatisierten Entscheidungsprozessen und
das Angebot einer Reihe von Zertifizierungen für Prozesse in Bezug auf autonome und

intelligente Systeme (vgl. IEEE Standards Association 2019b). Der IEEE-Initiative ist offen für Registrierungen von Interessierten, um insbesondere den nächsten Schritt „von Prinzipien zur Praxis" zu gehen. Zugang unter https://standards.ieee.org/industry-connections/ec/autonomous-systems-how-to-join.html.

Auch von anderer Seite gibt es Entwicklungen um jenseits von Datenschutz und – sicherheit die Wirkung von Big Data und KI auf Menschenrechte sowie weitere soziale und ethische Auswirkungen in Prüfroutinen einzuschätzen (vgl. Mantelero 2018).

4.3.4   Initiativen zum digitalen Verbraucherschutz

„Trustable Technology Mark" Die „Vertrauensmarke für das Internet der Dinge" ist eine Initiative von ThingsCon mit Unterstützung der Mozilla Stiftung. Sie unterstützt Unternehmen dabei, vertrauensvolle vernetzte Geräte („Smart Devices") anzubieten. Verbraucher sollen zukünftig mit der Kennzeichnung Informationen über „versteckte Qualitäten" der Geräte erhalten und fundierte Entscheidungen treffen können.

Die „Trustable Technology Mark" bewertet die Vertrauenswürdigkeit eines verbundenen Geräts anhand der vom Gerätehersteller bereitgestellten und von Experten des ThingsCon-Netzwerks überprüften Informationen. Zukünftig sollen „smarte" Geräte zertifiziert werden. Folgende Kriterien werden angelegt: Datenschutz- und Datenpraktiken (Wurden die Daten auf dem neuesten Stand der Technik und unter Beachtung der Benutzerrechte erstellt?), Transparenz (Ist den Benutzern klar, was das Gerät tut und wie Daten verwendet werden können?), Sicherheit (Wird es nach den neuesten Sicherheitsmethoden und -maßnahmen entworfen und gebaut?), Stabilität (Wie robust ist das Gerät und wie lange kann ein Verbraucher vernünftigerweise damit rechnen?) und Offenheit (Wie offen sind sowohl das Gerät als auch die Prozesse des Herstellers? Werden offene Daten verwendet oder generiert?) (Vgl. ThingsCon 2019).

Die Trustable Tech Mark befindet sich aktuell in der Testphase und es steht Unternehmen frei, sich für eine Prüfung mit ihren Produkten zu bewerben. Zugang unter https://trustabletech.org/.

Selbstverpflichtung zur Stärkung des Verbraucherschutzes auf digitalen Vergleichs- und Verbraucherplattformen Die „bindende Selbstverpflichtung" zum digitalen Verbraucherschutz auf Plattformen wurden 2019 von dem Vergleichsportalbetreiber Verivox initiiert. Sie gebietet vor allem Informationspflichten und soll damit die Verbraucher in die Lage versetzen, digitale Dienste selbstbestimmt und informiert zu nutzen.

Die Richtlinien nennen folgende Transparenzregeln: Darstellung von Drittanbietern und Vertragspartnern des Geschäftsmodells, der Algorithmen und der Preise sowie die Darstellung von „bezahlten Suchergebnissen" und ihre Abgrenzung gegenüber den übrigen „organischen Suchergebnissen". Darüber hinaus die Authentizität und Objektivität von Verbraucherbewertungen, Beschwerdemanagement, Konfliktlösungsmechanismen und Kontaktinformationen sowie Benutzerfreundlichkeit und Barrierefreiheit (vgl. Verivox 2019).

Die Selbstverpflichtung steht anderen Portalbetreibern offen, die dann auf der Website genannt werden. Zugang zu https://www.verivox.de/company/selbstverpflichtung/.

Siegel zu Umweltschutz und Arbeitsbedingungen bei Hardware Der Vollständigkeit halber seien die bestehenden Siegel zu Umweltschutz und Arbeitsbedingungen bei Hardware erwähnt, die sich jedoch nicht auf „Circular Economy" oder eine Produktlebenszyklus-Perspektive der Digitaltechnologie beziehen (vgl. Abschn. 3.2.14 und 3.2.15). Für Umweltkriterien bei Hardware gibt es in Deutschland den vom Umweltbundesamt vergebenen „Blauen Engel" als Gütesiegel, den US-amerikanischen weltweit in Gebrauch befindlichen „energy star" oder das „TCO certified"-Label das ebenfalls weltweit ökologische und soziale Standards bei der Hardwareproduktion setzt (vgl. Verbraucher Initiative e. V. 2019).

Die weltweite Selbstverpflichtung der Elektronikindustrie der „Responsible Business Alliance Code of Conduct" hat Arbeits- und Sozialstandards der Branche im Fokus. Der Kodex orientiert sich an den UNO-Leitprinzipien für Wirtschaft und Menschenrechte, der ILO-Erklärung über grundlegende Prinzipien und Rechte beider Arbeit und der UN Allgemeine Erklärung der Menschenrechte der Vereinten Nationen (vgl. Responsible Business Alliance 2018).

4.4 Wie digitale Innovation mit Verantwortung gefördert werden kann

Die Innovationsgeschwindigkeit hat sich mit der Digitalisierung geändert. Die Top-Unternehmen von heute sind nicht selten digitale Startups von gestern (vgl. Abschn. 1.2.1). Unternehmen, die sich digital wandeln, können sich für die Erneuerung internen Innovationsbereichen oder externer Innovation durch Startups bedienen. Letzteres wird nicht selten in unternehmensinternen „Innovation Hubs" und Startup-Programmen gebündelt. Auch in Innovationsprogrammen innerhalb des Unternehmens werden die Methoden der Startups genutzt.

Aber selbst verantwortungsbewusste und nachhaltigkeitsorientierte Unternehmen setzen bisher kaum auf Nachhaltigkeit und Verantwortung „by design", d. h. einer Berücksichtigung bei IT-, Tech-, Digitalinnovation und –Produktentwicklung von Anfang an. Dabei stehen entsprechende Innovations- und Startup-Methoden zur Verfügung. Abschließend werden nachhaltige Geschäftsmodelle vorgestellt, die angestrebt werden können und die Rolle der Digitalisierung und der CDR wird diskutiert.

4.4.1 Innovationsmethoden für Nachhaltigkeit und digitale Verantwortung

Inzwischen stehen eine Reihe von Instrumenten und Methoden zur Verfügung, um Nachhaltigkeit und Verantwortung in der Produktinnovation oder bei Startups zu berücksichtigen. Einige davon werden im Folgenden vorgestellt.

„Business Canvas" bei nachhaltigen Produkten und Startups einsetzen Die Innovation des Geschäftsmodells treibt Unternehmen ebenso an, wie die technologische Innovation. Daher ist der „Business Model Canvas" von Osterwalder und Piqueur aus den Unternehmen gerade auch bei der Suche nach den digitalen Geschäftschancen nicht mehr wegzudenken (vgl. Osterwalder und Pigneur 2010).

Wie nachhaltige Produktinnovationen und Startups von Anfang an aufgebaut werden können, dabei hilft der „Sustainable Business Canvas". Er basiert auf dem Anspruch durch Aufnehmen gesellschaftlicher Anforderungen Werte für Stakeholder einerseits und für das Unternehmen andererseits zu schaffen (vgl. Abschn. 1.5.7, vgl. Fichter und Tiemann 2015). Im Vergleich mit dem „klassischen" Business Model Canvas wurden vor allem folgende Anpassungen vorgenommen:

- Unter Vision und Mission wird der Leitgedanke „Nachhaltigkeit" aufgegriffen
- Zwei neue Geschäftsmodellelemente („Wettbewerber" und „Stakeholder") werden eingefügt, um den externen Einflüssen weiter Rechnung zu tragen
- Für jedes Geschäftsmodellelement wurden nachhaltigkeitsspezifische Fragen entwickelt, die sich auch auf die Besonderheiten von Nachhaltigkeitsinnovation beziehen.

(Vgl. Tiemann und Fichter 2016, S. 6–7)

Arbeitshilfen zur Erstellung des Sustainable Business Canvas stehen ebenso wie ein Leitfaden für Dozenten zur Verfügung (vgl. Abb. 4.4, Tiemann und Fichter 2016).

Der Leitfaden wurde für Dozenten entwickelt, um Workshops mit Startups oder Gründungsinteressierten durchzuführen. Damit findet eine Sensibilisierung für nachhaltigkeitsbezogene Fragestellungen statt, die Startups werden in die Lage versetzt, ihr Geschäftsmodell unter Berücksichtigung von Nachhaltigkeit zu justieren oder eine angepasste Geschäftsidee zu entwickeln.

Den Anspruch der „starken Nachhaltigkeit" verfolgt ein weiterer „Business Model Canvas" für Nachhaltigkeit, der „Flourishing Business Canvas", auch „Strongly Sustainable Business Canvas" genannt. Auch hier stehen Werkzeuge und Arbeitsunterlagen zur Verfügung (vgl. Flourishing Enterprise Innovation 2019). Er verfolgt weniger die Veränderung von einer reinen Profitorientierung hin zu „mehr Nachhaltigkeit" in Unternehmen, sondern fragt, welchen Anforderungen aus unterschiedlichen Disziplinen zukunftsfähige Geschäftsmodelle genügen müssten. Als Ziel für Unternehmen wird eine „Tri-Profit-Metrik" vorgeschlagen (nicht zu verwechseln mit „Triple Bottom Line").

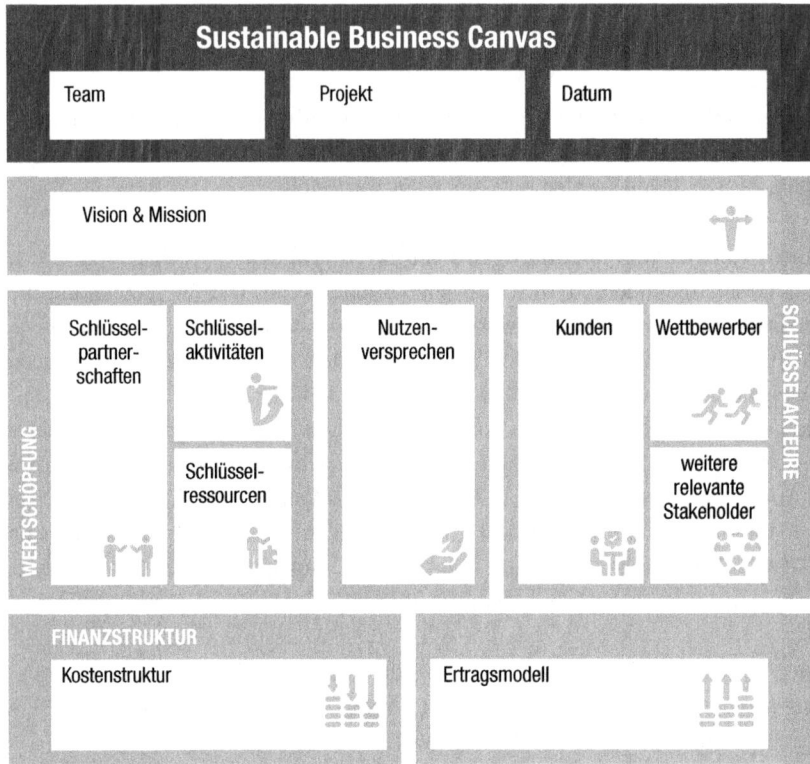

Abb. 4.4 Sustainable Business Canvas. Arbeitshilfe. (Aus GründerinitiativeStartUp4Climate (2015), mit freundlicher Genehmigung von @GründerinitiativeStartUp4Climate 2019. Creative Commons CC BY-SA)

Sie ergibt sich als Summe der Kosten (Schäden) und Einnahmen (Vorteile) der Aktivitäten eines Unternehmens in den jeweiligen ökologischen, sozialen und wirtschaftlichen Kontexten. Ein „trirentables" Unternehmen schafft ausreichende finanzielle Belohnungen, soziale Vorteile und Umweltwiederherstellung, beurteilt von befugten Stakeholdern (vgl. Upward und Jones 2015, S. 11).

Im „Wertelabor" digitale Produkte und Dienste wertesensibel gestalten Oft zeigen sich die Verletzung von Persönlichkeitsrechten oder Interessenskonflikte erst nach Einführung einer App oder digitalen Anwendung (vgl. das Beispiel der „Schutzranzen-App", Dörr und Paderta 2019). Das heißt, einer Phase im Produktlebenszyklus, in der wesentliche Entwicklungskosten bereits angefallen sind. Für Unternehmen und Investoren besteht das Risiko einer Fehlinvestition, wenn es keine öffentliche Akzeptanz und Nutzung der Anwendung gibt.

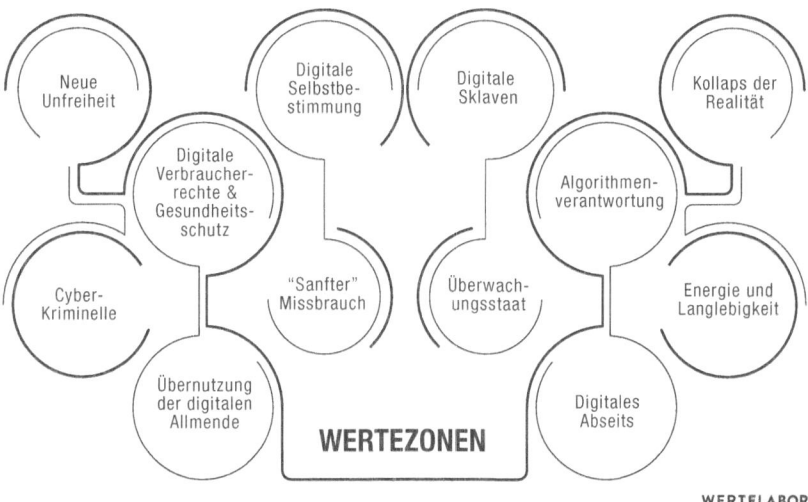

Abb. 4.5 „Wertezonen" für ein wertesensibles Design digitaler Produkte und Services. (Aus Wertelabor 2019; mit freundlicher Genehmigung von @ WerteLabor 2019. All Rights Reserved)

Ziel der Wertelabor-Workshops ist es, bei der Entwicklung von „besseren und ethisch verantwortbaren digitale Services" zu unterstützen und zur Innovation für eine nachhaltige Digitalisierung beizutragen. Mit der an Design Thinking angelehnten „Ethics Inside"-Methode geht es für digitale Design-Teams und Entscheider darum, ethische Ambivalenzen bereits im Prototypen zu erkennen und in der Entwicklung zu vermeiden. Gearbeitet wird mit 12 Wertezonen, die die ethischen Dimensionen der Digitalisierung beschreiben (vgl. Paderta und Dörr 2019, vgl. Abb. 4.5).

Design Thinking für Nachhaltigkeitsinnovation nutzen Design Thinking als kreative Innovationsmethode bekam in der Digitalisierung besonderen Aufwind, denn die Veränderung der technischen und unternehmerischen Mittel macht in neuer Weise das Denken „vom Nutzer bzw. Kunden her" nötig und fordert von Unternehmen komplexe Problemlösungen. Genau dazu eignet sich Design Thinking (vgl. d.school 2018, IDEO 2019). Wie Design Thinking eingesetzt werden kann, um Nachhaltigkeitsinnovationen zu fördern, zeigen die folgenden Beispiele.

Die Design-Thinking-Methode wurde von Projektpartnern rund um die Technische Universität Berlin weiterentwickelt, um Innovation und Nachhaltigkeit zu fördern. Nachhaltigkeitsaspekte sollen dazu in allen Phasen des Innovationsprozesses systematisch berücksichtigt werden.

- Design Challenge mit Nachhaltigkeitsfokus im Innovationsprozesses formulieren
- Teammitglieder benennen, denen Nachhaltigkeitsthemen besonders am Herzen liegen

- In der Nutzer- oder Kundenorientierung Wünsche zu bedürfnisgerechter Nachhaltigkeitsinnovation berücksichtigen
- Prototypen-Entwicklung und Test mit Nutzern bzw. Kunden bieten die Möglichkeit „falsche" Ressourceninvestition (z. B. Material, Geld, Zeit) zu vermeiden
- Umgebung und Arbeitsmaterialien nach ökologischen Kriterien auswählen

Sie wurde insbesondere für die Innovation durch die Mitarbeiter selbst entwickelt. Das Methodenset sowie die Materialien stehen als Arbeitshilfen zugänglich zur Verfügung (vgl. Schrader et al. 2019).

Der „Circular Design Guide" ist eine Arbeitshilfe, die Design Thinking für die „Circular Economy" weiterentwickelt und Praktikern zur Verfügung gestellt wird. Dabei wird Design als Schlüssel zur Transformation der bisher linearen Wertschöpfungsketten zu -kreisläufen wahrgenommen (vgl. Abschn. 3.2.14).

Der „Circular Design Guide" hat zum Ziel, das Denken in zirkulären Wertschöpfungen auszubilden und Innovation zur „Circular Economy" zu entwickeln. Es werden 24 Methoden entlang des Design-Thinking-Ablaufs und eine Ressourcendatenbank zur Verfügung gestellt. Beispiele daraus sind:

- „Materials Journey Mapping", die Wege der Materialien aufzeigen
- Regeneratives Denken lernen
- Arbeitshilfen zum Brainstorming um „Zirkuläre Chancen" zu finden

Sie können in Workshops eingesetzt werden, um sich mit Circular Economy zu befassen oder um konkrete Produkte zu verändern (vgl. Ellen McArthur Foundation 2019).

Design Thinking kann ebenfalls zur Entwicklung nachhaltiger Geschäftsmodelle erfolgreich eingesetzt werden. Dazu wird sie mit Value Mapping und den Stakeholder-Perspektiven verknüpft (vgl. Geissdörfer et al. 2016).

4.4.2   Startups – auch zukunftsorientiert?

„Motor" der digitalen Wirtschaft sind junge Unternehmen, die mit aktuellem digitalem Know-How und dem nötigen „Biss" Neues schaffen wollen. Die Fördermaßnahmen, das Risikokapital und die Anzahl der Startups hat daher in den letzten Jahren in Deutschland stark zugenommen. Die Investitionen stiegen in 2018 um gut 7 % auf rund 4,6 Mrd. EUR (vgl. Ernst und Young 2019). Der überwiegende Anteil der Startup-Gründungen ist IT-, High-Tech- oder Digitalthemen zuzuordnen (vgl. Strecker 2017). Das Investitionsvolumen bleibt jedoch deutlich gegenüber dem Großbritanniens – Nr. 1 in Europa – zurück und besteht nur aus Bruchteilen führender Staaten wie Israel oder den U.S.A. (vgl. Hebing et al. 2017).

„Startups" definieren sich folgendermaßen. Sie sind

- jünger als zehn Jahre,
- mit ihrer Technologie und/oder ihrem Geschäftsmodell (hoch)innovativ und
- haben ein signifikantes Mitarbeiter- und/oder Umsatzwachstum oder streben dies an

(vgl. Trautwein und Fichter 2018).

Obwohl sich einzelne Inkubatoren und Hubs sich auf grüne oder nachhaltige Startups spezialisieren (z. B. Startnext, Grünhof, Social Impact etc.), sich mehr Fördermaßnahmen für nachhaltige Startups entwickeln und mehr Kapital für Nachhaltigkeitsinvestitionen mobilisiert werden kann, ist die Anzahl immer noch sehr gering. Was gesellschaftlich wünschenswert und zukunftsorientiert ist, bringt offenbar noch lange keinen Erfolg bei der Kapitalakquise.

Leitfaden zur Nachhaltigkeitsbewertung Um bei der Finanzierungsanbahnung zwischen grünen Startups und Investoren zu unterstützen, wurde ein „Leitfaden zur Nachhaltigkeitsbewertung von Startups" entwickelt (vgl. Trautwein und Fichter 2018). Damit soll das Nachhaltigkeitspotenzial von Startups ermittelt werden. Er ist praktisch als Arbeitshilfe gestaltet.

Die Bewertungskategorien sind:

- Geschäftsmodell, dass mit der Kernidee der Nachhaltigkeit vereinbar ist, z. B. Verstöße gegen Menschenrechte
- Nachhaltigkeitserfahrung und -orientierung des Gründerteams
- Nachhaltigkeitszielsetzung und -management – auch Stakeholder-Management
- Lösungsbeitrag zu Nachhaltigkeitsherausforderungen, z. B. SDG, und Wirkungsmanagement

Nicht berücksichtigt wird die „Schadschöpfung" der Startups oder die „unerwünschten Nebenwirkungen" der eingesetzten Digitaltechnologie heute bzw. in Zukunft.

Mit „Ethical OS" Tech-Startups „zukunftsfest" machen Beim „ethischen Betriebssystem", dem „Ethical OS" – eine Entwicklung aus dem „Silicon Valley" – geht es darum, die Zukunft heutiger Technologie vorauszudenken. Dieses Toolkit soll dabei helfen zukünftige Risiken zu managen. Die Sensibilisierung vor allem von Startups und Investoren geht in drei Schritten vor: Sensibilisierung für die Risiken der Zukunft, die Risikofelder einer aktuellen Entwicklung anhand von Fragen identifizieren und eine „zukunftsfeste" Strategie entwickeln (vgl. Institute for the Future, Omidyar Network's Tech and Society Solutions Lab 2018).

Es wurde von einer Reihe von Unternehmen getestet und auch ein Akzelleratorprogramm im Silicon Valley nutzt es bereits (vgl. Pardes 2018).

4.4.3   Nachhaltige Geschäftsmodelle und die Digitalisierung

Als nachhaltiges Geschäftsmodell wird eines bezeichnet, dass „ein proaktives Multi-Stakeholder-Management und die Schaffung von monetären und nicht-monetären Werten für eine Reihe von Stakeholdern umfasst sowie eine langfristige Perspektive hat" (Geissdörfer et al., S. 509). Geschäftsmodell-Innovation bedeutet die „Transformation des ganzen Geschäftsmodells oder Teilen daraus in ein anderes Geschäftsmodell" (ibid. S. 509).

An dieser Stelle werden eine Reihe von Geschäftsmodellinnovationen für Nachhaltigkeit, die eine Inspiration für Startups, Innovatoren und Investoren sein können, vorgestellt und auf Digitalisierung bezogen. Sie zeigen eine große Diversität sowie unterschiedliche Wirkungsfelder und -ausprägungen (vgl. SustainAbility 2014, vgl. Tab. 4.4). Es zeichnen sich „Typen" und Muster ab, d. h. der Kern einer Lösung für ein ökologisches, gesellschaftlich-soziales und/oder wirtschaftliches Problem kann als Gestaltungsprinzip auf eine Vielzahl von Kontexten und Situationen angewendet werden (vgl. Lüdeke- Freund et al. 2018).

Für die Geschäftsmodelle hat Digitalisierung eine unterschiedliche Bedeutung. Viele davon können ohne digitale Vernetzung, Daten oder Plattformen auskommen, wie z. B. „Eins kaufen, eins geben". Andere wiederum sind ohne Digitalisierung undenkbar bzw. dadurch erst entstanden, wie z. B. „Freemium". Eine systematische Einschätzung zeigt, dass die Digitalisierung bei zwei Dritteln der Geschäftsmodelle eine Rolle spielt und damit Grundlage für Nachhaltigkeitsinnovation im digitalen Kontext sein kann (vgl. Tab. 4.4, rechte Spalte).

Nachhaltigkeitsbewertung um digitale Verantwortung zu erweitern   Die Ausrichtung eines (digitalen) Geschäftsmodells auf Nachhaltigkeit reicht nicht aus, um digital verantwortlich zu handeln. Ebenfalls zu berücksichtigen sind die „unerwünschten Nebenwirkungen der Digitalisierung" (vgl. Abschn. 2.2). Das soll beispielhaft erläutert werden.

„Product as a Service"- und „Sharing Economy"-Geschäftsmodelle haben positive Effekte auf eine effizientere Produkt- und Ressourcennutzen (und damit Umweltschonung) zum Ziel und ermöglichen neue soziale Interaktionen. Es bestehen jedoch sozio-gemeinschaftliche Nachhaltigkeitsrisiken, wenn es statt des guten Anspruchs zu „Zentralisieren statt Teilen" (vgl. Abschn. 2.2.4) kommt. Weiterhin bestehen sozio-individuelle Nachhaltigkeitsrisiken, die unter „Persönlichkeitsschutz im Netz" und „Datenermächtigung" dargestellt wurden (vgl. Abschn. 3.2.8 und 3.2.9).

Die ökologischen Nachhaltigkeitsrisiken des Geschäftsmodells „Closing the loop", das ökologisch positiv im Sinne einer Ressourcenschonung wirken soll, wurden unter „Circular Economy - nur ein magischer Trick?" beleuchtet.

Auch mit dem Geschäftsmodell „Physisch zu virtuell" werden positive Erwartungen einer Dematerialisierung und damit Schonung von Ressourcen verbunden. Dass diese Erwartungen sich aber wegen mehr Konsum (vgl. Abschn. 2.2.13) und mehr Treibhausgasen und Elektronikschrott durch die IT- und ITK-Infrastruktur (Abschn. 2.2.15) nicht erfüllen könnten, ist mit zu betrachten.

Tab. 4.4 Geschäftsmodell-Innovationen für Nachhaltigkeit und die Bedeutung von Digitalisierung. (Eigene Tabelle ergänzt nach SustainAbility 2014, eigene Übersetzung)

Wirkungsfeld	Geschäftsmodell	Beschreibung	Bedeutung der Digitalisierung
Umweltwirkung	Closed-Loop-Produktion	Das Material, aus dem ein Produkt erstellt wurde, wird kontinuierlich durch das Produktionssystem recycelt	xx
	Physisch zu Virtuell	Ersetzen der stationären Infrastruktur durch virtuelle (digitale) Services	xxx
	Produzieren-on-Demand	Produktion nur, wenn die Nachfrage quantifiziert und bestätigt wurde	xxx
	Rematerialisierung	Entwicklung innovativer Beschaffungsmethoden mit Materialien aus verwerteten Abfällen, wodurch völlig neue Produkte entstehen	o
Gesellschaft-liche Wirkung	Eins kaufen, eins geben	Verkauf einer bestimmten Ware bzw. Dienstleistung und Verwendung eines Teils des Gewinns, um eine ähnliche Ware bzw. Dienstleistung an Bedürftige zu spenden	o
	Kooperatives Eigentum	Unternehmen, die Eigentum der Mitglieder sind und von diesen verwaltet werden, berücksichtigen häufig umfassendere Anliegen der Interessengruppen, einschließlich der Angestellten, Kunden, Lieferanten, der lokalen Gemeinschaft oder der Umwelt	o
	Inklusive Beschaffung	Umgestaltung der Lieferkette, um ein Unternehmen integrativer zu gestalten, wobei der Schwerpunkt auf der Unterstützung des Landwirts oder Produzenten liegt, der das Produkt bereitstellt, und nicht nur auf dem Volumen des beschafften Produkts	o
Finanz-innovation	Crowdfunding	Ermöglichen einem Unternehmer, auf die Ressourcen seines Netzwerks zuzugreifen, um in Schritten von einer Gruppe von Personen Geld zu sammeln	xxx
	Freemium	Bietet ein proprietäres Produkt oder Dienstleistung kostenlos an, berechnet jedoch eine Prämie für erweiterte Funktionen, Funktionen oder virtuelle Güter	xxx

(Fortsetzung)

Tab. 4.4 (Fortsetzung)

Wirkungsfeld	Geschäftsmodell	Beschreibung	Bedeutung der Digitalisierung
	Innovative Produktfinanzierung	Verbraucher leasen oder mieten einen Artikel, den sie sich nicht leisten können oder den sie nicht sofort kaufen möchten	xx
	Zahlen bei Erfolg	Leistungsorientierte Vertragsgestaltung, in der Regel zwischen Anbietern sozialer Dienste und der Regierung	o
	Abonnementmodell	Kunden zahlen eine wiederkehrende Gebühr, in der Regel monatlich oder jährlich, um fortlaufenden Zugriff auf ein Produkt oder eine Dienstleistung zu erhalten. Das Modell wurde verwendet, um die Markteintrittsbarrieren für umweltfreundliche Innovationen zu senken	o
„Base of the pyramid" (vernachlässigte Bevölkerungs-teile)	Aufbau eines Marktplatzes	Unternehmen bauen auf innovative und sozial verantwortliche Weise neue Märkte für ihre Produkte auf, einschließlich Bereitstellung von Sozialprogrammen, Anpassung an lokale Märkte und Bündelung mit anderen Diensten wie Mikrofinanzierung und technischer Unterstützung	xx
	Differenzielle Preisgestaltung	Von Kunden die vom selben Produkt profitieren, jedoch unterschiedliche Zahlungsschwellen haben, verlangen diese Unternehmen höhere Gebühren von denjenigen, die sich leisten können, um diejenigen zu subventionieren, die dies nicht können	xx
	Mikrofinanz	Bereitstellung von Kleinkrediten – und in einigen Fällen Zugang zu Finanzdienstleistungen – für Kreditnehmer mit niedrigem Einkommen, die keinen Zugang zu einem traditionellen Bankkonto haben	x
	Mikro-Franchise	Nutzung der Grundkonzepte des traditionellen Franchising, wobei der Schwerpunkt auf der Schaffung von Möglichkeiten für die Armen liegt, ihre eigenen Unternehmen zu besitzen und zu führen	x

(Fortsetzung)

Tab. 4.4 (Fortsetzung)

Wirkungsfeld	Geschäftsmodell	Beschreibung	Bedeutung der Digitalisierung
Vielfältige Wirkungen	Alternativer Marktplatz	Wenn ein Unternehmen eine herkömmliche Transaktionsmethode umgeht oder eine neue Art von Transaktion erfindet, um ungenutzten Wert freizusetzen	xx
	Verhaltensänderung	Stimulierung von Verhaltensänderungen durch das Geschäftsmodell, um den Verbrauch zu senken, das Kaufverhalten zu ändern oder die täglichen Gewohnheiten zu ändern	x
	„Product as a service"	Verbraucher zahlen für die Dienstleistung, die ein Produkt erbringt, ohne dass es repariert, ersetzt oder entsorgt werden muss	xxx
	„Sharing Economy"	Kunden können auf ein Produkt zugreifen, anstatt es zu besitzen, und es nur nach Bedarf verwenden. Oft abhängig von der Teilnahme und Großzügigkeit der Community-Mitglieder, um ihre Waren mit anderen zu teilen	xxx

Legende rechte Spalte: Digitalisierung ist nicht relevant für die Umsetzung des Geschäftsmodells (o), Digitalisierung unterstützt die Umsetzung des Geschäftsmodells (x), Digitalisierung ermöglicht die Umsetzung des Geschäftsmodells in relevanter Weise (xx), erst mit Digitalisierung wird das Geschäftsmodell möglich (xxx)

Bisher fehlen systematische Untersuchungen wie Nachhaltigkeit und Digitalisierung in Geschäftsmodellen zusammenwirken, wie insbesondere neue sozio-individuelle Risiken durch Daten entstehen oder wie die Dynamik der Digitalisierung berücksichtigt werden kann, um „Rebound".-Effekte zu vermeiden.

Nachhaltigkeitsuntersuchungen von digitalen Geschäftsmodellen ohne die „Nebenwirkungen der Digitalisierung" zu betrachten, bergen das Risiko von „blinden Flecken" (vgl. Zarra et al. 2019).

In der Praxis können die Verantwortungs-Cluster und der „Digital Responsibility Check" genutzt werden (vgl. Abschn. 3.1.1). Mit ihrer Hilfe können Geschäftsmodelle auf ihre „unerwünschten Nebenwirkungen" hin abgeklopft und in dies in die Überlegungen mit einbezogen werden.

Selbst Check

Nach Bearbeitung dieses Kapitels sollten Sie

- die CDR-Potenziale für ihr Unternehmen bewerten und Handlungsempfehlungen daraus ableiten können,
- Argumente kennen, inwiefern sich Global Compact, OECD-Leitlinien oder DIN/ISO 26000 für CDR eignen,
- einige „digitale" Selbstverpflichtungen für Unternehmen darstellen können und ihre Grenzen kennen,
- wissen, wie „digitale Innovationen mit Verantwortung" gefördert werden kann und
- nachhaltige Geschäftsmodelle und offene Fragen in Bezug zur CDR kennen.

Literatur

Fairness, Accountability, and Transparency in Machine Learning (2019) Principles for Accountable Algorithms and a Social Impact Statement for Algorithms. https://www.fatml.org/resources/principles-for-accountable-algorithms. Zugegriffen: 20. Febr. 2019

Geissdörfer M, Bocken NMP, Hultink EJ (2016) Design thinking to enhance the sustainable business modelling process – A workshop based on a value mapping process. J Clean Prod 135:1218–1232. https://www.sciencedirect.com/science/article/pii/S0959652616309088. Zugegriffen: 20. Juli 2019

GründerinitiativeStartUp4Climate (2015) Sustainable business canvas. https://start-green.net/media/cms_page_media/2016/6/29/Sustainable%20Business%20Canvas_A0.pdf. Zugegriffen: 20. Juli 2019

Suchanek A, Lin-Hi N, Günther E (2018) Selbstverpflichtungen. Revision vom 19.02.2018. In: Gabler Wirtschaftslexikon (Hrsg) Das Wissen der Experten. Springer Gabler, Wiesbaden. https://wirtschaftslexikon.gabler.de/definition/selbstverpflichtungen-46564/version-269842. Zugegriffen: 13. Juli 2019

SustainAbility (2014) Model Behavior. 20 Business Model Innovations for Sustainability. http://sustainability.com/our-work/reports/model-behavior/. Zugegriffen: 13. Juli 2019

Theuws M, van Huijstee M (2013) Corporate responsibility instruments. A comparison of the OECD guidelines, ISO 26000 und the UN global compact. https://www.somo.nl/wp-content/uploads/2013/12/Corporate-Responsibility-Instruments.pdf. Zugegriffen: 8. Juni 2019

Tiemann I, Fichter K (2016) Geschäftsmodellentwicklung mit dem Sustainable Business Canvas. Carl von Ossietzky Universität, Oldenburg. https://uol.de/fileadmin/user_upload/wire/fachgebiete/innovation/download/Tiemann_Fichter_Workshopkonzept_SBC_2016_web.pdf. Zugegriffen: 20. Juli 2019

United Nations (2016) The promotion, protection and enjoyment of human rights on the Internet. Human Rights Council. General assembly of 30.06.2016. https://www.article19.org/data/files/Internet_Statement_Adopted.pdf. Zugegriffen: 6. Juli 2019

Wertelabor (2019) Ethics Inside. Digitale Produkte und Service wertesensibel gestalten. https://wertelabor.de. Zugegriffen: 8. Juni 2019

Mind the Gap! Herausforderungen in der Praxis meistern

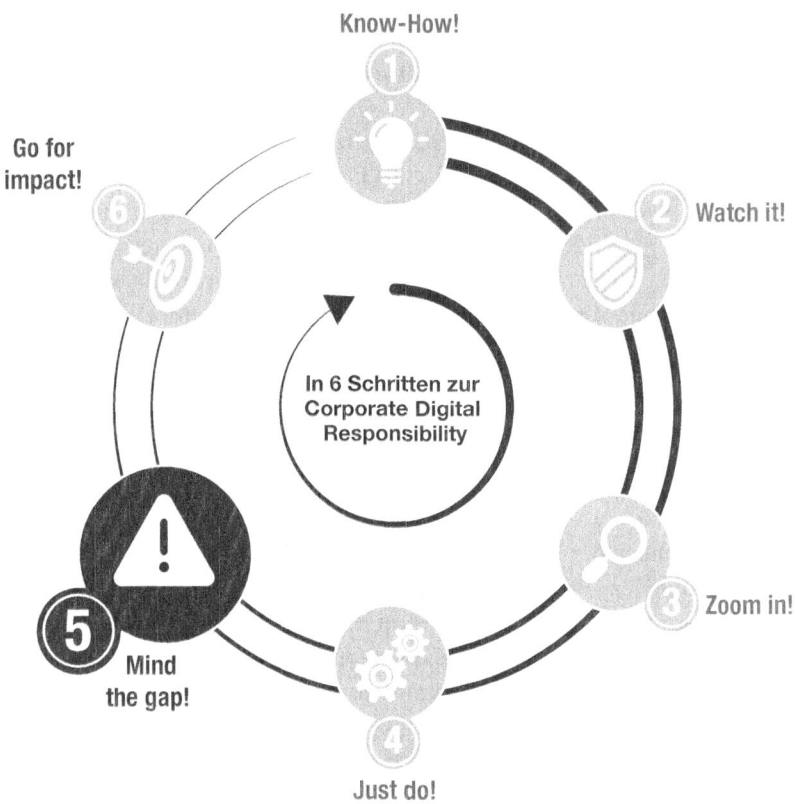

© Springer-Verlag GmbH Deutschland, ein Teil von Springer Nature 2020
S. Dörr, *Praxisleitfaden Corporate Digital Responsibility,*
https://doi.org/10.1007/978-3-662-60592-9_5

Zusammenfassung

Bei der Umsetzung von CDR ist mit zahlreichen Herausforderungen zu rechnen, die in der Praxis gemeistert werden müssen. Dabei ist es hilfreich, die möglichen Stolperfallen zu kennen. Sie entstehen zum einen aus der Komplexität und Unsicherheit der Nachhaltigkeits-Herausforderungen in der VUCA-Welt und zum anderen durch konkrete CDR-Umsetzungsbarrieren im Unternehmen. Es werden Ansätze vorgestellt, wie mit diesen Stolperfallen umgegangen werden kann. Sie werden durch praktische Tipps ergänzt, wie Partner und Verbündete unternehmensintern und -extern zu finden sind, die beim „Betreten des Neulands" helfen können. Im Anschluss werden sieben CDR-Praxisbeispiele aus unterschiedlichen Unternehmen Deutschlands – auch einigen DAX-Konzernen – vorgestellt. Sie zeigen, wie die Unternehmen CDR übernehmen und die Herausforderungen meistern. Sie dienen als „Best Practices" zur Entwicklung eigener Maßnahmen.

5.1   Mit welchen Stolperfallen zu rechnen ist

Im Zuge der Anwendung von CDR und Umsetzung im Unternehmen ist mit Stolperfallen zu rechnen. Die Probleme der Nachhaltigkeit und Digitalisierung sind komplex und unbestimmt, während Menschen und Unternehmen dazu neigen, linear zu denken. Dies erweist sich als fehleranfälliges Muster. Umsetzungsbarrieren im Unternehmen können an manchen Stellen bereits antizipiert und durch Gegenmaßnahmen „umschifft" werden. Dies alles sind Voraussetzungen dafür, eine unternehmensbezogene „Lernkurve" zu durchlaufen und CDR vertrauenswürdig den Kunden und Stakeholdern signalisieren zu können.

5.1.1   Vorsicht: komplex!

Die Herausforderungen der Nachhaltigkeit sind dafür bekannt, dass sie unbestimmt und komplex sind. Komplexe Probleme entziehen sich einfacher Lösungen, ihre Entwicklung ist nicht absehbar und damit sind Fehler nicht vorhersehbar. Der einzige Weg, um damit umzugehen, ist ein schrittweises Vorgehen zu wählen, dass ein häufiges nachjustieren ermöglicht. Komplizierte Probleme sind mit ausreichend Zeit und Ressourcen zu lösen und Fehler daher vermeidbar.

Ein Beispiel: Den besten Weg in einem Einbahnstraßensystem einer Stadt zu finden, kann kompliziert sein, aber mit Stadtplan eine lösbare Aufgabe. Komplex wäre sie dann, wenn die Richtungen der Einbahnstraßen sich beispielsweise mit dem aufkommenden Verkehr verändern würden (vgl. Lesch 2017).

Komplexe Probleme sind:

- intransparent durch fehlende Informationen,
- abhängig und vernetzt, d. h. durch Einflussfaktoren miteinander verknüpft und nicht isoliert zu betrachten,
- nichtlinear in ihren Wirkungszusammenhängen, d. h. durch Rückkopplungen gekennzeichnet,
- polytelisch, d. h. unterschiedliche Einflussbereiche müssen gleichzeitig und können nicht nacheinander betrachtet werden.

(vgl. Godemann 2008, S. 2)

Auch die digitale „VUCA-Welt" bezieht sich auf unbestimmte und komplexe Situationen, die gelöst werden müssen (vgl. Abschn. 1.5.8). Wir haben es im Umfeld von CDR also in zweifacher Hinsicht mit Komplexität zu tun.

In unbestimmten und komplexen Situation haben Menschen besondere Schwierigkeiten bei der Problemlösung und kommen zu Denk- und Entscheidungsfehlern. Beispielsweise werden exponentielle Entwicklungen nur linear extrapoliert oder die Vernetztheit eines Problems geleugnet. Die Ursache scheint auch an der Begrenztheit der kognitiven Leistungsfähigkeit zu liegen, einer „Ökonomisierungstendenz" unseres Denkens durch Vereinfachung (vgl. Schaub 2005).

Auch im Management und in Unternehmen wird lineares Denken bevorzugt, da Unternehmen sich häufig auf Durchschnittswerte konzentrieren. Durchschnitte „maskieren" wiederum die Nichtlinearität und führen zu Vorhersagefehlern. In Abb. 5.1 sind eine Reihe von nichtlinearen Beziehungen aus dem Unternehmenskontext aufgeführt, die auch oft unserer Intuition widersprechen.

- So ist die Anzahl von verkauften umweltfreundlichen Produkten weniger hoch, als die Bedeutung der Umwelt für Verbraucher erwarten ließe,
- die Resthöhe einer Hypothek bei Abzahlung in gleichen Raten liegt nach einigen Jahren höher als erwartet,
- der Gewinn pro Stück ist bei einer hohen verkauften Anzahl weit weniger hoch als erwartet und
- der Einspareffekt des Treibstoffverbrauchs für ein Auto mit geringerem durchschnittlichem Treibstoffverbrauch ist geringer als erwartet.

(Vgl. de Langhe 2017)

Das „Bauchgefühl", die Vereinfachung, die sich an vielen Stellen bestens eignet, um mit einer Herausforderung effizient umzugehen, versagt in komplexen Situationen. Wenn wir davon ausgehen, dass wir in einer „VUCA-Welt" leben, dann bedeutet das, dass wir häufiger aus dem linearen Denkschema ausbrechen müssen, um zu guten Entscheidungen zu kommen.

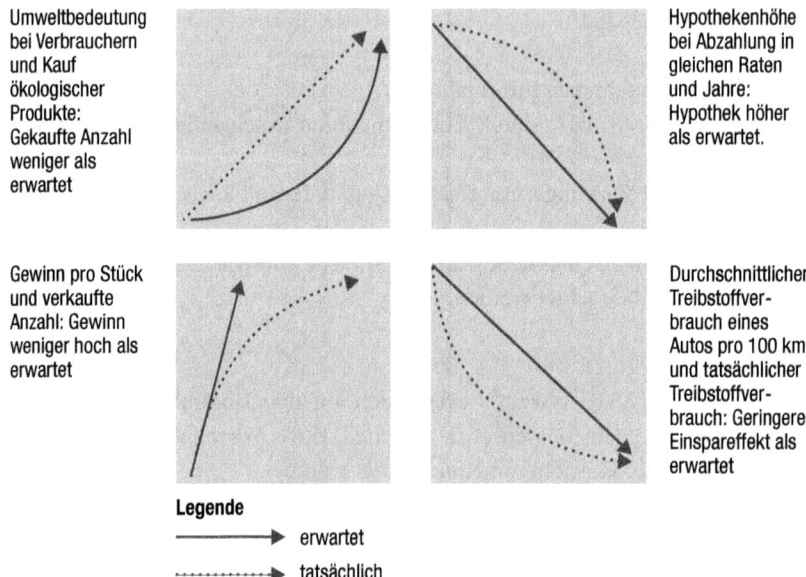

Umweltbedeutung bei Verbrauchern und Kauf ökologischer Produkte: Gekaufte Anzahl weniger als erwartet

Hypothekenhöhe bei Abzahlung in gleichen Raten und Jahre: Hypothek höher als erwartet.

Gewinn pro Stück und verkaufte Anzahl: Gewinn weniger hoch als erwartet

Durchschnittlicher Treibstoffverbrauch eines Autos pro 100 km und tatsächlicher Treibstoffverbrauch: Geringerer Einspareffekt als erwartet

Legende
———————▸ erwartet
·············▸ tatsächlich

Abb. 5.1 Fallstricke linearen Denkens: Vier illustrative Beispiele. (Eigene Darstellung nach vgl. de Langhe 2017; Grafik mit freundlicher Genehmigung von © BOSSE UND MEINHARD 2019. All Rights Reserved)

Tücken der linearen Verzerrung begrenzen Es gilt, die vielen nichtlinearen Beziehungen zu kennen und zu erkennen, wann sie im Spiel sind. Für CDR-Experten, die in komplexen Umfeldern von Digitalisierung und Nachhaltigkeit arbeiten, scheint es daher ganz besonders wichtig, sich in nichtlinearem Denken und Umgang mit komplexen Situationen zu schulen.

Es geht darum die Qualität von Geschäftsentscheidungen zu verbessern, indem beispielsweise die Fallstricke des linearen Denkens minimiert werden. Dafür wird folgendes Prozedere vorgeschlagen (vgl. de Langhe 2017):

- Schritt 1: Erhöhen Sie das Bewusstsein für lineare Verzerrung.
- Schritt 2: Konzentrieren Sie sich auf die Ergebnisse, nicht auf die Indikatoren.
- Schritt 3: Ermitteln Sie die Art der Nichtlinearität, mit der Sie es zu tun haben.

Aber mit „gutem Willen" und Reflexion ist es nicht getan. Als wirksame Methode gilt: Ausprobieren, Selbsterleben und Selbstreflexion durch die Konfrontation mit einer „großen Zahl heterogener, komplexer und unbestimmter Problemsituationen" (Schaub 2005). Dabei können dann eigene Stärken und Schwächen erlebt und ein Gespür dafür entwickelt werden, welche Situationen mit linearem Denken und Entscheidungsmustern zu bewältigen sind und welche komplexes Problemlösen notwendig machen.

5.1.2 Umsetzungsbarrieren im Unternehmen

Aus dem CR-Management sind umfangreiche Hürden und Barrieren bei der Umsetzung und Implementierung von verantwortlichem Unternehmenshandeln bekannt (vgl. Schaltegger und Hasenmüller 2005, S. 12–15; Dörr 2012, S. 10–12). Die Komplexität des Themenbündels, die mangelnde Messbarkeit oder Bezug zum Unternehmenserfolg erschweren unternehmerische Entscheidungen für mehr gesellschaftliche Verantwortung. Bekannte Barrieren und Herausforderungen bei der Umsetzung von CR sind organisatorische Barrieren nachhaltiger Innovation:

- Fehlendes Commitment des Senior Managements.
- Unflexible organisatorische Strukturen: Unfähigkeit, die neuen Möglichkeiten zu erkennen, kurzfristiger Ergebnisdruck, fehlender Raum, sich mit nachhaltiger Innovation zu befassen.
- Geringe organisatorische Fähigkeiten: Verständnis für nachhaltige Innovation ist derzeit gering.
- Bestehende Lücke bei der Einbeziehung des Marketings sowie fehlendes Wissen
- Geringe Kompetenz der Implementierung: Ein nachhaltiges Geschäftsmodell verkompliziert die ohnehin komplexe globale Lieferprozesse. Es besteht Unsicherheit und wenig Drang, sich dem ohne Kundenwunsch zuzuwenden.
- Widerstand der Manager vor Veränderung des Modus Operandi, in dem sie erfolgreich waren.
- Fehlende Klarheit, welches das richtige Geschäftsmodell ist, um Innovationen auszunutzen.

(Vgl. Charter und Clark 2007, S. 24–25)

Für CDR als junges Thema gibt es darüber hinaus weitere Hürden aufgrund der bestehender Wissens- und Erkenntnislücken, der noch laufenden Anpassung der Geschäftsmodelle im digitalen Wandel sowie der weiteren Veränderung der gesellschaftlichen Meinungsbildung zu den gesellschaftlichen und ethischen Fragen der Digitalisierung. Die Barrieren zeigt Abb. 5.2 in der Übersicht.

Um die Umsetzungsrisiken, die sich aus diesen Barrieren ergeben, zu mindern, sind vorausschauend Maßnahmen für das eigene Unternehmen zu entwickeln. Es wird ein Brainstorming mit anschließender Priorisierung empfohlen. Abb. 5.2 kann hier als Arbeitshilfe für die Weiterführung als Mindmap dienen.

Tab. 5.1 stellt eine Liste von exemplarischen Gegenmaßnahmen zur Verfügung.

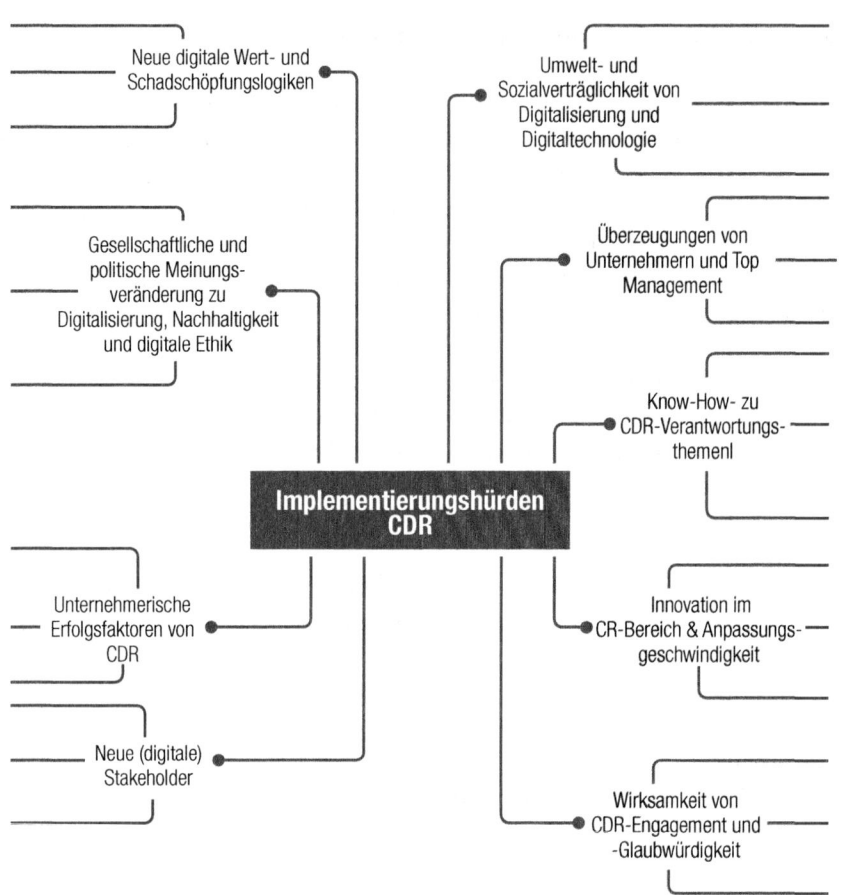

Abb. 5.2 Barrieren der CDR-Umsetzung. Arbeitshilfe. Download unter https://wiseway.de/cdrbuch. (Eigene Darstellung; Grafik mit freundlicher Genehmigung von © BOSSE UND MEINHARD 2019. All Rights Reserved)

Tab. 5.1 Barrieren der CDR-Umsetzung und Gegenmaßnahmen. (Eigene Darstellung)

Barrieren	Gegenmaßnahmen (exemplarisch)
Überzeugungen von Unternehmern und Top-Management verhindern Umsetzung	Sensibilisierung für Werteurteile und Diskussion von Ambiguitäten der Digitalisierung z. B. Pflege von Schutzbedürftigen, die sich nicht wehren können, durch Roboter Know-How-Aufbau zu Digitalisierung, Nachhaltigkeit und Digitale Ethik durch Business Akademien Chief Digital Officer oder Chief Information Officer als wesentliche interne Stakeholder für CDR-Perspektive gewinnen Unterstützung bei der Entwicklung einer unternehmerischen Überzeugung und Vision zu CDR Verantwortungs-Clustern Informationsbeschaffung zur Situation des Unternehmens bzw. Wettbewerbs und internes Reporting
Unternehmerische Erfolgsfaktoren für CDR sind nicht bekannt oder überzeugen nicht	Informationen über die marktliche Erfolgsfaktoren gewinnen, z. B. Kundenloyalität, Nutzungsquote Informationen über nicht-marktliche Erfolgsfaktoren gewinnen, wie z. B. Bedeutung von Datensouveränität, Freiheit vs. Sicherheit und Fragen der Digitalen Ethik Strategische Frühaufklärung nutzen Business Case für (digitale) Nachhaltigkeit aufbauen, d. h. Treiber des wirtschaftlichen Erfolgs kennen
Umwelt- und Sozialverträglichkeit von Digitalisierung und Digitaltechnologie ist nicht ausreichend bekannt	Verständnis zur „digitalen Wert- und Schadschöpfung" sozial und ökologisch gewinnen Zusammenarbeit mit Wissenschaft und NGOs aufbauen Wissenschaftlich anerkannte Wirksamkeitsmessungen und Key Performance Indikators etablieren
Stakeholder widersprechen sich in ihren Anforderungen	Zeit nehmen, um vertrauensvolle Beziehung mit für das Unternehmen neuen Stakeholdern, z. B. Big-Data-Lieferanten und -Analysten aufzubauen Unternehmensverbände und -plattformen als Vermittler nutzen Widersprüchliche Anforderungen von Stakeholdern aufnehmen und Formate zum Umgang mit Ambiguitäten im Unternehmen finden Wesentlichkeitsanalyse durchführen
Gesellschaftliche und politische Prozesse und Meinungen zu Digitalisierung, Nachhaltigkeit und digitale Ethik verändern sich dynamisch	Gesellschaftliche Klärungsprozesse zu Ambiguitäten zwischen unterschiedlichen Nachhaltigkeitsansprüchen und Ansprüchen der digitalen Ethik fördern Engere Beziehung mit Risikomanagement aufbauen Kontinuierliche Stakeholderdialoge durch Unternehmens-Verbände oder. Plattformen aufsetzen und fördern

(Fortsetzung)

Tab. 5.1 (Fortsetzung)

Barrieren	Gegenmaßnahmen (exemplarisch)
Signale der Vertrauenswürdigkeit von CDR-Engagement sind zu schwach	CDR bis in die Prozess- und Produktebene umsetzen Mitarbeiter schulen und zu Botschaftern machen Freiwillige Selbstbeschränkungen als Quasi-Standards entwickeln und Brancheninitiativen beitreten Zertifizierungen zu Verantwortungsclustern durchführen Labels für nachhaltige, ethische und faire digitale Produkte und Services einführen Transparente, regelmäßige und nachvollziehbare Nutzer- und CR-Kommunikation sowie Integration in CR-Reporting
CR-Bereich nicht ausreichend für Innovation durch CDR vorbereitet	Verantwortlichkeiten im Unternehmen und Rollen klären - im Zusammenhang mit etablierten CR- und Nachhaltigkeitsverantwortungen, der Compliance- und Datenschutz-Abteilung Know-How der CR-Verantwortlichen aufbauen Change Agent-Aktivitäten zu CDR und digitaler Verantwortung im Unternehmen - auch in operativen Bereichen - aufbauen CDR-Integration in die Managementsysteme planen Etablierung von neuen Messverfahren und Indikatoren für CDR Aufbau von Erfahrungswerten Aufbau von Vergleichen und Benchmarks Veränderung von CR-Instrumenten, -Rankings und -Ratings zu CDR beobachten und integrieren CDR in Nachhaltigkeitsberichterstattung aufnehmen Digitalisierung der Datensammlung und –aufbereitung vorantreiben
Geringes Know-How zu CR in digitalen Wertschöpfungsketten/-netzwerke und Geschäftsmodelle vorhanden	Daten-Zulieferer- und Abnehmerbeziehungen in der digitalen Wertschöpfung aufbauen Know-How zu digitaler Wertschöpfung, Digitalisierung und Digitaltechnologie aufbauen, z. B. KI Erkenntnisse zur digitalen Wert- und Schadschöpfung einzelnen Produkten und Prozesse gewinnen
Schnellere Anpassung von CDR-Verantwortungsthemen im Unternehmen nötig	CDR mit einem „agilen" Mindset vorantreiben Vorgehensweise in kleinen Schritten mit schneller Anpassungsfähigkeit etablieren und Know-How im Team aufbauen Beschleunigte Aufnahme von Stakeholder-Meinungen und CR-Trends Kommunikation und Reporting an Aktualitätsbedarfe anpassen

5.1.3 Tipps zum Betreten von Neuland

Neuland zu betreten ist immer mit Gefahren verbunden: daher sollte man sich Verbündete suchen. Das gilt auch bei der Umsetzung von CDR als sich neu abzeichnendes Aufgabengebiet der CR. Anbei ein paar praktische Tipps und Ansätze für CDR-Experten und –Verantwortliche, um unternehmensintern –und -extern Partner zu finden, die beim Betreten des Neulands helfen können.

- Stakeholdern zuhören: Treten Sie mit ausgewählten Stakeholdern zu CDR-Verantwortungsclustern in einen Dialog. Hören Sie zu, was diese als Herausforderung sehen und was sie zu sagen haben. Relevante Stakeholder für einen Anfang finden sich in Tab. 4.3.
- Verbündete finden: Finden Sie heraus, was ihre Branchenverbände bereits zum Thema tun oder starten Sie dort eine Arbeitsgruppe. Möglicherweise ist auch eine branchenübergreifende Initiative interessant für Sie, wie zum Beispiel die Kompetenzplattform für Nachhaltigkeit und Digitalisierung im Mittelstand (vgl. Nachhaltig.digital 2018). Gehen Sie auf einschlägige Konferenzen oder vernetzen Sie sich mit Experten online.
- Management einbinden: Binden Sie ihr Management frühzeitig ein, um die Einstellung und Priorität des Themas für die Unternehmenspolitik zu verstehen und Unterstützung zu finden. Die „14 Fragen für Unternehmenslenker" (vgl. Tab. 4.1) bieten sich dafür an.
- Unternehmensinterne "Change Group" bilden: Suchen Sie auch den Austausch mit anderen Unternehmenseinheiten, die ebenfalls mit diesem oder ähnlichen Themen befasst sind. Starten Sie ein internes Netzwerk und laden Sie zum regelmäßigen Austausch auf Expertebene ein. Vielleicht bereiten Sie gemeinsam eine interne Konferenz zum Thema vor, um auch alle Beschäftigten auf das Thema aufmerksam zu machen.
- Von Pionieren lernen: Schauen Sie, was Mitbewerber machen. Suchen Sie sich eigene Best-Practice-Beispiele und lernen Sie von den Pionieren, wie beispielsweise denen im folgenden Abschn. 5.2. Suchen Sie auch hier den Kontakt und Austausch.

Die Liste ist als Anregung gedacht und nicht abschließend. Sie ließe sich sicherlich problemlos verlängern.

5.2 Von Pionieren lernen: Praxisbeispiele

Wenn Neuland zu betreten ist, finden sich mutige Pioniere, die bereit sind auch nichtkalkulierbare Risiken einzugehen. Von Best Practices zu lernen ist sicherlich ein empfehlenswerter Ansatz, um mit den Herausforderungen im CDR-Management umzugehen. Im Folgenden werden sieben Praxisbeispiele teilweise von DAX-Konzernen, teilweise von nichtdeutschen Unternehmen, teilweise von Startups dargestellt. Allen ist gemeinsam,

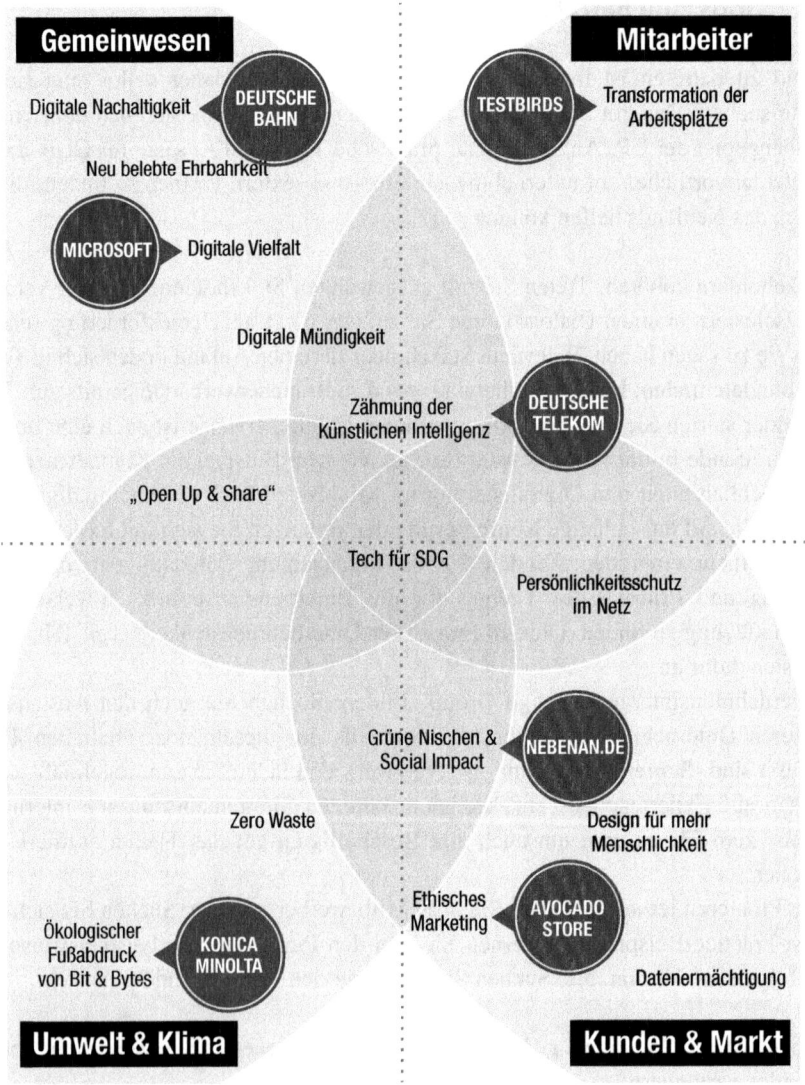

Abb. 5.3 Praxisbeispiele und ihre Zuordnung zu den CDR-Verantwortungsclustern im Digital Responsibility Kompass. (Eigene Darstellung; Grafik mit freundlicher Genehmigung von © BOSSE UND MEINHARD 2019. All Rights Reserved)

dass sie einen Firmensitz in Deutschland haben. Die Praxisbeispiele illustrieren wie CDR in Bezug auf je ein Verantwortungscluster im Unternehmen umgesetzt werden kann (vgl. Abb. 5.3).

Zur Methodik: Um zu den Praxisbeispielen zu gelangen, wurden unterschiedliche als Pioniere in Bezug auf CDR eingeschätzte Unternehmen angeschrieben. Die meisten erklärten sich zur Zulieferung eines Praxisbeispiels bereit, das teilweise von ihnen selbst gewählt wurde. Ihnen wurde ein identisches Set von Fragen schriftlich zur Verfügung gestellt, das von den Unternehmensvertretern schriftlich beantwortet wurde. Auf Basis der Informationen wurden die Praxisbeispiele in Bezug auf die CDR-Verantwortungscluster entwickelt. Die Texte wurden von den Unternehmen vor Veröffentlichung geprüft.

5.2.1   Digitale Vielfalt: Microsoft und Coding-Kompetenzen für Benachteiligte

Wie die Teilhabe aller Menschen an den Vorteilen der Netzwelt und der Gesellschaft gleichberechtigt ermöglicht und digitale Inklusion gefördert werden kann, zeigt das Praxisbeispiel zum Engagement von Microsoft. (Für Details zum CDR-Verantwortungscluster „Digitale Vielfalt" vgl. Abschn. 3.2.2).

Das Engagement-Projekt   Mit dem Projekt „Code your Life wird inklusiv" wird seit 2019 Mädchen und Jungen mit den Behinderungsschwerpunkten Sehen, Hören und Lernen die Möglichkeit gegeben, barrierefrei selbst neue Medien und Technologien zu gestalten. Das Projekt befindet sich aktuell in der Erprobungsphase in zehn Modellschulen mit Förder- oder Inklusionsschwerpunkt in Berlin (vgl. Aupperle 2019). Ziel ist es, nicht nur Rezipient der digitalen Medien zu sein, sondern selbst aktiv mitzugestalten und den Prozess hinter den Technologien zu verstehen. Programmieren zu lernen, soll mit und ohne Behinderung möglich sein.

Als Grundlage für den Aufbau von Programmierkenntnissen bei Kindern und Jugendlichen dient die App „TurtleCoder". Sie bietet die Möglichkeit, in der Programmiersprache Logo eigene Scripte und Codezeilen nach dem Prinzip der „visuellen Programmierung" zu schreiben. Die Aufgabe besteht darin, einer kleinen Schildkröte auf einer Zeichenfläche Befehle zu geben, die sofort nachvollziehbar „Spuren" hinterlassen. Der „TurtleCoder" wird im Zuge des Projekts „Code your Life wird inklusiv" erweitert und barrierefrei weiter entwickelt: Konkret wurde die Farbgebung und Sprachunterstützung für Bedarfe von Kindern mit motorischen Einschränkungen oder Handicaps im Bereich „Sehen" entwickelt. Diese Entwicklungen basieren auf Microsoft-Technologien wie, z. B. „Cognitive Services" (Künstliche Intelligenz) und „Azure Cloud Cosmos" (vgl. Die Initiative Code your Life 2019a, b).

Bisher wurden Lernmaterialien für die besonderen Bedürfnisse von Kindern mit motorischen Einschränkungen sowie von Kindern mit Lernschwierigkeiten entwickelt. Zukünftig soll der „TurtleCoder" sowie entsprechende Lernmaterialien im Projekt sukzessive für Kinder und Jugendliche mit unterschiedlichen Behinderungsformen angepasst und weiterentwickelt werden.

Seit dem Projektstart konnten ca. 250 Kinder mit Behinderungen einbezogen werden. Das Projekt ist auf drei Jahre angelegt, die einzelnen Bausteine werden nach einer kurzen Pilotphase jeweils bundesweit ausgerollt und dem Code your Life-Netzwerk mit 650 Partnerschulen zur Verfügung gestellt. Microsoft fördert die Projektpartner finanziell.

Anspruch des Unternehmens zu CDR „Wir müssen die Chancen, die der technologische Fortschritt jedem Einzelnem bietet, für jeden greifbar machen – und Zukunftsperspektiven für alle aufzeigen," sagt Sabine Bendiek, Geschäftsführerin Microsoft Deutschland GmbH.

Microsoft engagiert sich für digitale Teilhabe und Inklusion durch die Entwicklung innovativer technischer Lösungen für Barrierefreiheit, die Menschen mit Behinderungen effektiv unterstützen und Teilhabe ermöglichen. Da digitale Innovationen einen großen Beitrag zum Streben nach Barrierefreiheit leisten können, kann es für Menschen mit Behinderung immer einfacher werden, am gesellschaftlichen wie beruflichen Leben teilzuhaben. Durch das Projekt sollen Kinder und Jugendliche mit Behinderungen auf eine erfolgreiche Teilhabe am privaten, beruflichen sowie gesellschaftlichen Leben in einer digitalisierten Gesellschaft vorbereitet werden.

Der Aufbau von Medien- und Digitalkompetenz kann als eine Voraussetzung zur gesellschaftlichen Teilhabe und auch Teilhabe am Arbeitsmarkt gewertet werden. In der Arbeitswelt sind Informatik- und Programmierkenntnisse daher mittlerweile zu einer Kernkompetenz für zukünftige Beschäftigte geworden: Qualifizierte Nachwuchskräfte und junge Unternehmer im Bereich IT und ITK werden gesucht.

Es ist erklärtes Ziel von Microsoft, nicht nur wirtschaftliche, sondern auch gesellschaftliche Verantwortung zu übernehmen. So soll ein Beitrag zum Wachstum und zur Entwicklung des Standorts Deutschlands geleistet werden.

Projektpartner und Stakeholder Die Initiative „Code your Life" ist Teil der weltweiten Programms Microsoft YouthSpark und wird vom 21st Century Competence Center im Förderverein für Jugend und Sozialarbeit e. V. (fjs e. V.) umgesetzt. Das Inklusions-Projekt wird Aktion Mensch e. V. gefördert und von der Microsoft Deutschland GmbH finanziell unterstützt.

Aktion Mensch bringt die Kompetenz bzgl. der Anforderungen der Kinder mit Behinderungen und der Anpassung des Programms ein, z. B. bei der Barrierefreiheit von Lernmaterialen je nach Schwerpunkt der Behinderung Hören, Sehen oder Lernen. Die unabhängige Sozialorganisation stellt sicher, dass die Interessen der benachteiligten Personengruppen gewahrt werden. Weitere Kooperationspartner zu jedem Schwerpunkt sind Einrichtungen, wie beispielsweise dem Förderzentrum für Körperbehinderte in Berlin-Lichtenberg sowie die zehn Modellschulen.

Mit der Initiative werden viele verschiedene Interessensgruppen angesprochen, wie Schulen, Einrichtungen aus dem sozialen Bereich und der Behindertenhilfe, Fach- und Lehrkräfte – im Moment vor allem aus Berlin und Brandenburg – sowie bundesweite und internationale Fachleute und Experten. Seitens der Teilnehmer richtet sich das Angebot an Kinder im Alter von 9 bis 12 Jahren mit Körperbehinderungen, Seh- und Hörbeeinträchtigungen sowie in der Zukunft an Kinder mit Lernschwierigkeiten.

Die Applikation „TurtleCoder" kann auch außerhalb des Projekts verwendet werden. Sie funktioniert auf allen Betriebssystemen und mit jedem Browser. Sie steht als Webversion und Offline-App zum Download zur Verfügung – ohne Login auf der Website des Projekts, nach Registrierung im Microsoft-Store (vgl. Die Initiative Code your Life 2019b; Microsoft 2019b).

Unternehmerische Wirkung des Projekts Das Projekt ist Teil des gesellschaftlichen Engagements, das digitale Bildung als wichtigste Zukunftsressource der Wissensgesellschaft betrachtet. Die Bildungsinitiative „Code your Life" und das Projekt „Code your Life wird inklusiv" sind Teil der CSR-Strategie „Digitalisierung für alle" und Teil der Microsoft-Mission, „jede Person und jedes Unternehmen auf dem Planeten zu befähigen, mehr zu erreichen". Für die Initiative und Kooperation ist der Bereich Gesellschaftliches Engagement bei Microsoft verantwortlich.

Das Projekt hat eine große Nähe zum Kerngeschäft von Microsoft als marktführender internationaler Hard- und Softwareentwickler. Voraussetzung für den Unternehmenserfolg ist die Medien- und Digitalkompetenz als Basis für eine individuelle Nutzung der Software. Durch die Förderung von gesellschaftlichen Zielen kann die Reputation des Unternehmens in der Öffentlichkeit und damit auch bei den Kunden gestärkt werden.

Zudem könnte das Projekt die Reputation des Unternehmens bei Pädagogen und Bildungspolitikern unterstützen. Microsoft positioniert sich als Wirtschaftspartner für den „DigitalPakt Schule", mit dem das Bundesministerium für Bildung und Forschung mit Fördermitteln in Höhe fünf Milliarden Euro in den nächsten fünf Jahren für eine bessere Ausstattung der Schulen mit digitaler Technik sorgen will (vgl. Bundesministerium für Bildung und Forschung 2019; FAKTOR 3 2019).

Ein Reputationsrisiko im Projekt stellt das Unternehmenssponsoring bzw. Werbung im Bereich von Kindern und Jugendlichen dar. Es wird von Kinder- und Jugendschützern als kritisch bewertet, da dadurch Marken unterbewusst verankert werden und sich Unternehmen damit einen Wettbewerbsvorteil verschaffen können. Das Schulgesetz erlaubt Werbung daher nur in engen Grenzen.

Um das Reputationsrisiko zu minimieren, wird in den Materialien ausschließlich das Logo der Initiative „Code your Life" verwendet und auf die Unterstützung durch Microsoft nur textuell hingewiesen. Des Weiteren wurde die inhaltliche Ausgestaltung der Initiative auf den fjs e. V. als anerkannten freien Träger der Jugendhilfe übertragen und diese Kooperation transparent auf der Website dargestellt. Wie weit der Verzicht des Unternehmens auf Förderung der Markenbekanntheit sowohl zum Kinder- und Jugendschutz als auch zum Schutz der eigenen Glaubwürdigkeit innerhalb des Projekts geht, ist nicht bekannt.

Gesellschaftliche Wirkung des Projekts Gesellschaftliches Ziel ist es, den ungleichen Zugang zu Digitaltechnologie und ihren Vorteilen zu überwinden und die Chance von mehr Teilhabe zu nutzen (vgl. Abschn. 2.2.2). Dazu gehört auch die Vermittlung digitaler Medienkompetenz und Programmierkenntnissen für alle. In Deutschland herrscht flächendeckend Nachholbedarf, der u. a. durch hohe Fördermittel des „DigitalPakt Schule" des Bundesministeriums für Bildung und Forschung gedeckt werden soll.

Vor dem Hintergrund des großen Bedarfs bleiben insbesondere Kinder und Jugendliche mit Lernschwierigkeiten oder Behinderungen bei bisher laufenden Bildungsinitiativen zum Aufbau von Programmierkenntnissen unberücksichtigt. Daher deckt das Engagementprojekt des Unternehmens pionierhaft eine bestehende gesellschaftliche Herausforderung bei der Teilhabe von benachteiligten Personengruppen ab und zahlt auf das Ziel sozialer Gemeinschaften, „keinen zurück zulassen", ein.

Um eine möglichst breite Wirkung der Teilhabe an der Digitalgesellschaft zu erzielen, ist aus gesellschaftlicher Sicht eine barrierefreie Weiterentwicklung bildungsorientierte Programmiersprachen bzw. Entwicklungsumgebungen in Open-Source-Lizenz unabhängig von einzelnen Betriebssystemen oder unternehmensspezifischen Technologien wünschenswert. Damit könnten im Sinne der „digitalen Nachhaltigkeit" alle Menschen mit Behinderungen und auch nachfolgender Generationen von der Entwicklung profitieren (vgl. Abschn. 2.2.6).

Noch handelt es sich bei „Code your Life wird inklusiv" um ein lokales Pilotprojekt. Einige hundert Kinder konnten bereits erreicht werden. Ob ihre Medien- und Digitalkompetenz aus medienpädagogischer Sicht gesteigert werden konnte, ist bisher nicht ermittelt. Das Projekt soll noch bis 2022 weitergeführt werden. Weitere Informationen zum Projekt vgl. Die Initiative Code your Life (2019c).

5.2.2 Zähmung der Künstlichen Intelligenz: Deutsche Telekom und die freiwillige Selbstverpflichtung zum Einsatz von KI

Die Deutsche Telekom AG zeigt CDR bei der Entwicklung und dem Einsatz von KI und Autonomen Systemen auf Basis neuronaler Netze und bei der Automatisierung von Entscheidungen im Unternehmenskontext (vgl. Abschn. 3.2.5). Das Engagement-Projekt zur Einführung von „KI-Leitlinien" wird im Folgenden beschrieben.

Das Engagement-Projekt Im April 2018 führte die Deutsche Telekom sog. „KI-Leitlinien" ein und veröffentlichte sie als eines der ersten Unternehmen. Es handelt sich um neun selbstbindenden Leitlinien, die den Handlungsrahmen für die Entwicklung und Nutzung von KI im Konzern bilden.

„Sie beschreiben, wie wir als Deutsche Telekom mit KI umgehen wollen und wie wir unsere auf KI basierenden Produkte und Services künftig entwickeln. Der Grundgedanke ist, dass KI erstmal nur ein Werkzeug und an sich neutral ist. Es liegt also an uns, sie positiv einzusetzen ohne dabei die Risiken auszublenden und verantwortungsbewusst mit diesen umzugehen." (Deutsche Telekom 2019)

Dabei geht – es kurz gefasst – um Versprechen zu einer klaren interne Verantwortungsübernahme, zur Handlung nach dem geltenden Recht und Gesetz, zur Nutzung von KI zum Kundennutzen, zur Transparenz, wenn eine KI zur Kommunikation verwendet wird oder Kundendaten nutzt, zur Sicherheit vor externem Zugriff, zur Analyse und Evaluierungen von KI-Systemen, zur Zusicherung einer ständiger Bereitschaft,

um in KI-Systeme eingreifen zu können, zum Nutzen des Vorteils, der aus einer Interaktion zwischen Mensch und Maschine gezogen werden kenn und zur Aufbau von Wissen und Kompetenzen zu KI (vgl. Deutsche Telekom 2018).

Es handelt sich bei den KI-Leitlinien um einen Kodex zu digital-ethischem Verhalten
im Unternehmen. Verhaltenskodizes regeln das betriebliche Miteinander auf strategischer
Ebene und werden bei Bedarf durch Regelungen und Richtlinien für den operativen Einsatz konkretisiert. Der Einsatz von KI-Produkten und -Services in der Arbeitswelt birgt
nun für viele Unternehmen die Herausforderung, diese gesetzeskonform einzusetzen
(Compliance) und Fehlinterpretationen von Ergebnissen zu verhindern. Digitale Ethik im
Unternehmenskontext befasst sich mit den Auswirkungen der computergesteuerten Infrastruktur auf die Beschäftigten.

Die KI-Leitlinien gelten international im Konzern; sie sollen laufend weiterentwickelt
werden.

Anspruch des Unternehmens zu CDR   Als eines der führenden ITK-Unternehmen in
Europa sieht sich die Deutsche Telekom in der Verantwortung, die Entwicklung „intelligenter Technologien" zu fördern. Sie legt Wert darauf, dass diese Technologien (wie KI)
definierten, ethischen Regeln folgen. Das Unternehmen nutzt KI, um die mit der Technologie einhergehenden Vorteile umzusetzen. Mit dem Einsatz steigt aus Sicht des Unternehmens auch die „digitale Verantwortung" (vgl. Deutsche Telekom 2019b).

„Wir glauben, dass KI für die Welt von außerordentlichem Nutzen sein kann, aber
nur, wenn ethische Standards eingehalten werden.", sagt Manuela Mackert, Chief Compliance Officer der Deutschen Telekom AG.

Die KI-Leitlinien sollen dem gesellschaftlichen Wandel Rechnung tragen und die
Zukunft von KI mitgestalten (vgl. Deutsche Telekom 2018). Die Telekom möchte sich
als Sparring-Partner auf Augenhöhe mit der deutschen und europäischen Politik positionieren und als Impulsgeber agieren können.

Ähnlich wie bei den Vorgaben eines „Code of Conduct" möchte das Unternehmen durch
die Erarbeitung von selbstbindenden KI-Leitlinien seine Unternehmenskultur, aber auch
seine Anspruchshaltung an seine Beschäftigten formulieren und sich dadurch als voraus-
schauender, attraktiver Arbeitgeber und als vertrauensvolles Unternehmen positionieren.

Projektpartner und Stakeholder   Vor Entwicklung der Leitlinien wurde mit Vertretern
von High-Tech Unternehmen, Universitäten und Startups in USA und Israel gesprochen,
um deren Sichtweise zu digitaler Ethik und Einsatz von KI besser kennen zu lernen und
zu verstehen.

Für die Erstellung der KI-Leitlinien wurde eine breite Beteiligung und Diskussions-
basis im Konzern gesucht; national wie international und disziplinübergreifend. Es gab
zahlreiche interne Workshops. Zurate gezogen wurden Spezialisten aus den Bereichen
Technologie und Innovation, Telekom Innovation Laboratories, IT-Sicherheit, Datenschutz, Finanzen, Kundenservice, Einkauf, Partnering, aus der Telekom Design Gallery

etc. Zentrale Stakeholder sind somit die Beschäftigten und internen Experten, die die KI-Leitlinien mitentwickelt haben und umsetzen werden.

Die daraus entstandenen Leitlinien wurden auch für eine externe Diskussion geöffnet, bspw. im „Expertenkreis Digitale Verantwortung" vor Vertretern von Wirtschaft, Wissenschaft und Politik. Weitere Stakeholder sind Industrieverbände, wie BDI, Bitkom, D21-Initiative und der KI Bundesverband.

In der Telekom verantwortlich ist Group Compliance Management.

Unternehmerische Wirkung des Projekts Mit dem KI-Leitlinien-Projekt kann die Telekom ihre Reputation als innovatives und verantwortungsbewusstes Unternehmen stärken. KI und Autonome Systeme auf Basis neuronaler Netze sind in den digitalisierten Prozessen der ITK und der Netze wesentlich um Produktivitätspotenziale auszuschöpfen. Innovations- und Marktpotenziale entstehen durch den Einsatz der Algorithmen in den vernetzten Plattformen rund um z. B. „Smart Home", „Smart Car" oder „Smart City". Das Vertrauen von Partnern und Kunden in einen gesellschaftlich getragenen Umgang mit den neuen Technologien ist Voraussetzung für Geschäftserfolg der Zukunft. Damit sind die KI-Leitlinien eng mit dem Kerngeschäft der Telekom verbunden.

Die Umsetzung im Unternehmen läuft. Es bedarf weiterer Schritte, Regelungen und Prozesse, um das Thema weiter auszugestalten. Bisher wurden beispielhaft folgende Maßnahmen ergriffen:

- Sensibilisierung und Kompetenzaufbau der Beschäftigten, z. B. durch ein E-Learning „Digitale Ethik", Vorträge zu KI-Themen und einer internationale Roadshow
- Entwicklung einer Prüfmatrix zur Bewertung neuer KI-Anwendungen im Konzern und Erweiterung des Privacy- and Security-Assessment um das Thema Digitale Ethik
- Pilotierung zur Vergabe eines internen Prüfsiegels
- Sensibilisierung von Lieferanten, die KI-Leitlinien der Deutschen Telekom als Maßgabe zu verstehen

Die Produktivitätsgewinne durch KI werden vermutlich auch bei der Telekom Arbeitsplätze kosten. Heute bereits verändern sich die Anforderungsprofile der Jobs. Das Projekt zielt auch auf die Reputation als innovativer und verantwortungsbewusster Arbeitgeber ab. Damit kann das Unternehmen seine Attraktivität für junge Talente und Fachkräfte erhöhen, die neue Kompetenzen rund um KI in das Unternehmen einbringen. Als internes Change-Projekt transportiert es, die sich durch KI-verändernden Anforderungen an Beschäftigte in Bezug auf Fähigkeiten am Arbeitsplatz.

Gesellschaftliche Wirkung des Projekts Gesellschaftlich gefordert wird Nachvollziehbarkeit, Kontrolle und Korrekturmöglichkeit der Ergebnisse von KI-gestützten Entscheidungen. Die KI-Leitlinien legen als „Code of Conduct" die Grundlage dafür.

Mit dem Projekt zeigt das Unternehmen pionierhaft, dass es bereit ist, Verantwortung für die Entwicklung und Nutzung von KI zu übernehmen. Es bildet eine Diskursplattform zum Thema. Dazu wurden Roundtables zum Austausch mit gesellschaftlichen Gruppen im Forum für Digitale Ethik sowie eine externe internationale Konferenz zu Digitaler Ethik im März 2019 durchgeführt.

Wie „wertvoll" eine solche Selbstverpflichtung für Gesellschaft, Nachhaltigkeit und digitale Ethik ist, kann heute noch nicht bewertet werden. Um eine gesellschaftliche Wirkung zu erzielen, könnten zukünftig Kräfte brancheninternt oder -übergreifend gebündelt werden und unabhängige Prüf- oder Auditmechanismen eingeführt werden, die Stakeholder- und Verbrauchervertrauen zulassen und bestärken (vgl. Abschn. 4.3).

5.2.3 Digitale Nachhaltigkeit: Deutsche Bahn und das Open-Data-Portal für Mobilität

Wie die Deutsche Bahn mit einem Open-Data-Projekt einen Beitrag zum Gemeinwohl durch Zugang und nachhaltige Nutzbarkeit von unternehmensinternem digitalem Wissen leistet, wird im folgenden Praxisbeispiel dargestellt (vgl. Abschn. 3.2.6).

Das Engagement-Projekt Mit dem Portal „DB Open Data" und den „DB Hackathons" ermöglicht es die Deutsche Bahn AG externen und internen Innovatoren, neue digitale Services zur Verbesserung von Mobilität zu entwickeln und zu verproben. Durch das Teilen von Daten auf einfache Art und Weise unter offenen Lizenzen können nach dem Open-Source-Prinzip digitale Anwendungen und neue Einblicke durch Datenanalysen entstehen. Die zur Verfügung gestellten Daten sowie ausgelobten Wettbewerbe sollen dazu beitragen, dass die Nutzung der Bahn und anderer öffentlicher Verkehrsmittel effektiver wird, neue Kundengruppen durch digitale Anwendungen angesprochen werden und der Zugang zur Nutzung öffentlicher Verkehrsmittel einfacher wird.

Die unterschiedlichen Datensätze werden meistens unter der „Creative Commons Attribution 4.0 International" (CC BY 4.0)-Lizenz veröffentlicht. Mit dieser Lizenz ist es möglich, die Daten beliebig zu kopieren, zu nutzen und zu modifizieren. Lediglich die Bahn als Urheber der Daten ist zu nennen.

Folgende Daten stehen beispielsweise öffentlich zur Verfügung

- Bahnsteigdaten: Bahnhofsnummer, Bahnsteignummer, Nummer der Bahnsteigkante, Gleis, Bahnsteiglänge, Höhe Bahnsteigkante
- Betriebsstellenverzeichnis: Bahnhöfe, Anschluss-, Ausweichanschluss-, Abzweig-, Überleitstellen, Haltepunkte, Blockstellen, Streckenwechsel
- Stationsdaten: Adresse, Bahnhof, Station, Nahverkehr, Fernverkehr
- Zusätzlich werden Daten in Echtzeit über Programmierschnittstellen bereitgestellt, z. B. zur Leihrad-Verfügbarkeit, Zugabfahrten und Aufzugsnutzbarkeit.

(Vgl. Deutsche Bahn 2019; Scheibler 2016)

Das Open-Data-Portal hat über 200.000 Besucher und über 6000 registrierte Entwickler mit 300 Projekten unterschiedlicher Größe.

Zum Engagement gehört ein regelmäßiger Austausch mit anderen Bahnen, insbesondere den österreichischen, schweizerischen und französischen Bahnbetrieben ÖBB, SBB und SNCF sowie mit der „East Japan Railway Company", einem japanischen Bahnbetreiber. Seit 2015 wurden 14 Hackathons, kollaborative offene Softwareentwicklungs-Veranstaltungen, teilweise in Kooperation mit Schweiz und Österreich („Drei-LänderHack"), sowie einer zusammen mit dem japanischen Bahnbetreiber veranstaltet (vgl. DB mindbox 2019).

Anspruch des Unternehmens zu CDR Nachhaltigkeit ist Bestandteil der Unternehmensstrategie der Deutschen Bahn. Sie möchte die Potenziale der Digitalisierung nutzen, um den Verkehr auf der Schiene zu maximieren und dabei gleichzeitig die Auswirkungen auf Mensch und Umwelt so gering wie möglich zu halten. Mit diesen Bestrebungen gehen auch die Aktivitäten zur digitalen Verantwortung einher. Digitale Verantwortung wird als integrativer Bestandteil der Unternehmensverantwortung betrachtet und Digitalisierung soll von Beginn an verantwortungsvoll gestaltet werden.

Ziel ist dabei sowohl digitale Technologien zu nutzen, um die Bahn umweltschonender und sicherer machen als auch das Vertrauen der Kunden, wenn es um den Umgang mit ihren Daten geht, zu erhalten. So möchte das Unternehmen eine „qualitativ hochwertige Digitalisierung für alle" vorantreiben.

Mit der Bereitstellung der Daten über das „Open Data Portal" möchte die Deutsche Bahn das Zeichen setzen, dass sie sich nach außen öffnet, um gemeinsam mit anderen Akteuren an Lösungen zu arbeiten. Aus ihrer Sicht stellen Daten zunehmend die Grundlage für innovative Produkte dar. Durch die Bereitstellung von Daten sollen Prozesse verbessert, Bahnfahren erleichtert oder eine inklusive Teilhabe an Mobilität ermöglicht werden.

Projektpartner und Stakeholder Die Wettbewerbe auf Basis des Open-Data-Portals werden von dem „Digitallabor" und Startup-Inkubator der Deutschen Bahn, der DB mindbox, und dem internen IT-Dienstleister DB Systel mit seinem Innovationsprojekt Skydeck durchgeführt.

Wesentliche Stakeholder sind die Innovatoren, Entwickler, Startups, Mobilitätspartner und Dienstleister, die mit dem Zugang zu Daten der Deutschen Bahn neue innovative Ideen entwickeln können. Sie nutzen die Daten, um eigene neue Anwendungen und Geschäftsmodelle zu entwickeln oder im zivilgesellschaftlichen Engagement als Teil der Open-Data-Bewegung. Zivilgesellschaftliche Stakeholder des Projekts sind z. B. „Code for Germany Labs" der Open Knowledge Foundation oder Open-Data-Initiativen sowie Kommunen und öffentliche Verwaltung.

Interne Partner sind die internen Datenbereitsteller sowie interne Nutzer der Daten, z. B. zur Erhöhung Datenqualität und Nutzung von Daten für datengetriebene Geschäftsmodelle, bessere Kundenservices und interne Prozesse. Den Rahmen für das Projekt setzt die Datenstrategie des Konzerns. Es finden regelmäßige Austausche mit dem Nachhaltigkeitsmanagement statt.

Unternehmerische Wirkung des Projekts Durch das Bereitstellen von Daten im Open-Data-Portal unter offenen Lizenzen können nach dem Open-Source-Prinzip digitale Anwendungen und Innovation durch Datenanalysen entstehen. Der geschäftliche Nutzen liegt insbesondere in der Anbahnung der Zusammenarbeit mit innovativen Entwicklern und Digitalunternehmen bzw. Startups. Der bessere Zugang zu Daten ermöglicht die Entwicklung neuer digitaler Services, Datenanalysen und digitale Geschäftsmodelle durch die Deutsche Bahn. Damit hat das Projekt eine enge Verbindung zum Kerngeschäft sowie der strategischen Weiterentwicklung des Unternehmens.

Erfolgreiche Ergebnisse des Projekts sind (vgl. Sooth und Tausch 2017):

- „Aufzugswächter" im Bahnhof: Automatisierte Informationsmeldungen live zur Betriebsbereitschaft der Aufzüge
- Barrierefrei-App für mobilitätseingeschränkte Kunden
- Anwendungen externer Entwickler und Zusammenarbeit mit Startups bei der DB mindbox
- Betatestplattform.de für Nutzer von öffentlicher Mobilität und Entwickler – Betatests, Codebeispiele Bildung einer Mobilitätsdatencommunity

Neben der beschleunigten Innovation durch extern entwickelte digitale Services und Apps und dem verbesserten Austausch mit externen Innovatoren, kann das interne Innovations-Know-How z. B. beim Umgang mit neuen agilen Entwicklungsformaten gefördert werden. Das Engagement kann zur Verbesserung der Reputation der Bahn im Kontext von Innovationskraft beitragen und damit Talente und Fachkräfte anziehen.

Für die CDR-Maßnahme ist die Konzerneinheit DB mindbox im Vorstandsbereich des Chief Digital Officers, zusammen mit dem internen IT-Dienstleister DB Systel und den Fachbereichen aus Geschäftsfeldern und Konzernprogrammen, verantwortlich.

Gesellschaftliche Wirkung des Projekts Durch die Öffnung und Zugang zu 35 Mio. Datensätzen im Bereich Bahninfrastruktur in CC BY 4.0-Lizenz legt die Deutsche Bahn die Grundlage für digitale Nachhaltigkeit und verhindert damit die Unternutzung der vorliegenden Daten.

Mobilität ist ein grundlegendes Bedürfnis der Menschen in Deutschland und anderswo. Um glaubwürdig gesellschaftliche Verantwortung zu zeigen, ist die gesellschaftliche Wirkung wesentlich: Welchen gesellschaftlichen Nutzen stiften die Daten? Wie tragen sie zur Emanzipation der Nutzer bei? Welche Innovationskraft entfalten sie? Die offenen Daten der Bahn können als Grundlage für digitale zivilgesellschaftliche Projekte oder auch Unternehmensgründungen zur Verbesserung von Mobilität und Bahnfahren dienen.

Gerade Bedürfnisse von besonderen Personengruppen, die weder aus wirtschaftlichen Erwägungen noch durch die sozialstaatliche Fürsorge berücksichtigt werden, könnten so abgedeckt werden, wie z. B. von Menschen mit Mobilitätseinschränkungen und Gehbehinderungen. Mit den zur Verfügung gestellten Daten z. B. zur Nutzung von Fahrrad-Sharing, den Zugverbindungen und der Aufzugsfunktionalität werden für entsprechende gesellschaftliche Gruppen digitale Teilhabeprojekte einfacher umsetzbar.

Einzelne Ergebnisse wie die „Barrierefrei-App" weisen auf eine entsprechende Entwicklungsrichtung hin. Es liegen jedoch keine Erkenntnisse vor, wie umfangreich der gesellschaftliche Nutzen des Projekts ist.

5.2.4 Transformation der Arbeitsplätze: Testbirds und der Code of Conduct für Crowdworking

Testbirds ist ein junges Unternehmen und spezialisiert auf das Testen von Software wie Apps, Webseiten oder Internet-of-Things-Anwendungen für die Optimierung von Benutzerfreundlichkeit und Funktionalität. Dies setzt Testbirds mit Crowdworkern um. Mit über 300.000 registrierten Testern in 193 Ländern zählt Testbirds zu den weltweit führenden Crowdtesting-Anbietern. Das Unternehmen übernimmt Verantwortung für die Transformation der Arbeitsplätze durch die Digitalisierung und setzt sich für eine erweiterte Arbeitgeberfürsorge für die freiberuflich arbeitenden Crowdworker an den digital-gestützten Arbeitsplätzen ein (vgl. Abschn. 3.2.7).

Das Engagement-Projekt Zentral für das Engagement des Unternehmens ist der „Code of Conduct – Grundsätze für bezahltes Crowdsourcing/Crowdworking". Es handelt sich dabei um einen Leitfaden für eine gewinnbringende und faire Zusammenarbeit. Er ist ein freiwilliges Regelwerk für Crowdworking-Anbieter, das auf Initiative von Testbirds im Jahr 2015 entstanden ist. Unterzeichnende Unternehmen verpflichten sich zur Einhaltung der niedergeschriebenen Grundsätze und dazu, diese innerhalb ihres Unternehmens und im Umgang mit Dritten zu fördern (vgl. Testbirds 2019a).

Crowdworking unterliegt in der Regel den gleichen gesetzlichen Regelungen wie Freiberuflichkeit oder selbstständiges Unternehmertum und stellt dann kein dauerhaftes, sozialversicherungspflichtiges Arbeitsverhältnis dar. Während Crowdworking in vielen Ländern vor allem als Nebenjob oder in Teilzeit ausgeführt wird, können einige Crowdworker diese Beschäftigungsart bereits als Haupteinnahmequelle nutzen. Crowdworker können jederzeit selbst entscheiden, ob sie einen Auftrag annehmen möchten. In der Regel sind sie bei der Zeiteinteilung weitestgehend frei. Auf der anderen Seite gibt es von den Plattformbetreibern keine Auftragsgarantie, da das Angebot durch den Markt bestimmt wird. Dadurch ergeben sich Chancen für selbständige Arbeitnehmer, aber auch soziale Risiken (vgl. Abschn. 2.2.7).

Der Code of Conduct setzt sich aus 10 selbstdefinierten Regeln zusammen, die die aktuelle Arbeitsgesetzgebung vervollständigen sollen, indem sie ein komfortables, sicheres, motivierendes und lukratives Umfeld für Kunden, Serviceanbieter und Arbeitnehmer der Crowdsourcing-Industrie schaffen. Dabei liegen die Schwerpunkte unter anderem auf Themen wie angemessener Bezahlung, motivierender Arbeit, Datenschutz und einer offenen Kommunikation. Zusätzlich beinhaltet die Zielsetzung Aufklärung im Allgemeinen sowie eine klare Differenzierung unterschiedlicher Arten von Crowdworking. Der Code of Conduct im aktuellen Format bezieht sich auf Crowdworking als Form digitaler Arbeit im Gegensatz zu Aufgaben, die lediglich die Organisation der Arbeit über eine Plattform abwickeln (z. B. Lieferdienste, vgl. Abschn. 2.2.7).

Im Juli 2015 wurde der Code of Conduct im Rahmen eines Round Tables mit Wirtschaftsvertretern, Forschern und Gewerkschaftsmitgliedern der Öffentlichkeit vorgestellt. Es gab eine positive Resonanz auf das Projekt. Die Grundsätze sollen zukünftig in enger Zusammenarbeit mit dem Deutschen Crowdsourcing Verband e. V., der IG Metall sowie allen Mitgliedern kontinuierlich weiterentwickelt werden (vgl. IG Metall 2019a).

Anspruch des Unternehmens zu CDR Crowdsourcing, das Auslagern von Projekten und Aufträgen an weltweit mit dem Internet vernetzte Arbeitende, ist ein Resultat der Digitalisierung. In den letzten Jahren hat diese neue Arbeitsform mehr und mehr zugenommen und konnte sich mittlerweile als fester Bestandteil der Arbeitswelt etablieren. Die Chancen und Risiken sind jedoch noch Teil der gesellschaftlichen Debatte.

Der Code of Conduct soll als Orientierung dienen und dazu beitragen, Crowdworking als moderne Form des Arbeitens zu einer Win-Win-Situation für alle Beteiligten zu machen und so das positive Potential dieser neuen Beschäftigungsform zu entfalten.

Testbirds möchte diese Entwicklung proaktiv mitgestalten und am öffentlichen Diskurs teilnehmen – zwischen Marktregulierung, Gesetzgebung und der freien Entwicklung neuer, digitaler Arbeitsformen. Der Verhaltenskodex stellt somit eine Initiative für gutes Crowdworking sowie für die künftige Entwicklung dieser neuen Arbeitsform dar.

Projektpartner und Stakeholder Der Code of Conduct wird vom Deutschen Crowdsourcing Verband e. V. unterstützt und wurde mittlerweile von neun führenden Anbietern unterzeichnet: Streetspotr, clickworker, content.de, Crowd Guru, appJobber, ShopScout, BugFinders, jovoto und textbroker (vgl. Testbirds 2019a). Testbirds ist Initiator des Code of Conducts und gestaltet die Entwicklung mit.

Die Unterzeichner verstehen sich dabei als Sprachrohr sich selbst verpflichtender Plattformen im Austausch mit Politik, Wissenschaft und anderen gesellschaftlichen Gruppen, wie Gewerkschaften oder Verbänden. Da der Verhaltenskodex eine freiwillige, selbstauferlegte Verpflichtung darstellt, kann dieser außerhalb des Kreises der Unterzeichner keine Gültigkeit für sich beanspruchen. Allerdings sind ausdrücklich alle interessierten Unternehmen eingeladen beizutreten.

Neue Beschäftigungsmodelle, so wie das Crowdsourcing, beeinflussen und verändern sowohl den Einzelnen wie auch Arbeitgeber und soziale Institutionen. Die Interessenslagen der unterschiedlichen Interessensgruppen unterscheiden sich dabei teilweise erheblich.

Ziel des Code of Conducts ist es, allgemein gültige Leitlinien für das eigene Handeln im Rahmen von bezahlter Crowdarbeit zu etablieren und so eine Basis für ein vertrauensvolles und faires Miteinander zwischen Unternehmen, Plattformbetreibern und Crowdworkern zu schaffen. Auch soll der Austausch zwischen Politik, Wissenschaft und anderen gesellschaftlichen Gruppen, wie Gewerkschaften oder Verbänden gefördert werden.

Wichtigste Stakeholdergruppe sind die Crowdworker selbst. Für sie steht vor allem Gerechtigkeit in Bezug auf die eigene Arbeit im Fokus.

Unternehmerische Wirkung des Projekts Das Projekt setzt am Unternehmenskern von Testbirds an, die mit der Plattform die Arbeit der „Crowd" zugänglich machen und ihre Wertschöpfung daraus beziehen. Die Akzeptanz der neuen Arbeitsform Crowdworking ist daher eng mit dem Geschäftserfolg der Plattformbetreiber verbunden.

„Im Idealfall sind Crowdworker stark involviert, integriert, kenntnisreich, kommunikativ, vermittelnd und vielseitig. Der Code of Conduct unterstützt dies sowie die Zufriedenheit der Crowdworker", sagt Markus Steinhauser, Chief Operating Officer bei Testbirds.

Nach Einschätzung des Unternehmens, wird der Code of Conduct als sehr positiv bei Crowdworkern aufgenommen, wenn sie davon wissen. Das Engagement kann die Reputation von Testbirds als verantwortungsbewusstem Arbeitgeber fördern und damit sowohl bei Rekrutierung der Crowdworker unterstützen als auch die Bindung an das Unternehmen erhöhen. Die fairen Arbeitsbedingungen sollen zur Zufriedenheit der Crowdworker als Motivator und Treiber für Leistung und optimale Arbeitsergebnisse beitragen (vgl. Testbirds 2019b). Im Unternehmen ist der Bereich Marketing und Kommunikation für das Projekt zuständig.

Selbständigen Auftragnehmern mehr Rechte einzuräumen und fair zu bezahlen, könnte im weltweiten globalen Wettbewerb einen Wettbewerbsnachteil darstellen. Der wirtschaftliche Erfolg des Unternehmens zeigt, dass dieses Risiko aktuell nicht zutrifft.

Gesellschaftliche Wirkung des Projekts Crowdworker haben nicht die Rechte von (sozialversicherungspflichtigen) Arbeitnehmern, aber ihre Anzahl ist stark steigend. Das Engagement von Testbirds sowie der Unterzeichner des Code of Conduct zielt auf einen wesentlichen Kern der Veränderung von Arbeit durch Digitalisierung ab. Die Ansprüche von Arbeitnehmern an eine qualitätsvolle, fair bezahlte und menschengerechte Arbeit trotz und mit digital-gestützten Arbeitsplätzen werden dabei unternehmerisch verantwortungsvoll aufgegriffen. Ebenso soll die soziale Verbindung, die Arbeit schafft, durch die Community „in das Netz" überführt werden.

Es soll dabei mitwirken, die aktuell vorhandenen Unklarheiten hinsichtlich der konkreten Ausgestaltung von Crowdworking-Arbeitsverhältnissen zu beseitigen – insbesondere in arbeitsrechtlicher Hinsicht, im Hinblick auf die unternehmerische Verantwortung gegenüber den Crowdworkern und auch in Bezug auf die Sozialpartner-Kooperation in den neuen Beschäftigungsformen. Daher fördert das Projekt den Dialog von Politik und Wirtschaft mit dem Ziel potentielle Gesetzgebung in Zukunft zu beeinflussen statt.

Ob dieser Anspruch erfüllt wird, zeigt sich in konkreten kritischen Fällen, in denen sich Crowdworker benachteiligt oder unfair behandelt fühlen. Um einen neutralen und öffentlichen Ansprechpartner anzubieten, wurde eine Ombudsstelle im November 2017 eingerichtet, die zwischen gegensätzlichen Interessen, die bei der Arbeit auf Plattformen auftreten können, vermittelt (vgl. IG Metall 2019b). Im ersten Rechenschaftsbericht der Ombudsstelle wird veröffentlicht, das seit der Berufung 30 Fälle bearbeitet wurden. Dabei wurden vorrangig einvernehmliche Lösungen gesucht (vgl. IG Metall 2019c). So werden die Crowdworker gestärkt und es ihnen ermöglicht, Streitigkeiten, die sonst unbeachtet geblieben wären, über eine neutrale Stelle beizulegen.

Das Projekt zielt darauf ab, den „digitalen Tagelöhnern" ähnliche Rechte zu geben, wie regulären Arbeitnehmern. Da Crowdworking ein weltweites Phänomen ist, stellt sich die Frage, wie mit möglicher Ausbeutung und sozialen Risiken zukünftig europa- und weltweit umgegangen werden wird. Obwohl der Code of Conduct und die Ombudsstelle international gelten, hat bisher erst ein nicht in Deutschland ansässiges Unternehmen unterzeichnet. Die internationale Wirkung auszubauen, könnte daher einen wichtigen nächsten Schritt darstellen.

5.2.5   „Grüne Nischen" und Social Impact: nebenan.de und die Stärkung der Nachbarschaft

Es braucht digitale Geschäftsmodelle zur nachhaltigkeitsorientierten bzw. sozialen Innovation, um das Wirtschaften „für eine bessere Welt" zu stärken (vgl. Abschn. 3.2.11). Das Nachbarschaftsnetzwerk „nebenan.de" stellt ein Beispiel für eine soziale Innovation basierend auf einem digitalen Geschäftsmodell dar.

Das Engagement-Projekt „nebenan.de" des Startups Good Hood stärkt Nachbarschaft und lokales Vertrauen sowie gesellschaftlichen Zusammenhalt durch hyperlokale soziale Netzwerke, d. h. durch Netzwerke, die physisch und digital miteinander verschmolzen sind (vgl. Good Hood 2019a).

Die gesellschaftliche Herausforderung, auf die damit reagiert wird, ist die globale soziale Vernetzung und „Always on" auf der einen Seite und der vermeintliche Verlust der Bedeutung des lokalen Beziehungsnetzwerks des Einzelnen auf der anderen Seite. Dabei entsteht gerade durch die Globalisierung der Wunsch nach lokaler Stabilität und Vertrauen. Auch ganz praktisch kann ein funktionierendes lokales Beziehungsnetzwerk bei steigender Anzahl von Alleinerziehenden, Singles und älteren Personen im Alltag unterstützen. Vielfältige digitale Angebote wie Nachbarschaftsplattformen, Tauschbörsen oder Facebook-Gruppen sind auf diese lokalen Räume ausgerichtet und wollen Nachbarschaft digital unterstützen und stärken (vgl. Schreiber et al. 2017). Diese Online-Netzwerke verbinden nicht Freunde und Bekannte über Grenzen hinweg, sondern Bewohner innerhalb einer Nachbarschaft.

Das 2015 in Berlin gegründete Nachbarschaftsnetzwerk „nebenan.de" ist Marktführer in Deutschland. Es entwickelt sich schnell und vernetzt inzwischen über 1,3 Mio. aktive Nachbarn in 7000 der etwa 25.000 Stadtviertel und Ortschaften in Deutschland (vgl. Tönnesmann 2018).

„nebenan.de" ist eine Desktop- und Mobilanwendung, die nur echte, adressveri-fizierte Anwohner im Klarnamen miteinander vernetzt. Dabei gelten hohe Datenschutz-regularien; es sollen keine Informationen und Daten in das offene Internet dringen. Die Plattform soll ein nützliches Online-Instrument für „Offline- Begegnungen" sein. Damit ein guter Umgangston untereinander gepflegt wird, bestehen „Netiquette" nach dem Motto: „Sei nett, sei ehrlich, sei hilfsbereit" (vgl. Good Hood 2019b).

Da man sich (im echten Leben und auf nebenan.de) seine Nachbarn nicht aussuchen kann (im Gegensatz zu Facebook), sollen sich keine Filterblasen und Echokammern wie in den großen sozialen Netzwerken bilden. Die Nachbarschaftsplattform soll neue Men-schen miteinander zum ersten Mal in Kontakt und ins Gespräch bringen. Da die Nutzer in unmittelbarer Nähe voneinander wohnen und alle mit echter Identität in einem geschützten Raum unterwegs sind, können gemeinsame Aktivitäten und Projekte entstehen.

Anspruch des Unternehmens zu CDR Das Ziel des Unternehmens ist der Aufbau lokaler, sozialer Netzwerke für Nachbarn in Europa. Aktuell werden digitale Nachbar-schaftsnetzwerke in Deutschland, Frankreich, Spanien und Italien betrieben. Dies schafft soziale und nachhaltige Gemeinschaften auf lokaler Ebene (vgl. Good Hood 2019c).

Konkret heißt das, die Eintrittsbarriere in die Nachbarschaft beispielsweise bei Umzug zu senken, mehr Vertrauen unter den Nachbarn zu schaffen und so zu einem bes-seren nachbarschaftlichen Austausch und solidarischerem Umgang miteinander zu kom-men. Durch das so entstehende soziale Kapital wird der gesellschaftliche Zusammenhalt gestärkt und große Probleme, wie Einsamkeit und demographischer Wandel angegangen.

Anstoß für das Unternehmen war die von den Initiatoren selbst gefühlte Anonymi-tät der Großstadt: Warum kann man im 21. Jahrhundert zwar internationale Video-konferenzen kostenlos auf dem Handy führen, jedoch keine E-Mail an seine direkten Nachbarn schreiben? Diese fehlende lokale, digitale Infrastruktur soll mit nebenan.de und den anderen europäischen Nachbarschaftsnetzwerken geschaffen werden.

Projektpartner und Stakeholder Good Hood arbeitet mit tausenden lokalen gemein-nützigen und kommunalen Organisationen zusammen und hat u. a. eine Partner-schaft mit Diakonie Deutschland. Organisationen und kommunale Partner erhalten mit dem. „Organisationsprofil" einen offiziellen Auftritt bei nebenan.de und können mit Anwohnerinnen und Anwohnern in Dialog treten. Sie liefern lokale Inhalte, aktivieren Nachbarn, fördern das bürgerschaftliche Engagement und machen die Plattform zudem bekannt. Dafür bekommen sie lokale Reichweite, Sichtbarkeit und neue Kontakte vor Ort.

Neben den gemeinnützigen Organisationen, sind lokale Gewerbe, Städte und Gemeinden und die privaten Nachbarn wesentliche Stakeholder von nebenan.de. Weiter-hin können die Investoren und Kapitalgeber des Startups als Stakeholder gelten.

Unternehmerische Wirkung des Projekts Good Hood als Startup ist Betreiber der „nebenan.de"-Plattform. 2017 wurde die gemeinnützige nebenan.de-Stiftung gGmbH als Tochterunternehmen gegründet, die den „Deutschen Nachbarschaftspreis" auslobt (vgl. Good Hood 2019f).

Die Nutzung von nebenan.de ist für Privatpersonen kostenlos. Die Gründer schließen ein Geschäftsmodell aus, das auf der Weitergabe der Nutzerdaten zu Werbezwecken basiert, wie bei anderen Sozialen Medien. Dadurch entgehen dem Unternehmen relevante Einnahmequellen digitaler Geschäftsmodelle. Stattdessen sollen die Einnahmen über „alle Akteure der Nachbarschaft" erzielt werden. Noch macht das Unternehmen keine Profite. Es wird durch freiwillige Förderbeiträge von Mitgliedern, Werbebeiträgen von lokalem Gewerbe auf der Plattform sowie Förderung von Städten und Gemeinden getragen (vgl. Good Hood 2019d).

Für die Expansion konnte Risikokapital in Höhe von 16 Mio. EUR akquiriert werden. Zu den Investoren gehören „Lakestar", eine Beteiligungsgesellschaft, die auch in datennutzende Geschäftsmodelle investiert, „Burda Principal Investments" und weitere Medienhäuser (vgl. Richters 2018).

Es wird davon ausgegangen, dass auch die hypersozialen Netzwerke ein quasi-natürliches Monopol durch positive Netzwerkeffekte bilden („Winner-takes-all-Markt"; vgl. Tönnesmann 2018, vgl. Abschn. 1.3.4). Als Wettbewerbsstrategie dient daher die schnelle Expansion und Gewinnung einer relevanten Menge von Marktteilnehmern. Zukünftig wird Good Hood sich selbst tragen sowie die Renditeerwartungen der Investoren bedienen müssen. Ob diese Art des Geschäftsmodells ökonomisch nachhaltig sein kann, kann bisher nicht beantwortet werden.

Gesellschaftliche Wirkung des Projekts Mit der Digitalisierung entsteht die Möglichkeit, mit innovativen digitalen Geschäftsmodellen gesellschaftliche Wirkung und Missstände zu beseitigen. Im Fall von Good Hood ist es der Aufbau von „sozialem Kapital" in der Nachbarschaft. Damit fördert das Unternehmen soziale Innovation und zeigt gesellschaftliche Verantwortung.

Wissenschaftlich wird heute davon ausgegangen, dass „mit digitalen sozialen Medien und Nachbarschaftsplattformen der Aufbau von sozialem Kapital und Unterstützungsnetzwerken vor Ort befördert werden kann." (Schreiber et al. 2017, S. 216). Ob Good Hood die angestrebte gesellschaftliche Wirkung erzielt, ist bisher nicht gezeigt. Indikatoren dafür könnten die große Resonanz der Gemeinschaften sein, beispielsweise konnten 3000 lokale Begegnungsfeste am „Tag der Nachbarn" 2019 initiiert werden und jährlich gehen über 1000 Projektbewerbungen beim „Deutschen Nachbarschaftspreis" ein (vgl. Good Hood 2019e, 2019f). Auch zahlreiche qualitative Interviews mit Nutzerinnen und Nutzern von nebenan.de zeigen, wie Solidarität und gegenseitige Unterstützung auf der Plattform zum Tragen kommen (vgl. Kappes 2019).

Um die Wirkung genauer zu untersuchen, hat das Unternehmen im Juli 2019 eine interne Umfrage unter 700.000 Nutzern durchgeführt. Über 80 % gaben an, ein gutes Verhältnis zu ihren Nachbarn zu haben; über 75 % fühlen sich in ihrer Nachbarschaft zu Hause. Ca. 90 % gaben an, ihren Nachbarn mit Tipps, beim Einkaufen oder durch Verleih zu helfen. Auch der Austausch zwischen Generationen wurde deutlich: 45 % sagten, über nebenan.de neue Menschen kennengelernt zu haben. 75 % erklärten sich bereit, älteren oder benachteiligten Nachbarn zu helfen. (Details zur Umfrage sollen im Oktober 2019 veröffentlicht werden.)

5.2.6 Ethisches Marketing: Avocadostore und der Konsumverzicht am Black Friday

Online-Werbe- und Marketingtaktiken im Sinne eines Umwelt- und Klimaschutzes ökologisch, ethisch sowie beziehungsorientiert auszurichten, dafür engagiert sich der Avocadostore und trägt damit Verantwortung im CDR-Cluster „Ethisches Marketing" (vgl. Abschn. 3.2.13). Der grüne Online-Händler ist Marktführer in seiner Nische und Deutschlands größter Marktplatz für „Eco Fashion & Green Lifestyle" (vgl. Avocadostore 2019).

Das Engagement-Projekt In der Kommunikationskampagne „#NoBlackFriday" setzt der Avocadostore an der Gegenbewegung zu den Sonderangeboten des sog. „Black Friday" an, die den Konsum steigern sollen an.

Der globale Konsum nimmt, auch befördert durch den Online-Handel, von Jahr zu Jahr zu. Als Kaufanlass werden „erfundene Feiertage" genutzt. Am sog. „Black Friday" und „Cyber Monday" wurden im Jahr 2017 in Deutschland Umsätze in Höhe von 1,7 Mrd. EUR erzielt. Für 2018 wurde mit 2,4 Mrd. EUR gerechnet. Zum Vergleich: Der chinesische Internet-Händler Alibaba setzte allein in den ersten Minuten des „Black Friday" waren im Wert von als 1,27 Mrd. EUR um (vgl. BR24 2018; Hoffmann 2018).

Die Maßnahme setzt am Trend an, dass der „Black Friday" immer stärker im Marketing aufgegriffen und vermarktet wird. Online und offline werden bereits eine Woche vor dem Tag zahlreiche Anreize an die Kunden gesendet, die zum unüberlegten Konsum auffordern, der nicht vom Bedarf abhängt, sondern allein durch den Reiz des „Schnäppchens" ausgelöst wird. Es entsteht auch ein Gegentrend aus Nachhaltigkeitsperspektive (vgl. Utopia 2018).

Mit der CDR-Maßnahme möchte sich das Unternehmen klar gegen solche „Knappheits- und Schnäppchenstrategien" im E-Commerce-Bereich positionieren und gegensteuern. Es soll klar gestellt werden, dass Avocadostore diese Entwicklung nicht mitmacht: Um dies umzusetzen, wurden in der Online-Kommunikation des Avocadostore Kunden und Kundinnen vor und am „Black Friday 2018", d. h. dem 23.11.2018, dazu angeregt, über ihre Konsumbedürfnisse nachzudenken und ggf. auch auf einen Kauf zu verzichten. Dies erfolgte mit dem Hashtag „#NoBlackFriday", dem Slogan „Schnäppchen kratzen uns nicht, wir sind für faire Deals!" sowie dem animierten Bild eines sich kratzenden Faultiers (vgl. Facebook 2018). Die Kommunikation erfolgte über ein Posting auf diversen Social-Media-Plattformen wie Facebook und Instagram sowie wurde in einem Newsletter an die etwa 100.000 Abonnenten. Da die Anzeige nicht bevormunden will oder ein „schlechtes Gewissen" bereiten möchte, wurde sie humorvoll konzipiert. Es wurde – entgegen absatzorientierten Maßnahmen – auf einen „Call-to-Action Button" zum Shop verzichtet.

Auch im Jahr 2019 ist eine Aktion zum Konsumverzicht am „Black Friday" innerhalb Deutschlands und Österreichs geplant.

Anspruch des Unternehmens zu CDR Avocadostore möchte seine Kundinnen und Kunden zu einem nachhaltigeren Leben inspirieren. Der Avocadostore ist ein Online-Marktplatz, in dem umwelt- und sozialverträglich produzierte Waren gekauft werden können. Die Angebote im Marktplatz werden anhand von spezifischen Kriterien für nachhaltige Herstellung und umweltfreundliche Produkte vorausgewählt (vgl. Avocadostore 2019). Die Kundinnen und Kunden des Avocadostore können so darauf vertrauen, dass sie wirklich eine nachhaltigere Alternative zu klassischen Angeboten erwerben können.

Diese Nachhaltigkeitspositionierung wird auch in der Kommunikationsstrategie fortgesetzt, um Authentizität und Vertrauen zu erzielen. Dazu gehört bei den Social Media- und Online-Marketing-Aktivitäten eine suffizienzfördernde Kommunikation, z. B. durch Hinterfragen des Kaufgrunds oder die Sensibilisierung für einen bewussten Konsum. Die beschriebene "NoBlackFriday"-Kampagne ist ein Beispiel dafür. Auch die Kommunikationsmaßnahme „Brauchst Du es unbedingt?", die wissenschaftlich begleitet und evaluiert wurde, zeigt dies (vgl. Gossen und Frick 2018). Dabei wurden die Shopbesucher vor einem Kauf noch einmal gefragt, ob sie das Produkt wirklich brauchen oder ob sie es nicht gebraucht kaufen oder leihen könnten.

Projektpartner und Stakeholder Die Zielgruppe des Unternehmens sind Kundengruppen, die sich bewusster ernähren und kleiden möchten. Sie setzen sich damit auseinandersetzen, wie sie ihr Leben nachhaltiger gestalten können; manche beschäftigen sich mit dem Thema „Nachhaltiger Konsum". Relevante Stakeholdergruppe sind die Kundinnen und Kunden des Avocadostore und insbesondere die „Follower" und Abonnenten des Newsletters. Sie werden mit der Maßnahme adressiert.

Weitere zivilgesellschaftlicher oder andere Partner für die Maßnahme gab es nicht.

Unternehmerische Wirkung des Projekts Die Kritik an Konsum und der Verzicht auf einen Kauf, wirken auf den ersten Blick als Risiko für das wirtschaftliche Ziel eines Online-Händlers. Die Maßnahme ist jedoch eng mit dem Unternehmenskern von Avocadostore, dem Handel mit nachhaltigen Produkten, verbunden. Die Zielgruppe des Unternehmens sind umwelt- und nachhaltigkeitsorientierte Verbraucher, die durchaus den Widerspruch zwischen Konsum und Nachhaltigkeit wahrnehmen.

Im Vordergrund steht hier nicht unmittelbar der Umsatz, sondern die Reputation des Unternehmens. Suffizienzfördernde Kommunikation in dieser Kundengruppe wird mehrheitlich positiv aufgefasst. Sie kann als uneigennützig wahrgenommen werden und die Glaubwürdigkeit und das nachhaltige Unternehmensimage steigern. Das strategische Motiv des Unternehmens Kundenbindung zu erhöhen und Gewinne zu maximieren, ist den Kunden zwar bewusst, wirkt sich aber nicht aus (vgl. Gossen und Frick 2018).

Dies bestätigt das konkrete Feedback auf die Kampagne von den Kunden: Sie sehen ihre eigene Nachhaltigkeitsorientierung durch das Unternehmen wider gespiegelt. Die Öffnungs- und die Klickrate im Newsletter war überdurchschnittlich gut; auf Instagram wurde der Post überdurchschnittlich gut geteilt.

Neben der Reputation kann so auch die Kundenbindung erhöht werden und ggf. auch die individuelle Relevanz des Avocadostores für den nächsten Kauf, d. h. möglichen Umsatz. So können nachhaltigkeitsorientierte Unternehmen von suffizienzfördernder Kommunikation und ethischem Marketing profitieren. Voraussetzung dafür ist jedoch das altruistische Motiv und Glaubwürdigkeit des Senders der Botschaft. Daher ist diese Aussage nur für Unternehmen mit hoher Nachhaltigkeitsreputation verallgemeinerbar (vgl. Gossen und Frick 2018).

Verantwortlich im Unternehmen für diese CDR-Maßnahme ist das Content Marketing.

Gesellschaftliche Wirkung des Projekts Vor dem Hintergrund der globalen Nachhaltigkeitsherausforderungen besteht ein gesellschaftlicher Anspruch darin, den „Teufelskreis des Konsums" zu durchbrechen. Auch von Unternehmen wird erwartet, dass sie gesellschaftliche Verantwortung durch die kritische Reflexion bei Marketing und Werbung übernehmen (vgl. Abschn. 2.2.13).

Es ist das Ziel der „#NoBlackFriday"-Kampagne war es, dass Verbraucherinnen und Verbraucher sich kritisch mit Konsum auseinandersetzen. Der Avocadostore setzte den Anspruch damit vorbildlich um.

Die Studie von Gossen und Frick (2018) zu suffizienzfördernder Kommunikation zeigte, dass die Anzeige „Brauchst Du es unbedingt?" tatsächlich zu suffizientem Konsum motivierte. Die Befragten wurden angeregt, „das eigene Konsumverhalten zu überdenken und auf dieser Grundlage möglicherweise gänzlich auf den Kauf neuer Produkte zu verzichten oder auf alternative Möglichkeiten wie Selbermachen, Gebrauchtkauf, Teilen oder Tauschen zurückzugreifen, wodurch wahllose Impulskäufe und unnötiger Konsum verhindert werden könnten." (Gossen und Frick 2018; S. 26). Ob auch die „#NoBlackFriday"-Kampagne dazu beigetragen hat, dass weniger gekauft wurde, wurde nicht untersucht.

Bisher ist unklar, ob suffizienzfördernde Kommunikation auch weniger nachhaltigkeitsaffinen Kundengruppen zu einem suffizienten Konsum motivieren und damit ethisches Marketing gegen den dauernden Anstieg des Konsums wirken könnte (vgl. Gossen und Frick 2018, S. 27).

Darüberhinausgehende offene Fragen sind, inwieweit Online-Handel nachhaltiger gestaltet werden kann, z. B. durch Verminderung von Logistik oder Verzicht auf Warenvernichtung, und inwieweit das Angebot nachhaltiger Produkte gesteigert und besser sichtbar gemacht werden kann (vgl. Gossen und Kampffmeyer 2019).

5.2.7   Ökologischer Footprint von Bits und Bytes: Konica Minolta und klimaneutrales Drucken

Durch die Reduktion des „ökologischen Fußabdrucks" der eigenen direkten und indirekten IKT-Nutzung, der sich im Zuge der Digitalisierung vergrößert, übernimmt Konica Minolta in einem Engagement-Projekt digitale Verantwortung (vgl. Abschn. 2.3.15).

Das Engagement-Projekt Im Projekt „Klimaneutrales Drucken" bietet Konica Minolta deutschen und europäischen Kunden von Druckservices die Möglichkeit, die durch den Druck indirekt entstehenden Treibhausgase zu kompensieren. Dabei wird durch Konica Minolta die Höhe der klimawirksamen Emissionen bei Drucker-, Papier- und Tonerproduktion, beim Druckertransport sowie der Druckernutzung bestimmt. Kunden haben dann die Möglichkeit mit dem Service „Klimaneutrales Drucken" diese Treibhausgasemissionen auf Basis des Druckvolumens zu kompensieren. Sie kompensieren durch sog. Zertifikate mit denen dieselbe Emissionsmenge in Klimaschutzprojekten des Projektpartners „Climate Partner" ausgeglichen wird.

Während Kunden die Nutzung „klimaneutralisieren", übernimmt Konica Minolta die Kompensation der Treibhausgasemission bei Produktion und Transport des Druckers etc. So wird sichergestellt, dass die gesamte Lieferkette und Nutzung klimaneutral gestellt wird.

In den letzten Jahrzehnten ist der Papierverbrauch in Deutschland ständig gestiegen und auch die Digitalisierung hat daran bisher nichts geändert (vgl. Oroverde 2019). Mit dem Projekt besteht nun die Möglichkeit, zwar nicht zum Erhalt der für das Papier notwendigen Bäume beizutragen – dies ginge nur mit weniger Ausdrucken – aber immerhin zur Reduzierung der Treibhausgas-Emissionen durch die Drucke beizutragen.

Ermöglicht wird dies durch einen Komplettservice für klimaneutrales Drucken für vernetzte Drucker. Für Kunden, die für den Service angemeldet sind, berechnet Konica Minolta die gesamten Treibhausgasemissionen jedes Drucksystems über seinen Lebenszyklus hinweg und kompensiert diese Emissionen mit einem Klimaschutzprojekt. Kunden erhalten ein Emissionszertifikat aus dem die eingesparten Treibhausgasemissionen hervorgehen (vgl. Konica Minolta 2019a). Treibhausgasemissionen werden in sog. CO_2-Äquivalente umgerechnet und zusammengefasst, einer Maßeinheit zur Vereinheitlichung der Klimawirkung der unterschiedlichen Treibhausgase wie Kohlendioxid, Methan oder Lachgas.

Der Service steht für Bürodrucker und Produktionsdrucker zur Verfügung. Ähnliche Services für andere Produkte des Unternehmens sind in Planung.

Anspruch des Unternehmens zu CDR Die „Eco Vision 2050" ist Konica Minoltas langfristiger Plan für eine nachhaltige Zukunft, der 2009 formuliert wurde. Sie basiert auf der Philosophie „The Creation of New Value" (Die Schaffung neuer Werte). Konica Minolta bekennt sich zur Nachhaltigkeit und hat sich in seiner „Eco Vision 2050" die Senkung des CO_2-Ausstoßes im gesamten Produktlebenszyklus um 50 % bis 2019 und 80 % bis 2050 (bezogen auf die Werte des Geschäftsjahres 2005) als wesentliches Ziel „auf die Fahnen geschrieben" (vgl. Konica Minolta 2018, S. 12).

„Es wird erwartet, dass Unternehmen eine entscheidende Rolle bei der Erreichung der UN-Ziele für nachhaltige Entwicklung spielen. Konica Minolta reagiert proaktiv auf diesen Bedarf, indem modernste digitale Technologien wie das Internet der Dinge, Künstliche Intelligenz und Robotik integriert werden", sagt Shoei Yamana, CEO von Konica Minolta.

Innovationen für Unternehmen und die Gesellschaft sind in der Konica Minolta-Strategie verankert. Die Entwicklung von klimaneutralen Lösungen für Kunden kann daher als logische Konsequenz dieser Mission gesehen werden.

Damit steht das Projekt im Zusammenhang mit weiteren Maßnahmen des Unternehmens, die Treibhausgasemissionen des Betriebs und der Produkte zu reduzieren, wie z. B. der Reduzierung der Luftfrachten, dem Gütertransport vom Seehafen per Binnenschiff oder Bahn, der Reduzierung der Anzahl Container mittels verbesserter Ladeeffizienz sowie der energieeffizienten Gestaltung der Produkte und Zertifizierung mit dem „Energy Star"-Label bzw. dem „Blauen Engel".

Neben der Kompensation von Emissionen verlagert sich Konica Minolta auf die Nutzung alternativer Energiequellen. Im Januar 2019 trat es „RE100" bei, einer Initiative der einflussreichsten Unternehmen der Welt, die zu 100 % auf erneuerbare Energiequellen setzen. Damit verpflichtete sich das Unternehmen bis 2050 100 % seines Stromverbrauchs aus erneuerbaren Quellen zu beziehen.

Die Nachhaltigkeitsbestrebungen des Unternehmens wurden anerkannt. Im Januar 2019 wurde Konica Minolta in Verbindung mit der Jahrestagung des World Economic Forum (WEF) erstmals unter den „2019 Global 100 Most Sustainable Corporations in the World" (2019 Global 100) gelistet (vgl. Corporate Knights 2019).

Projektpartner und Stakeholder Für das Programm „Klimaneutrales Drucken" arbeitet Konica Minolta mit dem internationalen Klimaschutzexperten „ClimatePartner" zusammen. Konica Minolta gewährleistet so die Transparenz und Verlässlichkeit des Programms. Gemeinsam mit „ClimatePartner" wird ein Gold-Standard-zertifiziertes Klimaschutzprojekt für Windenergie in Vader Piet, Aruba, in der Karibik unterstützt. Durch die Nutzung der Windressourcen der Insel reduziert das Projekt die Treibhausgasemissionen jährlich um rund 150.000 t CO_2-Äquivalente.

Wesentliche externe Interessengruppen sind die Kunden von Konica Minolta, für die der Service entwickelt wurde. Wesentliche interne Stakeholder sind daher die Vertriebsmitarbeitenden, die mit dem Service den Kunden einen Mehrwert bieten können.

Verantwortlich für die Umsetzung der Maßnahme ist das Nachhaltigkeitsteam innerhalb der International Marketing Division.

Unternehmerische Wirkung des Projekts Ziel des Projekts ist es, den Kunden einen Mehrwert zu bieten und damit an Konica Minolta zu binden. Die Vorteile für die Kunden sind z. B. die Erfüllung eigener Umweltziele, die Reduzierung des CO_2-Fußabdrucks, der Nachweis des Engagements für den Klimaschutz und Verbesserung des eigenen Unternehmens-Images.

Konica Minolta trägt als Technologiekonzern mit dem Projekt zu seiner Reputation als verantwortungsbewusstem Unternehmen bei seinen Geschäftskunden bei. Mit der Wirkung bei Reputation und Kundenbindung ist das Projekt daher eng mit den wirtschaftlichen Zielen des Unternehmens verknüpft.

Um für die Kunden einen Anreiz zu bieten, trägt Konica Minolta den Anteil der Kosten zur Kompensation der Treibhausgasemissionen bei Produktion und Transport der Drucker etc. Diese Kosten schmälern den Umsatz mit den Kunden. Dies wird für den Reputationsgewinn und die Kundenbindung in Kauf genommen.

Der Service wird von Kunden aus zwölf Ländern genutzt; wie viele Kunden ihn nutzen, wurde bisher nicht veröffentlicht.

Gesellschaftliche Wirkung des Projekts Das Projekt trägt zur Reduzierung der negativen Auswirkungen der Digitalisierung auf das Klima bei und leistet einen gesellschaftlichen Beitrag zum Klimaschutz. Das globale gesellschaftliche Ziel wurde in Ziel 13 „Maßnahmen zum Klimaschutz" der Sustainable Development Goals beschrieben (vgl. United Nations 2019).

Seit Beginn des Programms vor vier Jahren konnten bislang über 16 Mio. kg CO_2-Äquivalente kompensiert werden (vgl. Konica Minolta 2019b). Die 16 Mio. kg CO_2 (16.000 t CO_2) entsprechen damit 19.048 Economy-Flügen von London nach New York, dem jährlichen CO_2-Fussabdruck von 2,288 durchschnittlichen Menschen oder 49,7 Mio. gefahrenen Autokilometern (vgl. Konica Minolta 2019a). Die Nutzung des Service und damit die Höhe der Kompensation sind in den letzten Jahren, sicherlich auch aufgrund der gesellschaftlichen Diskussion um den Klimawandel, sehr deutlich angestiegen.

Selbst Check

Nach Bearbeitung dieses Kapitels sollten Sie

- wissen, was komplexe Situationen kennzeichnet und wieso das für CDR wichtig ist,
- nennen können, welche Hürden bei der CDR-Implementierung zu erwarten sind sowie Gegenmaßnahmen kennen,
- Ansätze kennen, wie Partner und Verbündete unternehmensintern und -extern zu finden sind, die beim „Betreten des CDR-Neulands" helfen können,
- Unternehmen kennen, die als Pioniere bei der Übernahme der digitalen Unternehmensverantwortung voran gehen und
- CDR-Praxisbeispiele skizzieren können.

Literatur

de Langhe B, Puntoni S, Larrick R (2017) Linear thinking in a nonlinear world. Harv Bus Rev, May–June 2017 Issue. https://hbr.org/2017/05/linear-thinking-in-a-nonlinear-world. Zugegriffen: 13. Juli 2019

Deutsche Telekom (2019) Digitale Verantwortung. https://www.telekom.com/de/konzern/digitale-verantwortung. Zugegriffen: 24. Aug. 2019

Gossen M, Frick V (2018) Brauchst du das wirklich? Wahrnehmung und Wirkung suffizienz-
     fördernder Unternehmenskommunikation. Umweltpsychologie 22:11–32. https://www.
     researchgate.net/publication/332151940_Brauchst_du_das_wirklich_Wahrnehmung_und_
     Wirkung_suffizienzfordernder_Unternehmenskommunikation_auf_die_Konsummotivation.
     Zugegriffen: 20. Juli 2018
Schaub H (2005) Störungen und Fehler beim Denken und Problemlösen. In: Funke J (Hrsg) Den-
     ken und Problemlösen. Enzyklopädie der Psychologie, Göttingen. S 447–482. https://www.
     psychologie.uni-heidelberg.de/ae/allg/enzykl_denken/Enz_09_Schaub.pdf. Zugegriffen: 26.
     Juli 2019
Schreiber F, Becker A, Göppert H, Schnur O (2017) Digital vernetzt und lokal verbunden? – Nach-
     barschaftsplattformen als Potenziale für sozialen Zusammenhalt und Engagement. Forum
     Wohnen und Stadtentwicklung 4:211–216. https://www.vhw.de/fileadmin/user_upload/08_pub-
     likationen/verbandszeitschrift/FWS/2017/4_2017/FWS_4_17_Digital_vernetzt_und_lokal_ver-
     bunden_ F._Schreiber_et_al.pdf. Zugegriffen: 1. Aug. 2019

Go for impact! Wirkung zeigen

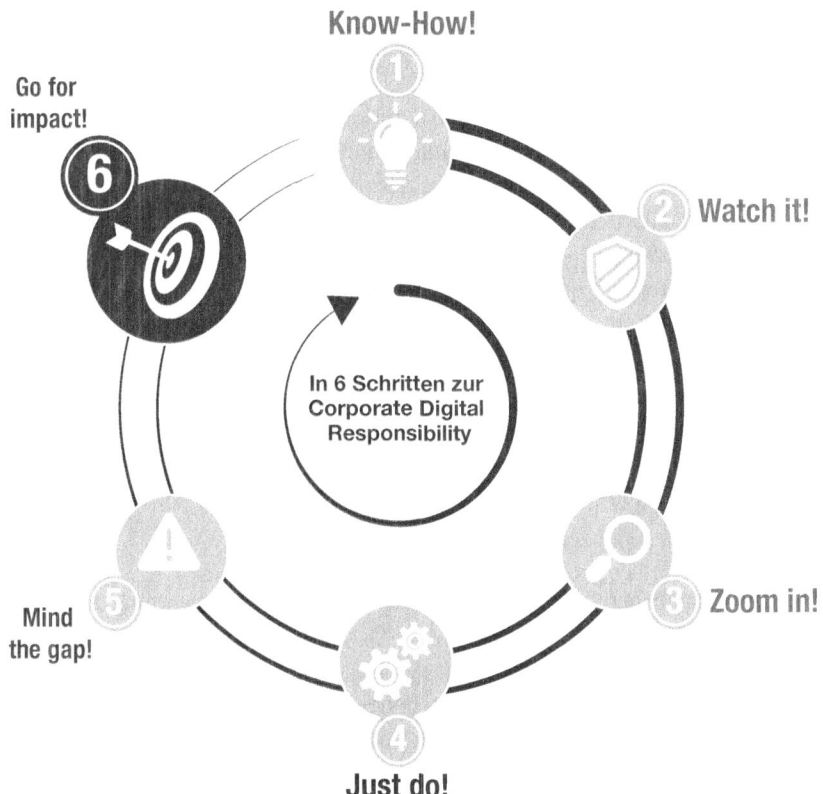

© Springer-Verlag GmbH Deutschland, ein Teil von Springer Nature 2020
S. Dörr, *Praxisleitfaden Corporate Digital Responsibility,*
https://doi.org/10.1007/978-3-662-60592-9_6

Zusammenfassung

Schritt 6 „Go for Impact! Wirkung zeigen": Zum Abschluss wird darauf eingegangen, wieso Wirkung eingefordert wird und welche Risiken ein „Ethisches Theater" für CDR-Vorhaben darstellt. Danach wird aufgezeigt, wie eine Wirkung von digitaler Verantwortung zu erzielen ist. Dabei wird auf die fünf Stufen der Internalisierung von Verantwortung in das Unternehmen und die Organisation eingegangen. Nur wenn Handlungen in das strategische Management aufgenommen sind, kann man von CDR im engeren Sinne sprechen. Das Unternehmen zielt dann mit CDR-Aktivitäten auf die Erhöhung des Unternehmenswerts sowie auf die Erhöhung des gesellschaftlichen Werts durch einen „Business Case" ab. Es werden Beispiele dargestellt, wie digitale Verantwortung gemessen werden könnte. Aufgrund des jungen Themengebiets besteht bisher keine etablierte Wirkungsmessung oder Reporting-Standards für CDR. Es wird auf zukünftige Entwicklungen verwiesen.

6.1 Warum Wirkung gefordert ist

Wenn die „Winde des Wandels" – Digitalisierung und Nachhaltigkeit – sich aufeinander zu bewegen, kann ein „transformativer Sturm" aufgekommen. Dass beide Themen miteinander konvergieren, zeigt beispielsweise der parallele und deutliche Anstieg des Interesses im Laufe der letzten Jahre. Beide Themen werden in den letzten Monaten vom Interesse am Klimawandel – als eine der aktuellen globalen Nachhaltigkeitsherausforderungen – übertroffen (vgl. Google Trends 2019).

Die zunehmende Zahl der „bewussten Verbraucher" (engl. „Concious Consumer") bewegt sich im Netz und überträgt ihre Ansprüche auf die digitale Welt. Es handelt sich dabei um Verbraucher, die einen respektvollen Umgang mit Konsum pflegen, der auch Achtsamkeit gegenüber anderen Menschen, Tieren und der Umwelt umfasst. Sie suchen nach Wegen für positive Kaufentscheidungen und Lösungen gegen die negativen Effekte von Konsum in der Welt (vgl. Angus und Westbrook 2019, S. 18). Aktuelle Umfrageergebnisse zeigen:

- 60 % der Verbraucher fordern mehr gesellschaftliche Verantwortung als rein finanzielle Wirkungen.
- 64 % der Verbraucher würden mehr ausgeben, um die Umwelt mit einem kleineren „CO_2-Fussabdruck" eines Produkts zu schonen.
- 65 % der Verbraucher bewerteten den Datenschutz als wichtigsten Wert für die gesellschaftliche Verantwortung von Unternehmen.
- 78 % der Verbraucher gaben an, dass sie mit größerer Wahrscheinlichkeit ein teureres Produkt kaufen würden, wenn der Datenschutz gewährleistet wäre. (vgl. SAI Global 2019).

Mehr denn je legen Verbraucher auf den eigenen „Seelenfrieden" wert und stellen Erwartungen an Unternehmen. Dabei verschmelzen die Anforderungen an eine ethische Digitalisierung und an Nachhaltigkeit.

Vertrauen in digitale Geschäftspraktiken und – anwendungen ist dabei ein zunehmend wertvolles Gut, das ein neues Regelwerk der Unternehmensverantwortung skaliert und befördert. Ähnlich wie sich in den vergangenen Jahrzehnten die Verantwortung für Umweltschutz, Klimaschutz und globalen Arbeitsschutz zu umfangreichen Managementstandards und -systemen entwickelt hat, könnten sich zukünftig Standards und Systeme für ein nachhaltig-ethisches Handeln mit Daten, Algorithmen und digitalen Geschäftsmodellen entwickeln.

Der Trend zeigt Unternehmen den Weg Verantwortung, Reputation und Risiken im digitalen Wandel zu managen. CDR-Management kann ein Weg sein, sich gegen den „transformativen Sturm" zu schützen.

6.1.1 „Ethisches Theater" als Risiko

Positive Effekte für die Reputation und Stakeholder-Beziehungen sind damit verbunden, dass Unternehmen als verantwortlich wahrgenommen werden. Dieses Wahrnehmungskonstrukt formiert sich aus der Vielzahl der Kontakte und Interaktionen eines Kunden mit dem Unternehmen. CR- und CDR-Aktivitäten sind daher nur Teil des Unternehmenshandelns, denn für die wahrgenommene Verantwortlichkeit steht das Unternehmen als Ganzes und nicht die einzelnen Aktivitäten. Aus diesem Grund wurde die systematische Integration in das Kerngeschäft als Voraussetzung für CDR im voran gegangenen Kapitel betont.

CDR-Aufwand und wahrgenommene CDR-Verantwortlichkeit stehen jedoch in keinem einfachen „Ursache-Wirkungs-Verhältnis". So kann es vorkommen, dass Unternehmen hohen CR-Aufwand betreiben, aber kaum als verantwortlich wahrgenommen werden. Andererseits kann Fehlverhalten an einer beliebigen Stelle im Unternehmen die wahrgenommene Verantwortlichkeit beschädigen. Verzerrung in der Wahrnehmung führt zudem zu einem „Negativity-Bias" (dt. Negativitätsvorurteil), d. h. die negativen Effekte von Fehlverhalten wiegen stärker als die positiven Effekte von CR-Aktivitäten. Als Folge kann sich das Unternehmen mit dem Vorwurf von „Greenwashing" bzw. „Ethics Washing" konfrontiert sehen. Die effektive Vermeidung von Fehlverhalten ist für eine wertschaffende CDR-Strategie von übergeordneter Relevanz. (Vgl. Lin-Hi 2018a)

Mit „Greenwashing" wird bezeichnet, wenn sich Unternehmen mit öffentlich wirksamer Kommunikation und Public Relations „grüner", d. h. umweltfreundlicher, zeigen, als ihre Investitionen in Unternehmensverantwortung oder Maßnahmen zur Integration in die Wertschöpfung tatsächlich sind. Der Begriff findet inzwischen nicht nur bei suggerierter Umweltfreundlichkeit, sondern auch bei suggerierter Unternehmensverantwortung Verwendung (vgl. Lin-Hi 2018b).

Auch für digital-ethisches Handeln wird dieses Verhalten bereits beobachtet und „Ethics Washing" (dt. Ethikwaschen) oder alternativ „Ethisches Theater" als Begriff vorgeschlagen. Darunter wird die Praxis von Unternehmen verstanden, ihr Interesse an einem ethischen, fairen, nachhaltigen oder gemeinwohl-orientierten Einsatz von Digitaltechnologie oder Daten stark zu übertreiben und sich daher „ethischer" darzustellen, als sie handeln. Als Beispiel wird die Initiative „AI for Good" (dt. KI für das Gute) von Google genannt, während auf der anderen Seite Technologie für Überwachung an Regierungen und Unternehmenskunden verkauft würde (vgl. Johnson 2019).

Wie auch „Greenwashing" kann „Ethisches Theater" zu Reputationsschäden und geringer Glaubwürdigkeit führen und ist mit einer digital verantwortlichen Unternehmensführung nicht vereinbar.

6.2 Wie eine Wirkung von digitaler Verantwortung zu erzielen ist

Für eine nachhaltige Unternehmensführung ist oberstes Ziel das zukunftsgerichtete Schaffen von Unternehmenswert, der wirtschaftlich, aber auch gesellschaftlich durch Stakeholder bewertet wird. Diejenigen Maßnahmen haben Priorität, die ökonomisch, ökologisch und gesellschaftlich am effizientesten sind und daher den besten „Business Case" darstellen. CDR wird dann strategisch oder transformativ eingesetzt (vgl. Stufe 3 und 4 in Tab. 6.1).

Bei CDR-Engagement und -Maßnahmen handelt es sich bisher um riskante Investitionen. Ihre Wirksamkeit sowohl auf den Unternehmenswert als auch auf gesellschaftliche Ziele ist ungewiss. Praktische Erfahrungen liegen mitunter aufgrund der noch jungen Entwicklungen im Unternehmen nicht ausreichend vor und auch theoretisch-wissenschaftliche Absicherungen fehlen. Insbesondere um diese Wissenslücke zu füllen und unternehmensintern Know-How aufzubauen, ist es wichtig, eine Wirkungsmessung aufzubauen und die Wirksamkeit der Maßnahmen zu beurteilen.

Unternehmensintern steht der Einfluss auf den Unternehmenswert im Vordergrund. Durch eine Wirkungsmessung können die Annahmen bei der Maßnahmenplanung überprüft werden. Dies ist von Bedeutung, um die Bewertung und Akzeptanz der Maßnahmen im Management abzusichern oder Korrekturen zu ermöglichen.

Unternehmensextern ist die gesellschaftliche Wirkung der Maßnahmen zu zeigen. Dies sorgt für die angestrebte Vertrauenswürdigkeit.

6.2.1 Fünf Stufen der CDR im Unternehmen

Unternehmen sind in Gänze gefordert, wenn es darum geht, glaubwürdig ihre Unternehmensverantwortung zu zeigen und einen „guten Ruf" zu etablieren. Um Inkonsistenzen

Tab. 6.1 Stufen der CDR im Unternehmen. (Eigene Darstellung in Anlehnung an Schneider 2012; Hansen 2010, S. 41 f.)

Stufe	CDR- Stufen	Beschreibung
0	Verleugnend	Verleugnen oder ignorieren der nicht-finanziellen Verantwortung durch den Einsatz von Digitaltechnologie, die Erhebung von Daten und die Nutzung von digitalen Geschäftsmodellen
1	Passiv	Einhalten von Datenschutz-, Verbraucherschutz sowie anderer Gesetze und grundlegenden Verantwortlichkeiten im Land des Firmensitzes; gesellschaftliche Wirkung der Geschäftstätigkeit (Arbeitsplätze, Unternehmenszweck etc.)
2	Gesellschaftlich	Förderung der Reputation durch Bereitstellung von Geld, Sachmitteln oder Dienstleistungen für gesellschaftliche Akteure, häufig zur Minderung eines Risikos für die Unternehmensreputation und lose unsystematische CDR-Maßnahmen, die nicht im gesamten Unternehmen bzw. nicht am Kerngeschäft verankert sind. CDR als Kostenfaktor
3	Strategisch	Planen und Managen von CDR-Maßnahmen mit positivem Wertbeitrag für Gesellschaft oder Umwelt und das Unternehmen bzw. positivem Business Case. Integration von CDR in die Wertschöpfung – Prozesse und Produkte – und Unternehmens-DNA. Nutzung von CDR als Wettbewerbsvorteil
4	Transformativ	Unternehmen als proaktive politische Gestalter über den unmittelbaren Einflussbereich und Gestaltungshorizont des Unternehmens hinaus. Breites Engagement, um das Geschäftsumfeld und die Märkte zu verändern. Kontinuierlicher Dialog auch mit kritischen Stakeholdern. Schaffung von „Soft Law" durch zusammenschließen von mehreren Unternehmen zu quasi-staatlichen Selbstregulierung, um Standards zum nachhaltigen und ethischen Agieren in der Digitalisierung zu schaffen. CDR als visionäres Streben

bei der Wahrnehmung der Stakeholder zu vermeiden, ist die Integration von gesellschaftlichen und ökologischen Anforderungen neben den ökonomischen Zielen in das Kerngeschäft die wesentliche Voraussetzung. Ohne klare Ziele und unterstützende Kontrollen ist das System störanfällig und Misserfolge können zu Reputationsschäden führen.

Bei der Integration von Unternehmensnachhaltigkeit und -verantwortung werden Stufen unterschieden, die einen steigenden Grad der Internalisierung in das Unternehmen anzeigen (vgl. Hansen 2010, S. 41 f.; Schneider 2012). Aktuell ist beobachten, dass sich auch CDR in unterschiedlichen Stufen der Internalisierung in Unternehmen zeigt. Beispielsweise zeigen die medial zu verfolgenden Datenskandale, dass die Strategie „Verleugnung" noch von vielen Digitalkonzernen verfolgt wird (vgl. Fassing 2018). Aber auch „traditionelle" Unternehmen, die z. B. inzwischen Daten in ihren Geschäftsmodellen oder Prozessen nutzen, ignorieren ihre nicht-finanziellen Verantwortlichen in diesen neuen Märkten nach dem „Vogel-Strauß-Prinzip".

Weiterhin weist Thorun darauf hin, dass aktuell „wenn überhaupt [...] Datenschutz und -sicherheit problematisiert" werden, allerdings würden sich dabei „nur wenige Beispiele für Maßnahmen [finden], die über das gesetzliche Mindestmaß hinausreichen" (Thorun et al. 2018, S. 3). Dies spricht dafür, dass die untersuchten DAX-30-Unternehmen vorwiegend eine „passive" Strategie verfolgen, eventuell ergänzt um einzelne, lose CDR-Maßnahmen. Ausnahme bilden dabei die ITK-Unternehmen, für die einige der CDR-Verantwortungscluster zur bisherigen CR-Strategie zählen. Als CDR-Stufen werden vorgeschlagen: verleugnend, passiv, gesellschaftlich, strategisch und transformativ (vgl. Tab. 6.1). Weitergehende Analysen zur Organisationsentwicklung und CDR stehen noch aus.

Die Stufen werden in der Regel (aber nicht zwangsläufig) wie auf einer „Lernkurve" organisatorisch nacheinander durchlaufen. Eine organisatorische Transformation ist Voraussetzung, um die nächste Stufe zu erreichen.

Von CDR im Sinne einer über das gesetzliche Maß hinausgehenden Verantwortung ist erst dann zu sprechen, wenn sie strategisch oder transformativ eingesetzt wird. Es gibt unterschiedliche Möglichkeiten, dies umzusetzen:

- Integration in das traditionelle Management als zusätzliches Ziel,
- Integration in Strategie und Unternehmenssteuerung,
- Integration in alltägliche Management-Entscheidungen, d. h. „Mainstreaming" in der Unternehmenskultur oder
- Integration in die Produktentwicklungs- und Innovationsprozesse.

Aufgrund der damit verbundenen Investitionen und Verbindung zum Kerngeschäft ist sie nicht mehr leicht von nicht-vertrauenswürdigen Akteuren imitierbar und ein starkes Signal für Vertrauenswürdigkeit (vgl. Suchanek 2012, S. 65).

6.2.2   Mehr Unternehmenswert

In Studien wurden unterschiedliche Werttreiber eines „Business Case for Sustainability" identifiziert, wie z. B. Reputation und Markenwert, Umsatz, Mitarbeitermotivation, Zugang zu Kapital oder Effizienz und Kostenreduktion (vgl. Dörr 2012, S. 8–10). Es stellt sich die Frage, wie mit CDR Unternehmenswert geschaffen werden kann.

Einen Ansatzpunkt bilden die CDR-Ziele, denen wesentliche Unternehmenswerttreiber zugeordnet werden können. Beispielsweise zielt „Business-Chancen für Nachhaltigkeit durch Digitalisierung nutzen" vor allem auf mehr Umsatz, neue Märkte oder Gewinn durch Kostenreduktion ab (vgl. Tab. 6.2). Die Zuordnung von CDR-Zielen und Unternehmenswerttreibern erfolgte nach theoretischen Überlegungen. Ob die Ursache-Wirkungsbeziehungen in der Praxis bestätigt werden können, ist bisher unklar. Es wäre die Aufgabe im Performance Management, z. B. mittels einer Sustainability Balan-

Tab. 6.2 CDR und Unternehmenswert (eigene Darstellung)

Ziele der CDR	Wesentliche Unternehmenswerttreiber
Business-Chancen für Nachhaltigkeit durch Digitalisierung nutzen	Umsatz durch digitale Services oder Geschäftsmodelle Zugang zu neuen Märkten Effizienz und Kostenreduktion (z. B. Ressourcen- und Energieeinsparung mittels Digitaltechnologie)
Marke und Reputation durch digital-ethisches Handeln stärken	Reputation und Markenwert Mitarbeitermotivation und Anziehen von Talenten Zugang zu Kapital
Materielle Grundlage der Bits & Bytes beachten	Effizienz und Kostenreduktion (z. B. Ressourcen- und Energieeinsparung mittels Digitaltechnologie Risikobeherrschung

ced Scorecard, diese zu identifizieren und Treiber des Unternehmenswerts für die CDR-Ziele oder die konkreten CDR-Verantwortungscluster zu bestimmen (vgl. Dörr 2012).

CDR-Benchmarks zur vergleichenden Bewertung von Unternehmen lassen sich bisher nicht finden. Dass CDR die Unternehmensbewertung in Bezug auf Reputation oder Unternehmenswert verändern wird, zeigt das Beispiel des „Global CR RepTrak® 100" (vgl. Reputation Institute 2018). Dabei werden über 230.000 Bewertungen zu über 140 Unternehmen von einer informierten allgemeinen Öffentlichkeit weltweit abgegeben. Der Report für das Jahr 2018 kommt zu dem Ergebnis, dass allein Google einen „starken CSR-Punktewert" erhält. Dieses Ergebnis passt nicht zu der kritischen Bewertung des Unternehmens in den Medien, die Google u. a. unerlaubte Datensammlung mittels Sprachassistent vorhalten. Datenschützer gehen gerichtlich vor (vgl. Hurtz 2019; Mumme 2019). Es darf bezweifelt werden, dass der „starke Punktewert" erhalten bliebe, wenn auch CDR-Kriterien mit aufgenommen würden.

6.2.3   Messen von digitaler Verantwortung

Mit der Berücksichtigung der „unerwünschten Nebenwirkungen" der Digitalisierung und Umsetzung in verantwortliches Unternehmenshandeln können Unternehmen einen systematischen Beitrag zur Minderung der „Nebenwirkungen" leisten und Verantwortung für die digitalisierte Gesellschaft zeigen. Doch Kommunikation und Aktivitäten reichen nicht aus. Die gesellschaftliche Wirkung in Bezug auf Ethik und Nachhaltigkeit muss gezeigt werden. Tab. 6.3 stellt die gesellschaftliche Wirkung und mögliche Indikatoren zur Messung dieser Wirkung für jedes der 15 CDR-Verantwortungs-Cluster dar. Bisher werden diese oder ähnliche Indikatoren nicht in Nachhaltigkeits- oder CR-Berichten veröffentlicht. Es bestehen noch keine etablierten Wirkungsmessungen von CDR, externen Audit- oder Zertifizierungssysteme, um ihre Gültigkeit extern zu evaluieren.

Tab. 6.3 Gesellschaftliche Wirkung und Indikatoren der CDR-Verantwortungs-Cluster (beispielhaft, eigene Darstellung)

CDR-Verantwortungs-Cluster	Gesellschaftliche Wirkung	Indikatoren (beispielhaft)
Digitale Mündigkeit	Kompetenzen der digitalen Mündigkeit bei Verbrauchern, Bürgern und Kunden aufgebaut (d. h. Technical Literacy, Privacy Literacy, Information Literacy, Social Literacy, Civic Literacy)	Bildungsprojekte [Anzahl] Teilnehmer Bildungsangebote [Anzahl]
Digitale Vielfalt	Diversität von (bisher benachteiligten) Personengruppen, die in der digitalen Welt aktiv teilnehmen und sie gestalten können, erhöht	Personen digital inkludiert [Anzahl] Anteil barrierefreie digitale Services [%]
Neu belebte Ehrbarkeit	„Fairen Anteil" aus der Wertschöpfung mit digitalen Technologien und Daten beigetragen	Steueropfer [EUR] Invest in CDR-Maßnahmen [EUR]
„Open up & Share"	Plattformunabhängiges „Teilen" von Dienstleistungen, Gütern und Daten ermöglicht und gestärkt	Angebotene Produkte zur Mitnutzung [Anzahl] Personen im Quartier, die aktiv teilen [Anzahl]
Zähmung der KI	Automatisierte Entscheidungen mit KI beschränkt und kontrolliert	Unerwünschte und fehlerhafte KI-Entscheidungen [Anzahl] Einsprüche gegen KI-Entscheidungen [Anzahl]
Digitale Nachhaltigkeit	Unternehmensinternes digitales Wissen für die Gemeinschaft nachhaltig zugänglich und nutzbar gemacht	Freigegebene Daten unter Public Domain Lizenz (CC0 1.0) [Byte] Weiterentwicklung Open-Source-Software [Stunden]
Transformation der Arbeitsplätze	Sozialen Aspekte, Arbeitgeberfürsorge und Persönlichkeitsrechte an digital-gestützten Arbeitsplätzen umgesetzt	Beschäftigte Crowdworker unter fairen Mindeststandards [Anzahl] Wahrgenommene Fairness am (selbständigen) Arbeitsplatz [Skala]
Persönlichkeitsschutz im Netz	Den Schutz der Persönlichkeit und der Menschenwürde von Nutzerinnen und Nutzern im Netz umgesetzt	Ergebniskorrekturen persönliche Scoring-Ergebnisse durch Nutzer [Anzahl] Beschwerden verletzte Persönlichkeitsrechte [Anzahl]
Datenermächtigung	Digitalen Verbraucherschutz gestärkt und Datenkontrolle an Nutzer übergeben	Nutzungsdaten unter direkter Nutzerkontrolle (d. h. umgehend entziehbar und löschbar) [Byte]

(Fortsetzung)

Tab. 6.3 (Fortsetzung)

CDR-Verantwortungs-Cluster	Gesellschaftliche Wirkung	Indikatoren (beispielhaft)
Design für mehr Menschlichkeit	Positive menschliche Interaktion und Kommunikation sowie Demokratie und Gemeinschaft im Social Web gefördert	Wahrgenommener sozialer Zusammenhalt [Skala]
„Grüne Nischen" und Social Impact	Digitale Unternehmen mit sozialem oder nachhaltigem Unternehmenszweck gefördert, z. B. Social Enterprises oder Grüne Startups	Invest in Social Enterprises oder Grüne Startups [EUR]
Technologie-Einsatz für SDG	Mit Daten und Digitaltechnologie die Erreichung einzelner und mehrerer der 17 SDG bzw. 169 Zielvorgaben unterstützt	Indikator abhängig vom Ziel, vgl. 1553 Indikatoren SDG Compass 2019
Ethisches Marketing	Konsumanstieg vermieden und „bewussten Konsum" sowie Verlängerung der Produktnutzung unterstützt	Verlängerte Produktnutzung [Jahre] Bewusst konsumierende Kunden [Anzahl]
„Zero Waste"	Verbrauch von Primärressourcen bei der Produktion und Nutzung von Gütern minimiert, „Abfall" als Ressource genutzt und keinen neuen Abfall produziert	Vermiedener Abfall [Tonnen]
Ökologischer Fußabdruck der Bits und Bytes	Ressourcen-, Energieverbrauch und Treibhausgasemissionen bei der Nutzung von IKT reduziert und die Nutzungsdauer verlängert	Durchschittl. Nutzungsdauer Hardware [Jahre] Treibhausgas-Emissionen durch IKT Scope 1, 2 und 3 [Tonnen CO_2]

Unternehmen können im Rahmen ihrer unternehmerischen Freiheitsgrade entscheiden, diese gesellschaftlichen Wirkungen anzustreben und auch nachzuweisen. Sie bauen damit nicht nur ihr eigenes, sondern auch für die Zukunft wertvolles Know-How auf.

6.2.4 CDR-Reporting bisher ohne Standards

CDR-Projekte, -Maßnahmen und -Erfolge könnten im Rahmen von CR- bzw. Nachhaltigkeitskommunikation und -reports dargestellt werden. Wie in Abschn. 4.2.1 dargestellt wurde, sind die Verantwortungsaspekte der bestehenden CR-Instrumente – Menschenrechte, Stakeholder-Engagement, Arbeitsrechte, Umwelt, Ökonomische Aspekte, Transparenz, Lokale Entwicklung und Wissenschaft und Technologie – grundsätzlich geeignet CDR-Verantwortungs-Cluster aufzugreifen. Sie bieten ausreichend Raum CDR-Engagement darzustellen – auch an den Stellen, an denen die Weiterentwicklung der CR-Instrumente empfohlen wurde.

Unternehmen können sich dabei nicht an Berichtsstandards orientieren. Bisher sind keine Hinweise auf Ziele, Indikatoren oder Metriken der CDR-Verantwortungs-Cluster und entsprechender Themen in Reporting-Standards zu finden. Dies gilt für den Reporting Standard der „Global Reporting Initiative", für die über 1500 Indikatoren des „SDG Compass" oder auch den „IRIS Catalog of Metrics" (vgl. Global Reporting Initiative 2019a, b (Ausnahme Kundendatenschutz); SDG Compass 2019; Global Impact Investing Network 2019). Bei letzterem handelt es sich um ein „Impact Accounting System" für die gesellschaftliche, ökologische und finanzielle Leistung eines Investments, das mit 50 Standardisierungsorganisationen wie z. B. der OECD, dem Greenhouse Gas Protocol, der International Labour Organization oder der World Health Organisation sowie den SDG abgestimmt ist. Auch in seiner Struktur findet sich kein Hinweis auf die digitalen Verantwortungsthemen.

Erstaunlich ist das nicht, denn die Reporting-Standards beziehen sich vor allem auf die SDG, die bisher die Wirkung von Digitalisierung nicht einbeziehen (vgl. Abschn. 1.4.7). Reporting-Standards für digitale Ethik und Nachhaltigkeit zu entwickeln, ist eine Aufgabe für die Zukunft.

6.3   Wie der digitale Wandel in Unternehmen nachhaltig gestaltet werden kann

Digitalisierung und Nachhaltigkeit verfolgen heute unterschiedliche Utopien, aber sie sind keinesfalls unvereinbar. Obwohl Digitalisierung Potenziale für mehr Nachhaltigkeit – z. B. durch die Dematerialisierung und globale Kooperation – in sich trägt, folgt der digitale Wandel heute vor allem rein ökonomischen Prinzipien und nicht der Nachhaltigkeitsidee bzw. ist ihre Wirksamkeit schuldig. Sie scheint im Gegenteil sowohl ökologisch beim Klimawandel und Ressourcenverbrauch als auch gesellschaftlich bei Demokratie, Persönlichkeitsschutz und Menschenwürde neue zusätzliche Nachhaltigkeitsherausforderungen hervorzubringen. Diese wurden als „unerwünschte Nebenwirkungen" detailliert dargestellt (vgl. Abschn. 2.2).

Die Mehrzahl der Unternehmen und die Wirtschaft befinden sich heute im digitalen Wandel. Die Beachtung der Ideen von Nachhaltigkeit für eine digitale Zukunft und der Verantwortung für Gesellschaft und Menschen, birgt unternehmerische Chancen. Bezugnehmend auf die „unerwünschten Nebenwirkungen" gilt es unternehmerisch relevante Cluster der CDR zu identifizieren und in unternehmerisches Handeln zu integrieren. Diese Ausrichtung bedeutet, den Unternehmenswert zusammen mit dem Wert für Mensch, Gemeinschaft und Planeten in der digitalen Zukunft zu steigern. Einige

Pioniere machen sich bereits auf den Weg: Praxisbeispiele, wie sie ihre Verantwortung wahrnehmen, wurden skizziert (vgl. Abschn. 5.2).

Um sich dem noch jungen Themengebiet anzunähern, sich zu orientieren und spezifische Maßnahmen für ein Unternehmen zu entwickeln, wurden unterschiedliche Ansätze zur CDR-Umsetzung dargestellt. An vielen Stellen wurden Arbeitshilfen und Checklisten für die praktische Arbeit zur Verfügung gestellt. Die sechs im Kreis angeordneten Schritte zur CDR-Umsetzung sollen daran erinnern, dass CDR ein Experimentierfeld ist. Es geht darum, im Bereich der CR ein „digitales Mindset" aufzubauen und iterativ mit Mut zum Ausprobieren vorzugehen. Weder in der Praxis noch in der Theorie ist CDR ausreichend untersucht. Neue Erkenntnisse sind daher laufend zu integrieren.

Damit Digitalisierung ihr globales Nachhaltigkeitspotenzial – entgegen der bisherigen Entwicklung – entfalten kann, braucht es das Zusammenspiel von Wissenschaft, Wirtschaft, Politik und Gesellschaft. Verantwortungsbewusste Unternehmer, Führungspersönlichkeiten, Manager und CR-Verantwortliche als „Changemaker" für eine zukunftsfähige digitale Welt sind dabei von herausragender Bedeutung. Dieses Buch wurde verfasst, um sie zu unterstützen.

> **Selbst Check**
> Nach Bearbeitung dieses Kapitels sollten Sie
> - Gründe aufführen können, weshalb Wirkung von CDR gefordert ist,
> - wissen, was „Ethisches Theater" bedeutet und welche Risiken es birgt,
> - definieren können, was die fünf Stufen der CDR im Unternehmen kennzeichnet,
> - benennen können, was die Werttreiber eines „Business Case for Sustainability" sind und
> - einige Beispiele für die gesellschaftliche Wirkung und Indikatoren der CDR-Verantwortungs-Cluster darstellen können.

Literatur

Hansen EG (2010) Responsible leadership systems. An empirical analysis of integrating corporate responsibility into leadership systems. Gabler, Wiesbaden

Schneider A (2012) Reifegradmodell CSR – eine Begriffserklärung und -abgrenzung. In: Schneider A, Schmidtpeter R (Hrsg) Corporate Social Responsibility. Verantwortungsvolle Unternehmensführung in Theorie und Praxis. Springer Gabler, Heidelberg, S 17–38

Thorun C, Kettner SE, Merck J (2018) Ethik in der Digitalisierung. Der Bedarf für eine Corporate Digital Responsibility. WISO direkt. Friedrich-Ebert-Stiftung, Bonn. http://library.fes.de/pdf-files/wiso/14691.pdf. Zugegriffen: 24. Jan. 2019

Weiterführende Literatur

2030 Vision Global Goals Technology Forum (2017) Uniting to deliver technology for the global goals. Report 2017. https://assets.2030vision.com/files/resources/2030vision-full-report.pdf. Zugegriffen: 24. Jan. 2019

Acatech (2018) Smart Service Welt 2018. Wo stehen wir? Wohin gehen wir? https://www.acatech.de/wp-content/uploads/2018/06/SSW_2018.pdf. Zugegriffen: 8. Juni 2019

Accenture (2014) Circular advantage. Innovative business models and technologies to create value in a world without limits to growth. https://www.accenture.com/t20150523T053139__w__/us-en/_acnmedia/Accenture/Conversion-Assets/DotCom/Documents/Global/PDF/Strategy_6/Accenture-Circular-Advantage-Innovative-Business-Models-Technologies-Value-Growth.pdf. Zugegriffen: 28. Juni 2019

Accenture (2016) The corporate digital responsibility gap. https://www.youtube.com/watch?v=0phpVXSbxL0. Zugegriffen: 15. Juni 2018

Aktion Mensch e. V. (2018) Fachtagung Sozialraum. Expertenforum „Digitale Welt: Neue Möglichkeiten der Teilhabe". Wie kann Digitalisierung für mehr Inklusion sorgen? https://www.aktion-mensch.de/fachtagung-sozialraum/dokumentation/Expertenforen/forum3.html. Zugegriffen: 8. Juni 2019

AlgorithmWatch (2019a) AI ethics guidelines global inventory. https://algorithmwatch.org/project/ai-ethics-guidelines-global-inventory/. Zugegriffen: 13. Juli 2019

AlgorithmWatch (2019b) IEEE veröffentlicht erste Fassung seiner Vision für Ethically Aligned Design automatisierter Systeme. https://algorithmwatch.org/ieee-ethically-aligned-design-first-draft-german/. Zugegriffen: 13. Juli 2019

AlgorithmWatch und Bertelsmann Stiftung (2019) Automating society. Taking stock of automated decision-making in the EU. https://www.bertelsmann-stiftung.de/fileadmin/files/BSt/Publikationen/GrauePublikationen/001-148_AW_EU-ADMreport_2801_2.pdf. Zugegriffen: 8. Juni 2019

Angus A, Westbrook G (2019) Top 10 global consumer trends 2019. Euromonitor international. https://blog.euromonitor.com/meet-the-conscious-consumer/. Zugegriffen: 7. Aug. 2019

Antikainen M, Uusitalo T, Kivikytö-Reponen P (2018) Digitalisation as an enabler of circular economy. Procedia CIRP 73:45–49. http://www.sciencedirect.com/science/article/pii/S2212827118305432. Zugegriffen: 8. Juni 2019

Asmuth C (2017) Digitale Ethik – kritische Bemerkung. BVDM Ethik-Blog vom 09.09.2017. https://www.bvdw.org/themen/digitale-ethik/ethik-blog/christoph-asmuth/. Zugegriffen: 13. Juli 2019

© Springer-Verlag GmbH Deutschland, ein Teil von Springer Nature 2020   203
S. Dörr, *Praxisleitfaden Corporate Digital Responsibility*,
https://doi.org/10.1007/978-3-662-60592-9

Association for Computing Machinery US Public Policy Council (USACM) (2017) Statement on Algorithmic Transparency and Accountability. https://www.acm.org/binaries/content/assets/public-policy/2017_usacm_statement_algorithms.pdf. Zugegriffen: 20. Febr. 2019

Aupperle A (2019) Code your Life baut Barrieren ab: Inklusives Programmieren jetzt bundesweit und an 10 Modellschulen in Berlin. Microsoft Unternehmens-Blog vom 13.05.2019. https://www.microsoft-berlin.de/artikel/code-your-life-baut-barrieren-ab-inklusives-programmieren-jetzt-bundesweit-und-an-10-modellschulen-in-berlin. Zugegriffen: 26. Juli 2019

Avocadostore (2019a) Über uns. https://www.avocadostore.de/about. Zugegriffen: 20. Juli 2018

Avocadostrore (2019b) Unsere Kriterien. https://www.avocadostore.de/criteria. Zugegriffen: 20. Juli 2018

Bala C, Schuldzinski W (Hrsg) (2016) Prosuming und Sharing euer sozialer Konsum: Aspekte kollaborativer Formen von Konsumtion und Produktion. Beiträge zur Verbraucherforschung 4. Verbraucherzentrale NRW, Düsseldorf. https://www.verbraucherforschung.nrw/sites/default/files/migration_files/media238577A.pdf. Zugegriffen: 8. Juni 2019

Behrendt S, Erdmann L (2004) Nachhaltigkeit in der Informations- und Kommunikationstechnik. IZT Institut für Zukunftsstudien und Technologiebewertung ArbeitsBericht 2/2004

Belz F-M, Peattie K (2009) Sustainability marketing. A global perspective. Wiley, West Sussex

Berry DM (2015) Critical theory and the digital. Bloomsbury, London. https://www.bloomsbury.com/uk/critical-theory-and-the-digital-9781441166395/. Zugegriffen: 14. Sept. 2019

Berry DM (2016) The philosophy of software. Springer, London. https://doi.org/10.1057/9780230306479. Zugegriffen: 14. Sept. 2019

Bertelsmann Stiftung (2017) Gemeinwohl im digitalen Zeitalter – Gesamtbroschüre. https://www.bertelsmann-stiftung.de/de/publikationen/publikation/did/gemeinwohl-im-digitalen-zeitalter-gesamtbroschuere/. Zugegriffen: 9. Febr. 2019

Bertelsmann Stiftung (2019a) Die betriebliche Arbeitswelt in der Digitalisierung. https://www.bertelsmann-stiftung.de/de/unsere-projekte/betriebliche-arbeitswelt-digitalisierung/. Zugegriffen: 13. Juli 2019

Bertelsmann Stiftung (2019b) Plattformarbeit. https://www.bertelsmann-stiftung.de/de/unsere-projekte/betriebliche-arbeitswelt-digitalisierung/projektthemen/plattformarbeit/. Zugegriffen: 8. Juli 2019

Bertelsmann Stiftung and Sustainable Development Solutions Network (2018) 2018 SDG index and dashboards report. Global responsibilities implementing the goals. G20 summary. https://www.sdgindex.org/assets/files/2018/01%20SDGS%20GLOBAL%20EDITION%20WEB%20V9%20180718.pdf. Zugegriffen: 8. Juli 2019

Bertelsmann Stiftung und iRights.Lab (2019) Algo.Rules. Regeln für Gestaltung algorithmischer Systeme. https://algorules.org. Zugegriffen: 8. Juni 2019

betterplace lab (2016) trendradar_2030. Ein Blick in die Zukunft der digitalen Technologien und wie sie unsere Welt besser machen können. https://www.trendradar.org/uploads/tx_betterplacelab/fce/Trendradar2030_Doppelseiten-WEB-DEUTSCH.pdf. Zugegriffen: 22. Febr. 2019

Bitkom (2015) Datenschutz in der digitalen Welt. https://www.bitkom.org/sites/default/files/pdf/Presse/Anhaenge-an-PIs/2015/09-September/Bitkom-Charts-PK-Datenschutz-22092015-final.pdf. Zugegriffen: 9. Febr. 2019

Bitkom (2017) Digitale Agenda – digitale Gesellschaft. https://www.bitkom-research.de/WebRoot/Store19/Shops/63742557/5936/762A/E9E0/48F3/97FF/C0A8/2BBA/D5CC/Bitkom-Charts_PK_Digitale_Gesellschaft_-_digitale_Agenda_170606.pdf. Zugegriffen: 9. Febr. 2019

Bitkom (2018a) Digitalisierung der Wirtschaft. https://www.bitkom.org/sites/default/files/pdf/Presse/Anhaenge-an-PIs/2018/Bitkom-Charts-Digitalisierung-der-Wirtschaft-06-06-2018-final.pdf. Zugegriffen: 24. Jan. 2019

Bitkom (2018b) Empfehlungen für den verantwortlichen Einsatz von KI und automatisierten Entscheidungen. Corporate Digital Responsibility and Decision Making. https://www.bitkom.org/
noindex/Publikationen/2018/Leitfaeden/180202-Empfehlungskatalog-online-2.pdf. Zugegriffen: 10. Juni 2018

Bits & Bäume (2018) Unsere Forderungen. https://bits-und-baeume.org/forderungen/de. Zugegriffen: 8. Juni 2019

Böhm S (2018) Gesundheitliche Effekte der Digitalisierung am Arbeitsplatz – eine Längsschnit-
tanalyse. Center for Disability and Integration der Universität St. Gallen, St. Gallen. https://
www.barmer.de/blob/169898/a5657c59fb1e30fcde85aa9d57a1877f/data/studie-digitalisie-
rung-vortrag-2018.pdf. Zugegriffen: 14. Sept. 2019

BR 24 (2018) GfK: Black Friday bringt Umsatz von 2,4 Milliarden Euro. https://www.br.de/nach-
richten/bayern/gfk-black-friday-bringt-umsatz-von-2-4-milliarden-euro,RADjVX7. Zugegriffen: 20. Juli 2018

Bria F, Gascó M, Baeck P, Halpin H, Almirall E, Kresin F (2015) Growing a digital social innovation ecosystem for Europe. DSI final report. Publications Offfice of the European Union,
Luxembourg. https://ec.europa.eu/futurium/en/system/files/ged/50-nesta-dsireport-growing_a_
digital_social_innovation_ecosystem_for_europe.pdf. Zugegriffen: 8. Juni 2019

Briegleb V (2018) Dokumentarfilm „The Cleaners": Facebooks dunkles Geheimnis. Heise online
vom 21.05.2018. https://www.heise.de/newsticker/meldung/Dokumentarfilm-The-Cleaners-Fa-
cebooks-dunkles-Geheimnis-4052722.html. Zugegriffen: 8. Juni 2019

Brynjolfsson E, McAfee A (2014) The Second Machine Age: Wie die nächste digitale Revolution
unser aller Leben verändern wird. Plassen, Kulmbach

Bundesamt für Sicherheit in der Informationstechnik (2019) Risiken. https://www.bsi-fuer-buerger.
de/BSIFB/DE/Risiken/risiken_node.html. Zugegriffen: 8. Juni 2019

Bundesfachstelle Barrierefreiheit (2019) Informationstechnik. https://www.bundesfachstelle-barri-
erefreiheit.de/DE/Praxishilfen/Informationstechnik/Barrierefreie-Apps/barrierefreie-apps_node.
html. Zugegriffen: 8. Juni 2019

Bundesministerium für Arbeit und Soziales (2011) Die DIN ISO 26000 „Leitfaden zur gesellschaft-
lichen Verantwortung von Organisationen" – Ein Überblick. https://www.bmas.de/SharedDocs/
Downloads/DE/PDF-Publikationen/a395-csr-din-26000.pdf%3F__blob%3DpublicationFile.
Zugegriffen: 6. Juli 2019

Bundesministerium für Arbeit und Soziales (2016) Studie „Wertewelten Arbeiten 4.0". https://
www.arbeitenviernull.de/mitmachen/wertewelten/studie-wertewelten.html. Zugegriffen: 14.
Sept. 2019

Bundesministerium für Bildung und Forschung (2019) Wissenswertes zum DigitalPakt Schule. https://
www.bmbf.de/de/wissenswertes-zum-digitalpakt-schule-6496.php. Zugegriffen: 26. Juli 2019

Bundesministerium für Justiz und Verbraucherschutz (1956) Gesetz zur vorläufigen Regelung
des Rechts der Industrie- und Handelskammern. https://www.gesetze-im-internet.de/ihkg/
BJNR009200956.html. Zugegriffen: 14. Sept. 2019

Bundesministerium für Justiz und Verbraucherschutz (2018) Corporate Digital Responsibility-Initiative: Digitalisierung verantwortungsvoll gestalten Eine gemeinsame Plattform. https://www.
bmjv.de/SharedDocs/Downloads/DE/News/Artikel/100818_CDR-Initiative.pdf?__blob=publi-
cationFile&v=3. Zugegriffen: 1. Febr. 2019

Bundesministerium für Justiz und Verbraucherschutz (2019) Corporate Digital Responsibility Initiative. https://www.bmjv.de/SharedDocs/Abteilungen/DE/AbtV/CDR-Initiative.html. Zugegriffen:
1. Febr. 2019

Bundesministerium für Wirtschaft und Energie (2018) Monitoring-Report Wirtschaft DIGITAL
2018. https://www.bmwi.de/Redaktion/DE/Publikationen/Digitale-Welt/monitoring-report-wirt-
schaft-digital-2018-langfassung.pdf?__blob=publicationFile&v=12. Zugegriffen: 8. Juni 2019

Bundesministerium für Wirtschaft und Energie (2019) Den digitalen Wandel gestalten. https://www.bmwi.de/Redaktion/DE/Dossier/digitalisierung.html. Zugegriffen: 24. Jan. 2019

Bundesministerium für wirtschaftliche Zusammenarbeit und Entwicklung (2018) Technologien für nachhaltige Entwicklung nutzen. http://www.bmz.de/de/themen/nachhaltige_wirtschaftsentwicklung/ikt/querschnittsthema/index.html. Zugegriffen: 19. Jan. 2018

Bundesregierung (2018) Strategie Künstliche Intelligenz der Bundesregierung. https://www.bmbf.de/files/Nationale_KI-Strategie.pdf. Zugegriffen: 8. Juni. 2019

Bundesverband Digitale Wirtschaft (2019a) Sprachassistenten im Smart Home. https://www.bvdw.org/fileadmin/bvdw/upload/publikationen/smart_home/Sprachassistenten_im_SmartHome.pdf. Zugegriffen: 14. Sept. 2019

Bundesverband digitale Wirtschaft (2019b) Mensch, Moral, Maschine. Digitale Ethik, Algorithmen und künstliche Intelligenz. https://www.bvdw.org/fileadmin/bvdw/upload/dokumente/BVDW_Digitale_Ethik.pdf. Zugegriffen: 8. Juni 2019

Bundesverband Musikindustrie (2019) Absatz von Schallplatten (Vinyl-LPs) in Deutschland in den Jahren 2003 bis 2018 (in Millionen Einheiten). Statista. Statista GmbH. https://de.statista.com/statistik/daten/studie/256099/umfrage/absatz-von-schallplatten-in-deutschland-zeitreihe/. Zugegriffen: 14. Sept. 2019

Bundeszentrale für politische Bildung (2016a) Kondratieff-Zyklen. https://www.bpb.de/nachschlagen/lexika/lexikon-der-wirtschaft/19806/kondratieff-zyklen. Zugegriffen: 24. Jan. 2019

Bundeszentrale für politische Bildung (2016b) Arbeit und Digitalisierung. Aus Politik und Zeitgeschichte. APUZ 18–19/2016. https://www.bpb.de/apuz/225683/arbeit-und-digitalisierung. Zugegriffen: 13. Juli 2019

Bundeszentrale für politische Bildung (2017) Pro und Contra zur Robotersteuer. https://www.bpb.de/dialog/netzdebatte/253494/pro-und-contra-zur-robotersteuer. Zugegriffen: 8. Juni 2019

Burchardt A (2018) Was ist künstliche Intelligenz? In: Konrad Adenauer Stiftung (Hrsg) Künstliche Intelligenz. Häufig gestellte Fragen. https://www.kas.de/documents/252038/3346186/K%C3%BCnstliche+Intelligenz+-+H%C3%A4ufig+gestellte+Fragen.pdf/9d4a4e1a-89f4-677a-1e9f-7ebdd617cfbf?version=1.0&t=1542118034191. Zugegriffen 14. Sept. 2019

Business in the community (2017) A brave new world? Why business must ensure an inclusive digital revolution. Accenture strategy. https://www.bitc.org.uk/sites/default/files/final-a_brave_new_world_report-210617_0.pdf. Zugegriffen: 6. Juli 2019

Cavanillas JM, Curry E, Wahlster W (2016) Data-Driven Economy. A roadmap for usage and exploitation of big data in Europe. Springer, Berlin. https://www.springer.com/de/book/9783319215686. Zugegriffen: 8. Juni 2019

Center for Humane Technology (2019) Humane design guide. http://humanetech.com/wp-content/uploads/2019/04/humane_design_worksheet.pdf. Zugegriffen: 8. Juni 2019

Center for Information and Bubble Studies (2019) About CIBS. University of Copenhagen. https://bubblestudies.ku.dk/about/. Zugegriffen: 8. Juni 2019

Châlons C, Dufft N (2016) Die Rolle der IT als Enabler für Digitalisierung. In: Abolhassan F (Hrsg) Was treibt die Digitalisierung? Springer Gabler, Wiesbaden

Charta der digitalen Vernetzung (2018) Die Charta im Wortlaut. https://charta-digitale-vernetzung.de/die-charta-im-wortlaut/. Zugegriffen: 24. Jan. 2019

Charter M, Clark T (2007) Sustainable Innovation. Key conclusions from sustainable innovation conferences 2003–2006 organised by the centre for sustainable design. The center for sustainable design, Surrey. http://cfsd.org.uk/Sustainable%20Innovation/Sustainable_Innovation_report.pdf. Zugegriffen: 1. Aug. 2019

Christl W, Spiekermann S (2016) Networks of control. Facultas, Wien. https://crackedlabs.org/en/networksofcontrol. Zugegriffen: 9. Febr. 2019

Cominetti M, Seele P (2016). Hard soft law or soft hard law? A content analysis of CSR guidelines typologized along hybrid legal status. uwf 24:127–140. https://doi.org/10.1007/s00550-016-0425-4. Zugegriffen: 8. Juni 2019

Cooper T, Siu J, Wie K (2015) Doing well by doing good. Outlook. Accenture. https://www.accenture.com/_acnmedia/accenture/conversion-assets/outlook/documents/2/accenture-corporate-digital-responsibility-web-pdf-v2.pdf. Zugegriffen: 8. Juni 2019

Corporate Knights (2019) World's 100 most sustainable corporations deliver better for investors. Markets Insider vom 22.01.2019. https://markets.businessinsider.com/news/stocks/world-s-100-most-sustainable-corporations-deliver-better-for-investors-1027884018. Zugegriffen: 24. Aug. 2019

Cossins D (2018) Discriminating algorithms: 5 times AI showed prejudice. New Scientist vom 02.04.2018. https://www.newscientist.com/article/2166207-discriminating-algorithms-5-times-ai-showed-prejudice/. Zugegriffen: 14. Sept. 2019

CSAIL-MIT (2019) The solid project. https://solid.mit.edu/. Zugegriffen: 8. Juni 2019

CSR Europe (2018) Future of work working group: investigating 'Corporate Digital Responsibility'. https://www.csreurope.org/future-work-working-group-investigating-%E2%80%98corporate-digital-responsibility%E2%80%99. Zugegriffen: 8. Juni 2019

CSR Europe (2019) Corporate digital responsibility and future of work. Internes Dokument

Curry E (2016) The big data value chain: definitions, concepts, and theoretical approaches. In: Cavanillas JM, Curry E, Wahlster W (Hrsg) Data-driven economy. A roadmap for usage and exploitation of big data in Europe. Berlin, Springer, S 29–37. https://www.springer.com/de/book/9783319215686. Zugegriffen: 8. Juni 2019

d.school (2018) Design thinking bootleg. Hasso Plattner Institute of Design at Stanford University. https://dschool.stanford.edu/resources/design-thinking-bootleg. Zugegriffen: 13. Juli 2019

Dachwitz I, Rudl T, Rebiger S (2018) FAQ: Was wir über den Skandal um Facebook und Cambridge Analytica wissen. Netzpolitik.org vom 21.03.2019. https://netzpolitik.org/2018/cambridge-analytica-was-wir-ueber-das-groesste-datenleck-in-der-geschichte-von-facebook-wissen/. Zugegriffen: 8. Juni 2019

Dapp MM (2013) Digitale Nachhaltigkeit – Was bedeutet Nachhaltigkeit bei nicht-knappen Wissensressourcen. Nachhaltigkeitswoche Uni Rostock. https://de.slideshare.net/hochschulpiraten/dr-marcus-dapp-digitale-nachhaltigkeit-was-bedeutet-nachhaltigkeit-bei-nichtknappen-wissensressourcen. Zugegriffen: 8. Juni 2019

DB mindbox (2019) DB open data. Track record. https://dbmindbox.com/de/db-opendata-hackathons/#past-records. Zugegriffen: 1. Aug. 2018

de Langhe B, Puntoni S, Larrick R (2017) Linear thinking in a nonlinear world. Harv Bus Rev, May–June 2017 Issue. https://hbr.org/2017/05/linear-thinking-in-a-nonlinear-world. Zugegriffen: 13. Juli 2019

Deloitte (2018) Europäische Kommission: Kommissionsvorschlag zur Besteuerung der digitalen Wirtschaft. Internationales Steuerrecht vom 22.03.2018. https://www.deloitte-tax-news.de/steuern/internationales-steuerrecht/europaeische-kommission-kommissionsvorschlag-zur-besteuerung-der-digitalen-wirtschaft.html. Zugegriffen: 8. Juni 2019

Dengler K, Matthes B, Wydra-Somaggio G (2018) Regionale Branchen- und Berufsstrukturen prägen die Substituierbarkeitspotenziale. IAB Kurzbericht 22/2018. http://doku.iab.de/kurzber/2018/kb2218.pdf. Zugegriffen: 8. Juni 2019

Desai MA, Dharmapala D (2006) Corporate social responsibility and taxation: the missing link. https://static1.squarespace.com/static/5723a035356fb098e46ccab0/t/573a359f22482e-2875dbb266/1463432607494/Corporate+Social+Responsibility+and+Taxation-+The+Missing+Link.pdf. Zugegriffen: 8. Juni 2019

Desjardins J (2018) In the race to 50 million users there's one clear winner – and it might surprise you. World Economic Forum vom 26.06.2018. https://www.weforum.org/agenda/2018/06/how-long-does-it-take-to-hit-50-million-users. Zugegriffen 14. Sept. 2019

Deutsche Bahn (2019) Open-Data-Portal. Das Datenportal der Deutschen Bahn AG. http://data.deutschebahn.com. Zugegriffen: 1. Aug. 2018

Deutsche Telekom (2018) KI Leitlinien der Telekom. https://www.telekom.com/de/konzern/digitale-verantwortung/details/ki-leitlinien-der-telekom-523904. Zugegriffen: 24. Aug. 2019

Deutsche Telekom (2019a) Digitale Verantwortung. https://www.telekom.com/de/konzern/digitale-verantwortung. Zugegriffen: 24. Aug. 2019

Deutsche Telekom (2019b) Bewusstsein schaffen. Vertrauenswürdiger Partner in der digitalen Welt Corporate Responsibility Bericht 2018. https://www.cr-bericht.telekom.com/site19/gesellschaft/vertrauenswuerdiger-partner-der-digitalen-welt/bewusstsein-schaffen#atn-10393-15481. Zugegriffen: 24. Aug. 2019

Deutscher Bundestag (2016) Beispiele für freiwillige Selbstverpflichtungen der Wirtschaft. Aktenzeichen WD 5 - 3000 - 079/16. https://www.bundestag.de/resource/blob/480084/7a54deeee5135d-82f7df678d8456b1ea/wd-5-079-16-pdf-data.pdf. Zugegriffen: 13. Juli 2019

Deutscher Gewerkschaftsbund (2018) Gemeinwohl in der digitalen Gesellschaft. einblick Juni 2018. https://www.dgb.de/themen/++co++44941022-633e-11e8-a16c-52540088cada. Zugegriffen: 9. Febr. 2019

Deutscher Nachhaltigkeitskodex (2018) DNK-Jahresbilanz 2018: es gab viel zu lesen, es bleibt viel zu tun. Pressemitteilung vom 20.12.2018. https://www.deutscher-nachhaltigkeitskodex.de/de-DE/Home/News/Press-Releases/2018/Jahresbilanz-2018-es-gab-viel-zu-lesen,-es-bleibt. Zugegriffen: 30. Juni 2019

Die Initiative Code your Life (2019a) Der TurtleCoder wird inklusiv. https://www.code-your-life.org/Blog/Archiv_2018/1415_Der_TurtleCoder_wird_inklusiv.htm. Zugegriffen: 6. Sept. 2019

Die Initiative Code your Life (2019b) Programmieren mit der Turtle. https://www.code-your-life.org/Praxis/Logo_Turtle/1301_Turtle.htm. Zugegriffen: 6. sept. 2019

Die Initiative Code your Life (2019c) Code your life wird inklusiv. https://www.code-your-life.org/Blog/Archiv_2018/1414_Code_your_Life_wird_inklusiv.htm. Zugegriffen: 6. Sept. 2019

Digital Reality (2018) Data economy report 2018. https://ap-verlag.de/clickandbuilds/WordPress/MyCMS4/wp-content/uploads/2018/04/Digital-Realty_Data-Economy-Report_April-2018.pdf. Zugegriffen: 8. Juni 2019

Digitalcourage e. V. (2019) Big brother awards. https://bigbrotherawards.de/. Zugegriffen: 8. Juni 2019

DIN e. V. (2010) DIN ISO 26000. Leitfaden zur gesellschaftlichen Verantwortung (ISO 26000:2010). DIN-Normenausschuss Organisationsprozesse (NAOrg). https://www.din.de/de/mitwirken/normenausschuesse/naorg/normen/wdc-beuth:din21:134852356. Zugegriffen: 6. Juni 2019

DIVSI (2018) DIVSI U25-Studie. Euphorie war gestern. Die „Generation Internet" zwischen Glück und Abhängigkeit. https://www.divsi.de/wp-content/uploads/2018/11/DIVSI-U25-Studie-euphorie.pdf. Zugegriffen: 14. Sept. 2019

Dörr S (2012) Sustainability Management. Wertsteigerung durch Nachhaltigkeitsintegration bei Telekommunikationsunternehmen? Masterarbeit Universität Lüneburg. München, GRIN Verlag. https://www.grin.com/document/437105. Zugegriffen: 8. Juni 2019

Dörr S (2019) 15 x Corporate Digital Responsibility: Die Handlungsfelder auf einen Blick. CSR Magazin 33

Dörr S (in Vorbereitung) CDR in der Praxis: Umsetzung mit Corporate Responsibility Instrumenten. Bertelsmann Stiftung

Dörr S, Paderta D (2019) SmartCheck für nachhaltige Apps – Fallbeispiel „Schutzranzen" für Kinder. In: Schiel A, Seidel A (Hrsg) Menschpunktnull. S 140–165. https://digihuman.org/. Zugegriffen: 8. Juni 2019

Dreyer N (2017) Die Social Entrepreneurship-Szene in Deutschland Teil 1: Startups, Unternehmen und Events. Gründerküche.de vom 05.07.2018. https://www.gruenderkueche.de/facharti-kel/die-social-entrepreneurship-szene-in-deutschland-teil-1-startups-unternehmen-und-events/. Zugegriffen: 8. Juni 2019

Dufva T, Dufva M (2019) Grasping the future of the digital society. Futures 107:17–28. https://doi.org/10.1016/j.futures.2018.11.001 Zugegriffen: 14. Sept. 2019

Ellen McArthur Foundation (2019) Circular design guide. https://www.circulardesignguide.com. Zugegriffen: 8. Juni 2019

Engelhardt S, Wangler L, Wischmann S (2017) Eigenschaften und Erfolgsfaktoren digitaler Plattformen. Begleitforschung AUTONOMIK für Industrie 4.0, Berlin. https://www.digitale-tech-nologien.de/DT/Redaktion/DE/Downloads/Publikation/autonomik-studie-digitale-plattformen.pdf. Zugegriffen: 9. Febr. 2019

Ernst & Young (2019) Start-up-Barometer Deutschland. Januar 2019. https://www.ey.com/Publi-cation/vwLUAssets/ey-start-up-barometer-deutschland-januar-2019/%24FILE/ey-start-up-baro-meter-deutschland-januar-2019.pdf. Zugegriffen: 20. Juli 2019

Esselmann F, Brink A (2016) Corporate Digital Responsibility: Den digitalen Wandel von Unternehmen und Gesellschaft erfolgreich gestalten. Spektrum 12:38–41

Ethikbeirat HR Tech (2019) Richtlinien für den verantwortungsvollen Einsatz von Künstlicher Intelligenz und weiteren digitalen Technologien in der Personalarbeit. https://www.ethikbei-rat-hrtech.de/wp-content/uploads/2019/06/Ethikbeirat_und_Richtlinien_Konsultationsfassung_final.pdf. Zugegriffen: 13. Juli 2019

Euler T (2018) Aufmerksamkeit als Geschäftsmodell: Die Spielregeln der neuen Welt . t3n vom 19.06.2019. https://t3n.de/news/aufmerksamkeit-geschaeftsmodell-830734/2/ Zugegriffen: 8. Juni 2019

Europäische Kommission (2018) Index für die digitale Wirtschaft und Gesellschaft (DESI) 2018. Länderbericht Deutschland. http://ec.europa.eu/newsroom/dae/document.cfm?doc_id=52332. Zugegriffen: 9. Febr. 2019

European Business Network for Corporate Social Responsibility (2019) Corporate Digital Responsibility (CDR). https://www.csreurope.org/future-work-investigating-corporate-digital-responsi-bility. Zugegriffen: 13. Juni 2019

European Commission (2013) An analysis of policy references made by large EU companies to internationally recognised CSR guidelines and principles. https://ec.europa.eu/docsroom/docu-ments/10372/attachments/1/translations/en/renditions/native. Zugegriffen: 30. Juni 2019

European Commission (2019a) Ethics guidelines for trustworthy AI. https://ec.europa.eu/digi-tal-single-market/en/news/ethics-guidelines-trustworthy-ai. Zugegriffen: 8. Juni 2019

European Commission (2019b) Reducing emissions from aviation. https://ec.europa.eu/clima/poli-cies/transport/aviation_en. Zugegriffen: 9. Febr. 2019

Everipedia (2019) Die weltweit erste Enzyklopädie in der Blockchain. https://everipedia.org/. Zugegriffen: 8. Juni 2019

Facebook (2018) #noblackfriday. Avocadostore vom 22. November 2018. https://www.facebook.com/avocadostore/posts/noblackfriday/10156477704051195/. Zugegriffen: 20. Juli 2018

Fairness, Accountability, and Transparency in Machine Learning (2019) Principles for accountable algorithms and a social impact statement for algorithms. https://www.fatml.org/resources/prin-ciples-for-accountable-algorithms. Zugegriffen: 20. Febr. 2019

Fairphone (2019) Das neue Fairphone ist da. https://fairphone.com. Zugegriffen: 14. Sept. 2019

FAKTOR 3 (2019) Digitaler Bildungspakt. http://digitaler-bildungspakt.de/. Zugegriffen: 26. Juli 2019

Fassing P (2018) 2018 – das Jahr der Datenskandale? IT Zoom vom 12.12.2018. https://www.it-zoom.de/it-director/e/2018-das-jahr-der-datenskandale-21553/. Zugegriffen: 20. Febr. 2019

Ferber I (2017) Employer Branding in Zeiten von Nachhaltigkeit und Digitalisierung. In: Fabisch N (Hrsg) Spieß B, CSR und neue Arbeitswelten. Management-Reihe Corporate Social Responsibility. Springer Gabler, Berlin

Fertlik M (2013) The rich see a different internet than the poor. Scientific American vom 01.02.2013. https://www.scientificamerican.com/article/rich-see-different-internet-than-the-poor. Zugegriffen: 8. Juni 2019

Fichter K, Tiemann I (2015) Das Konzept „Sustainable Business Canvas" zur Unterstützung nachhaltigkeitsorientierten Geschäftsmodellentwicklung. Carl von Ossietzky Universität Oldenburg. https://start-green.net/media/cms_page_media/2015/12/8/Fichter_Tiemann_2015_Sustainable_Business_Canvas_0812.2015.pdf. Zugegriffen: 20. Juli 2019

Fleisch E, Weinberger M, Wortmann F (2014) Geschäftsmodelle im Internet der Dinge. Bosch IT Lab White Paper. http://www.iot-lab.ch/wp-content/uploads/2014/09/GM-im-IOT_Bosch-Lab-White-Paper.pdf. Zugegriffen: 22. Febr. 2019

Flourishing Enterprise Innovation (2019) The flourishing business canvas. http://www.flourishing-business.org/the-toolkit-flourishing-business-canvas/. Zugegriffen: 20. Juli 2019

Frankfurter Allgemeine Zeitung (2018) Stromverbrauch von Bitcoin steigt schneller als erwartet. FAZ vom 06.11.2018. https://www.faz.net/aktuell/finanzen/digital-bezahlen/bitcoin-stromverbauch-bei-herstellung-enorm-hoch-15876893.html. Zugegriffen: 8. Juni 2019

Fratzscher M (2018) Welche Jobs durch die Digitalisierung wertvoller werden. Der Tagesspiegel vom 01.05.2018. https://www.tagesspiegel.de/wirtschaft/tag-der-arbeit-maschinen-und-computer-besitzen-weder-kreativitaet-noch-empathie/21227582-2.html. Zugegriffen: 14. Sept. 2019

Fraunhofer IZM, Borderstep Institut (2015) Entwicklung des IKT-bedingten Strombedarfs in Deutschland. http://www.bmwi.de/Redaktion/DE/Downloads/E/entwicklung-des-ikt-bedingten-strombedarfs-in-deutschland-abschlussbericht.pdf;jsessionid=7C2E99BF32C68D9F91F-92C0261FC37A3?__blob=publicationFile&v=3. Zugegriffen: 8. Juni 2019

Freeman RE (1984) Strategic management. Pitman series in business and public policy. Pitman, Boston

Frey CB, Osborne MA (2013) The future of employment: how susceptible are jobs to computerisation? https://www.oxfordmartin.ox.ac.uk/downloads/academic/The_Future_of_Employment.pdf. Zugegriffen: 8. Juni 2019

Future of Life Institute (2017) Asilomar AI Principles. https://futureoflife.org/ai-principles/. Zugegriffen: 20. Febr. 2019

Future of Humanity Insitute (2018) The malicious use of artificial intelligence: forecasting, prevention, and mitigation. https://img1.wsimg.com/blobby/go/3d82daa4-97fe-4096-9c6b-376b92c619de/downloads/1c6q2kc4v_50335.pdf. Zugegriffen: 8. Juni 2019

Geissdörfer M, Bocken NMP, Hultink EJ (2016) Design thinking to enhance the sustainable business modelling process – A workshop based on a value mapping process. J Clean Prod 135:1218–1232. https://www.sciencedirect.com/science/article/pii/S0959652616309088. Zugegriffen: 20. Juli 2019

Gemeinwohlökonomie (2019) Theoretische Basis. https://www.ecogood.org/de/vision/theoretische-basis/. Zugegriffen: 8. Juni 2019

Germanwatch (2019) Zukunftsfähige Digitalisierung. https://germanwatch.org/de/digitalisierung. Zugegriffen: 8. Juni 2019

Global e-Sustainability Initiative (2009) SMART 2020 Addendum Deutschland: Die IKT-Industrie als treibende Kraft auf dem Weg zu nachhaltigem Klimaschutz. https://www.telekom.com/resource/blob/314946/845c540d99f81aceab95a67521188193/dl-smart-2020-data.pdf. Zugegriffen: 8. Juni 2019

Global e-Sustainability Initiative (2016) System transformation. Summary Report. https://gesi.org/report/detail/system-transformation. Zugegriffen: 15. Juni 2018

Global e-Sustainability Initiative (2019) Digital access index. http://www.digitalaccessindex-sdg.gesi.org/. Zugegriffen: 8. Juni 2019

Global Impact Investing Network (2019) IRIS catalog of metrics. https://iris.thegiin.org/metrics/. Zugegriffen: 1. Aug. 2019

Global Intelligence for the CIO (2017) The rise of corporate digital responsibility. https://www.i-cio.com/management/best-practice/item/the-rise-of-corporate-digital-responsibility. Zugegriffen: 24. Jan. 2019

Global Reporting Initiative (2019a) GRI standards. https://www.globalreporting.org/standards. Zugegriffen: 1. Aug. 2019

Global Reporting Initiative (2019b) GRI standards. GRI 418: customer privacy 2016. https://www.globalreporting.org/standards. Zugegriffen: 1. Aug. 2019

Globescan (2019) 2019 GlobeScan/SustainAbility leaders survey. https://globescan.com/2019-sustainability-leaders-report/. Zugegriffen: 11. Juli 2019

GLS Bank (2019) Futopolis. https://futopolis.gls.de/. Zugegriffen: 8. Juni 2019

Godemann J (2008) Inter- & Transdisziplinarität zu Bearbeitung komplexer Problemfelder. Center for Sustainability Management. Leuphana Universität, Lüneburg

Good Hood (2019a) Verbinde dich mit deinen Nachbarn. www.nebenan.de. Zugegriffen: 1. Aug. 2019

Good Hood (2019b) Netiquette – Wie wir auf nebenan.de miteinander umgehen sollten. https://nebenan.zendesk.com/hc/de/articles/205666471-Netiquette-Wie-wir-auf-nebenan-de-miteinander-umgehen-sollten. Zugegriffen: 1. Aug. 2019

Good Hood (2019c) Building local, social networks for neighbours in Europe. https://www.goodhood.eu/. Zugegriffen: 1. Aug. 2019

Good Hood (2019d) Wie finanziert sich die Plattform? https://nebenan.zendesk.com/hc/de/articles/214082329-Wie-finanziert-sich-die-Plattform-?

Good Hood (2019e) Tag der Nachbarn 2019. https://www.tagdernachbarn.de/. Zugegriffen: 1. Aug. 2019

Good Hood (2019f) Deutscher Nachbarschaftspreis. https://www.nachbarschaftspreis.de/. Zugegriffen: 1. Aug. 2019

Google Trends (2019) Interesse im zeitlichen Verlauf bei Google Trends für Nachhaltigkeit, Digitalisierung, Klimawandel. Deutschland, 01.08.16 bis 07.08.19. https://trends.google.de/trends/explore/TIMESERIES/1565211600?hl=de&tz=-120&date=2016-08-01+2019-08-07&geo=DE&q=Nachhaltigkeit,Digitalisierung,Klimawandel&sni=3. Zugegriffen: 7. Aug. 2019

Gossen M, Frick V (2018) Brauchst du das wirklich? Wahrnehmung und Wirkung suffizienzfördernder Unternehmenskommunikation. Umweltpsychologie 22:11–32. https://www.researchgate.net/publication/332151940_Brauchst_du_das_wirklich_Wahrnehmung_und_Wirkung_suffizienzfordernder_Unternehmenskommunikation_auf_die_Konsummotivation. Zugegriffen: 20. Juli 2018

Gossen M, Kampffmeyer N (2019) Nachhaltiger Onlinehandel. Wie grüne Nischenanbieter gestärkt und Mainstreamportale begrünt. In: Höfner A, Frick V (Hrsg) Was Bits und Bäume verbindet. Oekom, München, S 107–110 http://www.santarius.de/wp-content/uploads/2019/07/Bits-Baeume_Web.pdf. Zugegriffen: 20. Juli 2018

Greenhouse Gas Protocol (2011) Corporate value chain (Scope 3) Accounting and reporting standard. http://ghgprotocol.org/standards/scope-3-standard. Zugegriffen: 8. Juni 2019

Greenman S (2019) Welcome to the Global AI startup gold rush. Medium vom 07.04.2019. https://towardsdatascience.com/the-secrets-of-successful-ai-startups-whos-making-money-in-ai-part-ii-207fea92a8d5?gi=c918c4e44620. Zugegriffen: 14. Sept. 2019

GRI, UN Global Compact and the WBCSD (2018) SDG Compass. Leitfaden für Unternehmensaktivitäten zu den SDGs. https://sdgcompass.org/. Zugegriffen: 8. Juni 2019

Griessbaum J (2013) Social Web. In: Kuhlen R, Semar W, Strauch D (Hrsg) Grundlagen der praktischen Information und Dokumentation. 6. Ausgabe. de Gruyter, Berlin. https://www.uni-hildesheim.de/media/fb3/informationswissenschaft/IIM_IW/griesbaum/GdPIuD_D7.pdf. Zugegriffen: 8. Juni 2019

Grießer M (2013) Digitale Nachhaltigkeit. Interdisziplinäre Transformation eines ökologischen Begriffs. Magisterarbeit. Martin-Luther-Universität, Halle-Wittenberg. http://alles.semelina.de/things/Digitale-Nachhaltigkeit.pdf. Zugegriffen: 8. Juni 2019

Grimm P (2018) Digitale Ethik – Reflexion über Grundwerte und ethisches Handeln. Bundeszentrale für politische Bildung vom 17.04.2018. http://www.bpb.de/lernen/digitale-bildung/medienpaedagogik/268087/digitale-ethik-reflexion-ueber-grundwerte-und-ethisches-handeln. Zugegriffen: 13. Sept. 2019

Grösser S (2018) Geschäftsmodell. Revision vom 14.02.2018. In: Gabler Wirtschaftslexikon (Hrsg) Das Wissen der Experten. Springer Gabler, Wiesbaden. https://wirtschaftslexikon.gabler.de/definition/geschaeftsmodell-52275/version-275417. Zugegriffen: 13. Juli 2019

GründerinitiativeStartUp4Climate (2015) Sustainable business canvas. https://start-green.net/media/cms_page_media/2016/6/29/Sustainable%20Business%20Canvas_A0.pdf. Zugegriffen: 20. Juli 2019

Hambling D (2019) Menschen identifizieren am Herzschlag. Technology Review vom 05.07.2019. https://www.heise.de/tr/artikel/Menschen-identifizieren-am-Herzschlag-4457218.html. Zugegriffen: 14. Sept. 2019

Hamidian K, Kraijo C (2017) DigITalisierung Status quo. In: Keuper K, Hamidian K, Verwaayen E, Kalinowski T, Kraijo C (Hrsg) Digitalisierung und Innovation. Planung – Entstehung – Entwicklungsperspektiven. Springer Gabler, Wiesbaden, S 5–21

Hansen EG (2010) Responsible leadership systems. An empirical analysis of integrating corporate responsibility into leadership systems. Gabler, Wiesbaden

Hasselbalch G, Tranberg P (2018) Datenethik: Eine neue Geschäftsethik entwickeln. In: Otto P, Graf E (Hrsg) (2017) 3TH1CS. Die Ethik der digitalen Zeit. Irightsmedia, Berlin, S 186–196

Haufe (2018) Wie lässt sich digitaler Stress vermindern? News. https://www.haufe.de/arbeitsschutz/gesundheit-umwelt/digitaler-stress-gesundheitsgefahren-ernst-nehmen_94_412046.html. Zugegriffen: 8. Juni 2019

Hebing M, Ebert J, Schildhauer T (2017) Startup Ökosysteme: Wege zu einem verbesserten Benchmarking. HIIG Alexander von Humboldt Institut für Internet und Gesellschaft. https://www.hiig.de/wp-content/uploads/2017/06/2017-06-15-startup-ecosystems-v1.0.pdf. Zugegriffen: 20. Juli 2019

Heimisch A, Lindlacher V, Schricker J (2017) Digitalisierung in deutschen Unternehmen: Eine Bestandsaufnahme. ifo Schnelldienst 21 vom 09.11.2017. S 38–40. https://www.ifo.de/DocDL/sd-2017-21-heimisch-etal-personalleiter-digitalisierung-2017-11-09.pdf. Zugegriffen: 8. Juni 2019

Heinrich-Böll-Stiftung (2019) Plastikatlas. https://www.boell.de/de/plastikatlas. Zugegriffen: 8. Juni 2019

Helbing D et al (2017a) Digital-Manifest (I). Digitale Demokratie statt Datendiktatur. Spektrum Spezial „Willkommen in der Datenwelt!". Spektrum 1:7–14

Helbing D et al (2017b) „Digital-Manifest (II). Eine Strategie für das digitale Zeitalter". Spektrum Spezial „Willkommen in der Datenwelt!". Spektrum 1:7–14

Hess T (2016) Digitalisierung. Enzyklopädie der Wirtschaftsinformatik. http://www.enzyklopaedie-der-wirtschaftsinformatik.de/lexikon/technologien-methoden/Informatik--Grundlagen/digitalisierung. Zugegriffen: 24. Jan. 2019

HHL Leipzig Graduate School of Management (2019) Gemeinwohlatlas. https://www.gemeinwohlatlas.de. Zugegriffen: 8. Juni 2019

Hilbert M (2011) The world's technological capacity to store, communicate, and compute information. http://www.martinhilbert.net/worldinfocapacity-html/. Zugegriffen: 24. Jan. 2019

Hilbert M, López P (2011) The world's technological capacity to store, communicate, and compute information. Science 6025:60–65. https://science.sciencemag.org/content/332/6025/60. Zugegriffen: 24. Jan. 2019

Hildebrandt A, Landhäußer W (Hrsg) (2017) CSR und Digitalisierung. Springer, Berlin

Hilty L (2019) Bits & Bäume: Funktionierende Systeme werden systematisch zu Abfall gemacht. Netzpolitik.org vom 22.07.2019. https://netzpolitik.org/2019/bits-baeume-funktionierende-systeme-werden-systematisch-zu-abfall-gemacht/. Zugegriffen: 1. Aug. 2019

Hochschule der Medien (2017) 10 ethische Leitlinien für die Digitalisierung von Unternehmen. https://www.digitale-ethik.de/digitalkompetenz/10-ethische-unternehmensleitlinien/. Zugegriffen: 9. Febr. 2019

Hockerts K (2001) Corporate sustainability management – towards controlling corporate ecological and social sustainability. In: Proceedings of Greening of Industry Network Conference, S 21–24 http://www.academia.edu/2837301/Corporate_Sustainability_Management_Towards_Controlling_Corporate_Ecological_and_Social_Sustainability. Zugegriffen: 9. Febr. 2019

Hofer-Jendros S (2016) Der Mensch als Mittel zum Zweck der Digitalisierung. Eine neue Dimension unternehmerischer Verantwortung. In: Offenwanger DJ, Quandt JH (Hrsg) #sustainability – Wirtschaftsethische Herausforderung Digitalisierung. Hampp, München, S 41–48

Hoffmann HC (2019) KI und Moral. Eine Grundlagendebatte. Algorithmenethik vom 17.04.2019. https://algorithmenethik.de/2019/04/17/ki-und-moral-eine-grundlagendebatte/. Zugegriffen: 14. Sept. 2019

Hoffmann M (2018) Wie Amazon und Co. Milliardenumsätze mit erfundenen Feiertagen generieren. Manager Magazin. https://www.manager-magazin.de/unternehmen/handel/cyber-monday-black-friday-shopping-feiertage-bei-amazon-und-co-a-1238214-5.html. Zugegriffen: 20. Sept. 2018

Hofmann J, Piele A, Piele, C (2019) New Work. Best Practices und Zukunftsmodelle, Fraunhofer IAO. http://publica.fraunhofer.de/documents/N-543664.html. Zugegriffen: 8. Juni 2019

Holtgrewe U, Kroop S, Schwarz-Wölzl M (2017) Digital social innovation. In: Kaletka C, Domanski D (Hrsg) Exploring the research landscape of social innovation – a deliverable of the project Social Innovation Community (SIC). Dortmund, Sozialforschungsstelle, S 44–64. https://www.siceurope.eu/sites/default/files/field/attachment/exploring_the_research_landscape_of_social_innovation.pdf. Zugegriffen: 8. Juni 2019

Holtgrewe U, Schwarz-Woelzl M (2019) Social innovation and service innovation: connecting the digital and the analogue. Social innovation community. https://www.siceurope.eu/resources/research-portal/social-innovation-and-service-innovation-connecting-digital-and-analogue. Zugegriffen: 8. Juni 2019

Hootsuite/We are social (2018) Digital in 2018. https://hootsuite.com/en-gb/pages/digital-in-2018. Zugegriffen: 9. Febr. 2019

Hornung S (2018) „Für viele ist New Work etwas, was Arbeit ein bisschen reizvoller macht, quasi Lohnarbeit im Minirock." Personalmag 8:38–43. https://www.haufe.de/download/personalmagazin-ausgabe-092018-personalmagazin-465346.pdf

Hu-manity.com (2019) The future belongs to trusted companies. https://hu-manity.co/. Zugegriffen: 8. Juni 2019

Hurtz S (2019) Digitale Assistenten Alexa, Siri & Co. „Hey Google, wer hört uns noch zu?" Süddeutsche Zeitung vom 23.07.2019. https://www.sueddeutsche.de/digital/alexa-google-datenschutz-1.4535355. Zugegriffen: 1. Aug. 2019

IBM (2018) IBM's contributions towards achieving the United Nations Sustainable Development Goals. https://www.ibm.com/ibm/environment/news/ibm_unsdgs_2018.pdf. Zugegriffen: 14. Sept. 2019

ICTFootprint.eu (2019) European framework initiative for energy & environmental efficiency in the ICT sector. https://ictfootprint.eu/es/about/ict-carbon-footprint/ict-carbon-footprint. Zugegriffen: 9. Febr. 2019

IDEO (2019) Design thinking. https://www.ideou.com/pages/design-thinking. Zugegriffen: 13. Juli 2019

IEEE Standards Association (2019a) Ethically aligned design. A vision for prioritizing human well-being with autonomous and intelligent systems. Second edition. For public discussion. https://standards.ieee.org/content/dam/ieee-standards/standards/web/documents/other/ead_v2.pdf. Zugegriffen: 13. Juli 2019

IEEE Standards Association (2019b) The Ethics Certification Program for Autonomous and Intelligent Systems (ECPAIS). https://standards.ieee.org/industry-connections/ecpais.html. Zugegriffen: 13. Juli 2019

Ifaa (2019) Künstliche Intelligenz verändert die Arbeitswelt ifaa-Direktor Stowasser beim Zukunftsgespräch der Bundesregierung. Pressemitteilung vom 18.06.2019. https://www.arbeitswissenschaft.net/newsroom/pressemeldung/news/kuenstliche-intelligenz-veraendert-die-arbeitswelt-ifaa-direktor-stowasser-beim-zukunftsgespraech-de/. Zugegriffen: 14. Sept. 2019

IFH Köln (2019) Gatekeeper Amazon – Vom Suchen und Finden des eigenen Erfolgswegs. https://www.ifhkoeln.de/fileadmin/registrierte_Downloads/Management_Summaries/190702_IFH_Koeln_Gatekeeper_Amazon_2019_Management_Summary.pdf. Zugegriffen: 14. Sept. 2019

IG Metall (2019a) Fair Crowd Work. Gewerkschaftliche Informationen und Austausch zu Crowd-, App- und plattformbasiertem Arbeiten. http://faircrowd.work/de/. Zugegriffen: 1. Aug. 2019

IG Metall (2019b) Crowdsourcing code of conduct. Ombudsstelle. https://ombudsstelle.crowdwork-igmetall.de/de.html. Zugegriffen: 1. Aug. 2019

IG Metall (2019c) Ombudsstelle legt ersten Bericht vor. http://faircrowd.work/de/2019/02/12/ombudsstelle-legt-ersten-bericht-vor/. Zugegriffen: 1. Aug. 2019

IG Metall (2019d) Fair crowd work. http://faircrowd.work. Zugegriffen: 8. Juni 2019

Initiative D21 (2017) Denkimpuls digitale Ethik: Roboter als persönliche Assistenten für ältere Menschen. Arbeitsgruppe Ethik. https://initiatived21.de/app/uploads/2017/08/02-1_denkimpulse_ag-ethik_roboter-in-der-pflege_final.pdf. Zugegriffen: 8. Juni 2019

Initiative D21 (2019) D21 Digital Index 2018/2019. Jährliches Lagebild zur Digitalen Gesellschaft. https://initiatived21.de/publikationen/d21-digital-index-2018-2019/. Zugegriffen: 24. Jan. 2019

Innonatives (2019) Open platform for sustainability. https://www.innonatives.com/. Zugegriffen: 8. Juni 2019

Institute for the future, omidyar network's tech and society solutions lab (2018) Ethical OS Toolkit. https://ethicalos.org/wp-content/uploads/2018/08/Ethical-OS-Toolkit.pdf. Zugegriffen: 13. Juli 2019

International Organization for Standardization (2010) Guidance on social responsibility. International standard. ISO 26000:2010

International Telecommunication Union (2018) Measuring the information society report 2018, Bd. 1. https://www.itu.int/en/ITU-D/Statistics/Pages/publications/misr2018.aspx. Zugegriffen: 8. Juni 2019

iRights.Lab und Bertelsmann Stiftung (2019) Algo.Rules. Regeln für die Gestaltung algorithmischer Systeme. https://www.bertelsmann-stiftung.de/fileadmin/files/BSt/Publikationen/GrauePublikationen/Algo.Rules_DE.pdf. Zugegriffen: 13. Juli 2019

ISM School of Management (2018) DigitalBarometer 2018. 2. Welle. Eine Kooperationsstudie zur Digitalisierung in Deutschland. https://www.earsandeyes.com/download/digitalbarometer/ Zugegriffen: 24. Jan. 2019

Jede der 15 „unerwünschSchmidt H (2017) Wie deutsche Unternehmen die Plattform-Ökonomie verschlafen. https://www.netzoekonom.de/2017/02/10/wie-deutsche-unternehmen-die-plattform-oekonomie-verschlafen-2/. Zugegriffen: 24. Jan. 2019

Johnson K (2019) How AI companies can avoid ethics washing. Venturebeat vom 17.07.2019. https://venturebeat.com/2019/07/17/how-ai-companies-can-avoid-ethics-washing/. Zugegriffen: 1. Aug. 2019

Kappes H (2019) Auf digitalen Wegen zu starken lokalen Gemeinschaften. In: Skutta S, Steineke J et al. (Hrsg) Digitalisierung und Teilhabe. Sonderband 2018 der Zeitschriften Blätter der Wohlfahrtspflege und Sozialwirtschaft. Nomos, Baden Baden, S 149–166

Keilholz S, Stakenborg P (2019) Suffizienzorientiertes Online-Marketing. https://www.postwachstum.de/suffizienzorientiertes-online-marketing-20190411. Zugegriffen: 9. Juni 2019

Kenney M, Zysman J (2016) The rise of the platform economy. Issues in science and technology 32, 3. http://issues.org/32-3/the-rise-of-the-platform-economy/. Zugegriffen: 8. Juni 2019

KI Bundesverband e. V. (2019) KI Gütesiegel. https://ki-verband.de/wp-content/uploads/2019/02/KIBV_Guetesiegel.pdf. Zugegriffen: 8. Juni 2019

Kirch J, Böttcher K, Tomenendal M (2018) Die Ableitung von Management- und Führungskompetenzen für das digitale Zeitalter. ZHWB Zeitschrift Hochschule und Weiterbildung. 1:38–45. https://doi.org/10.4119/UNIBI/ZHWB-133. Zugegriffen: 14. Sept. 2019

Kiron D, Unruh G (2018) The convergence of digitalization and sustainability. MIT sloan management review. https://sloanreview.mit.edu/article/the-convergence-of-digitalization-and-sustainability/amp. Zugegriffen: 15. März 2019

Kleene M, Wöltje G (2009) Grün schlau sexy. TellusBooks, Hamburg. http://www.woeltje.eu/assets/Uploads/130319-GruenSchlauSexy-1.pdf. Zugegriffen: 1. Aug. 2019

Knaut A (2017) Corporate Social Responsibility verpasst die Digitalisierung. In: Hildebrandt A., Landhäußer W (Hrsg) CSR und Digitalisierung. Springer, Berlin, S 51–59

Koch H (2019) Zukunft des Öko-Handys ist unklar. Fairphone ausverkauft. http://www.taz.de/Zukunft-des-Oeko-Handys-ist-unklar/!5593764/. Zugegriffen: 8. Juni 2019

Kompass Nachhaltigkeit (2019) Computer. https://www.kompass-nachhaltigkeit.de/produktsuche/computer/. Zugegriffen: 8. Juni 2019

Konica Minolta (2018) Integrated report 2018. https://www.konicaminolta.com/shared/changeable/investors/include/ir_library/ar/ar2018/pdf/konica_minolta_ar2018_e_06.pdf. Zugegriffen: 24. Aug. 2019

Konica Minolta (2019a) Klimaneutrales Drucken. https://www.konicaminolta.de/de-de/services/klimaneutrales-drucken. Zugegriffen: 24. Aug. 2019

Konica Minolta (2019b) Konica Minolta celebrates 4 years of enabling carbon neutrality, having so far offset over 16 million kg of CO_2. https://newsroom.konicaminolta.eu/konica-minolta-celebrates-4-years-of-enabling-carbon-neutrality-having-so-far-offset-over-16-million-kg-of-co2/. Zugegriffen: 24. Aug. 2019

Konrad Adenauer Stiftung (2018) Künstliche Intelligenz. Häufig gestellte Fragen. https://www.kas.de/documents/252038/3346186/K%C3%BCnstliche+Intelligenz+-+H%C3%A4ufig+gestellte+Fragen.pdf/9d4a4e1a-89f4-677a-1e9f-7ebdd617cfbf?version=1.0&t=1542118034191. Zugegriffen: 14. Sept. 2019

Köver C (2019) Firmen verleihen sich selbst ein Gütesiegel für Künstliche Intelligenz. Netzpolitik.org vom 27.03.2019. https://netzpolitik.org/2019/firmen-verleihen-sich-selbst-ein-guetesiegel-fuer-kuenstliche-intelligenz/. Zugegriffen: 13. Sept. 2019

KPMG (2014) Sustainable Insight. The essentials of materiality assessment. https://assets.kpmg/content/dam/kpmg/pdf/2014/10/materiality-assessment.pdf. Zugegriffen: 8. Juni 2019

Kreye A (2019) Es ist Zeit, sich gegen Dauerüberwachung zu wehren. Daten schützen vs. Daten nutzen. Süddeutsche Zeitung vom 13.09.2019. https://www.sueddeutsche.de/digital/social-scoring-datenschutz-privatsphaere-pro-und-contra-1.4598029. Zugegriffen: 14. Sept. 2019

Kröhling A (2016) Digitalisierung – Technik für eine nachhaltige Gesellschaft? In: Hildebrandt A, Landhäußer W (Hrsg) CSR und Digitalisierung. Springer, Berlin, S 44–49

Krüger T (2017) Digitale Teilhabe als Voraussetzung für soziale Teilhabe. Keynote zum DIVSI-Bucerius Forum in Hamburg am 11.05.2017. http://www.bpb.de/presse/248495/digitale-teilhabe-als-voraussetzung-fuer-soziale-teilhabe-hamburg-11-mai-2017. Zugegriffen: 8. Juni 2019

Kuhlen R (2002) Napsterisierung und Venterisierung: Bausteine zu einer politischen Ökonomie des Wissens. Prokla Z kritische Sozialwissenschaft 126:57–88. http://www.prokla.de/index.php/PROKLA/article/view/713/679. Zugegriffen: 8. Juni 2019

Kuhn J (2018) Digitale Gesellschaft: Sehnsucht nach Menschlichkeit. Süddeutsche Zeitung vom 20.02.2018. https://www.sueddeutsche.de/kultur/digitale-gesellschaft-sehnsucht-nach-mensch-lichkeit-1.3875056. Zugegriffen: 14. Sept. 2019

Lange S, Santarius T (2018) Smarte grüne Welt? Digitalisierung zwischen Überwachung. Konsum und Nachhaltigkeit, Oekom

Lee C, Zong J (2019) Consent is not an ethical rubber stamp. Slate vom 30.08.2019. https://slate.com/technology/2019/08/consent-facial-recognition-data-privacy-technology.html. Zugegriffen: 14. Sept. 2019

Lesch H (2017) Frag den Lesch. Komplex oder kompliziert – was macht den Unterschied? Beitrag in ZDF.de Wissen vom 24.07.2017. https://www.zdf.de/wissen/frag-den-lesch/komplex-oder-kompliziert---was-macht-den-unterschied-100.html. Zugegriffen: 14. Sept. 2019

Lin-Hi N (2018a) Corporate social responsibility. Revision vom 19.02.2018. In: Gabler Wirt-schaftslexikon (Hrsg) Das Wissen der Experten. Springer Gabler, Wiesbaden. https://wirt-schaftslexikon.gabler.de/definition/corporate-social-responsibility-51589/version-274750. Zugegriffen: 1. Aug. 2019

Lin-Hi N (2018b) Greenwashing. Revision vom 19.02.2018. In: Gabler Wirtschaftslexikon (Hrsg) Das Wissen der Experten. Springer Gabler, Wiesbaden. https://wirtschaftslexikon.gabler.de/definition/greenwashing-51592/version-274753. Zugegriffen: 1. Aug. 2019

Lobo S (2012) Die größte digitale Lüge. Spiegel Online vom 13.03.2012. https://www.spiegel.de/netzwelt/web/die-grosse-agb-luege-im-internet-a-820864.html. Zugegriffen: 1. Aug. 2019

Lobo S (2017) Du willst es doch auch. Oder? Spiegel Online vom 11.10.2017. https://www.spie-gel.de/netzwelt/web/nudging-sascha-lobo-ueber-das-prinzip-nudging-im-digitalen-zeital-ter-a-1172423.html. Zugegriffen: 8. Juni 2019

Lock I, Seele P (2017) Theorizing stakeholders of sustainability in the digital age. Sustainability Science 12:235–245. https://link.springer.com/article/10.1007%2Fs11625-016-0404-2. Zuge-griffen: 8. Febr. 2019

Lomborg B (2016) Die globale Ungleichheit sinkt. Frankfurter Allgemeine Zeitung vom 08.03.2016. https://www.faz.net/aktuell/wirtschaft/arm-und-reich/die-globale-ungleichheit-sinkt-14106048.html. Zugegriffen: 8. Juni 2019

Lotter D, Braun J (2010) Der CSR Manager. Unternehmensverantwortung in der Praxis. Forum nachhaltig wirtschaften, München

Lüdeke-Freund F, Carroux S, Joyce A, Massa L, Breuer H (2018) The sustainable business model pat-tern taxonomy – 45 patterns to support sustainability-oriented business model innovation. Sustain Prod Consum 15:145–162. https://www.researchgate.net/profile/Florian_Luedeke-Freund/publica-tion/325957687_The_Sustainable_Business_Model_Pattern_Taxonomy_-_45_Patterns_to_Sup-port_Sustainability-Oriented_Business_Model_Innovation/links/5bd4ae1b92851c6b27931353/The-Sustainable-Business-Model-Pattern-Taxonomy-45-Patterns-to-Support-Sustainability-Orien-ted-Business-Model-Innovation.pdf. Zugegriffen: 20. Juli 2019

Luki e. V. (2019) Digitale Nachhaltigkeit. https://digitale-nachhaltigkeit.net/. Zugegriffen: 8. Juni 2019

Malteser (2019) Teilen statt Kaufen: Sharing Economy. https://www.malteser.de/aware/hilfreich/sharing-economy-wie-die-wirtschaft-des-teilens-funktioniert.html. Zugegriffen: 8. Juni 2019

Mantelero A (2018) AI and Big Data: a blueprint for a human rights, social and ethical impact assessment. Comput Law Secur Rev 4:754–772. https://www.sciencedirect.com/science/article/pii/S0267364918302012. Zugegriffen: 13. Juli 2019

Masci D (2016) Human enhancement. The scientific and ethical dimensions of striving for perfection. https://www.pewresearch.org/science/2016/07/26/human-enhancement-the-scientific-and-ethical-dimensions-of-striving-for-perfection/. Zugegriffen: 14. Sept. 2019

Massachuttes Institute of Technology (2019) Moral machine. http://moralmachine.mit.edu/hl/de. Zugegriffen: 13. Juli 2019

Meedia (2018) Time well spent: So wollen Facebook und Instagram die „psychische Gesundheit" der Nutzer schützen. https://meedia.de/2018/08/01/time-well-spent-so-wollen-facebook-und-instagram-die-psychische-gesundheit-der-nutzer-schuetzen/. Zugegriffen: 8. Juni 2019

Meier C (2017) „Wir schaden uns, wenn wir Technologie dämonisieren". Welt vom 14.08.2017. https://www.welt.de/kultur/article167658045/Wir-schaden-uns-wenn-wir-Technologie-daemonisieren.html. Zugegriffen: 19. Jan. 2018

Microsoft (2019a) KI für einen guten Zweck. https://www.microsoft.com/de-de/ai/ai-for-good. Zugegriffen: 14. Sept. 2019

Microsoft (2019b) Store. Turtle! https://www.microsoft.com/de-de/p/turtle/9wzdncrdlznj?activetab=pivot:overviewtab. Zugegriffen: 6. Sept. 2019

Mihr C (2018) Das NetzDG ist gut gemeint, aber schlecht gemacht. Die Netzdebatte. Bundeszentrale für politische Bildung. https://www.bpb.de/dialog/netzdebatte/265013/das-netzdg-ist-gut-gemeint-aber-schlecht-gemacht. Zugegriffen: 8. Juni 2019

Mingay S, Pamlin D (2010) Gartner and WWF Assess Low-Carbon and Environmental Leadership in the ICT Industry 2010. In: Gartner (Hrsg) Analysts discuss sustainability at Gartner Symposium/ITxpo 2010, November 8–11. Gartner, Cannes

Misereor (2019) Konfliktrohstoff Coltan: High-Tech auf dem Rücken der Armen. https://www.misereor.de/informieren/rohstoffe/coltan/. Zugegriffen: 8. Juni 2019

Monnappa A (2018) How Facebook is using big data – the good, the bad, and the ugly. Simplilearn vom 06.07.2018. https://www.simplilearn.com/how-facebook-is-using-big-data-article. Zugegriffen: 8. Juni 2019

Morgan Stanley (2018) The gig economy goes global. Morgan stanley research vom 04.06.2018. https://www.morganstanley.com/ideas/freelance-economy. Zugegriffen: 8. Juni 2019

Mühlner J (2017) Corporate Digital Responsibility: Verantwortung in der digitalen Gesellschaft. Forum Europrofession. https://charta-digitale-vernetzung.de/app/uploads/2018/01/20170504_Forum_Europrofession_CDR_Unternehmensverantwortung_in_einer_digitalen_Welt_M%C3%BChlner_final_16-9.pdf. Zugegriffen: 24. Jan. 2019

Müller B (2019) Siri, hol schon mal den Wagen! Süddeutsche Zeitung vom 22.07.2019. https://www.sueddeutsche.de/wirtschaft/siri-alexa-beliebteste-befehle-1.4533486. Zugegriffen: 14. Sept. 2019

Müller-Friemauth F, Kühn R (2016) Silicon Valley als unternehmerische Inspiration: Zukunft rforschen – Wagnisse eingehen – Organisationen entwickeln. Springer, Wiesbaden

Müller L-S, Andersen N (2017) Denkimpuls digitale Ethik: Warum wir uns mit Digitaler Ethik beschäftigen sollten – Ein Denkmuster. Initiative D21. https://initiatived21.de/publikationen/denkimpulse-zur-digitalen-ethik/. Zugegriffen: 1. Aug. 2019

Mumme T (2019) US-Konzerne stoppen umstrittene Auswertungspraxis. Der Tagesspiegel vom 03.08.2019. https://www.tagesspiegel.de/wirtschaft/google-siri-und-alexa-us-konzerne-stoppen-umstrittene-auswertungspraxis/24865848.html. Zugegriffen: 9. Aug. 2019

Nachhaltig.digital (2018) Kompetenzplattform für Nachhaltigkeit und Digitalisierung im Mittelstand. https://nachhaltig.digital/. Zugegriffen: 15. Juni 2019

Nagels P (2017) So soll unser Verhalten optimiert werden, ohne dass wir es merken. Welt vom 12.12.2017. https://www.welt.de/kmpkt/article171416289/So-soll-unser-Verhalten-optimiert-werden-ohne-dass-wir-es-merken.html. Zugegriffen: 8. Juni 2019

Nager IT (2019) Lieferkette. https://www.nager-it.de/static/pdf/lieferkette.pdf. Zugegriffen: 8. Juni 2019

Narberhaus M, von Mitschke-Collande J (2017) Circular economy isn't a magical fix for our environmental woes. The Guadian vom 14.07.2017. https://www.theguardian.com/sustainable-business/2017/jul/14/circular-economy-not-magical-fix-environmental-woes-global-corporations. Zugegriffen: 8. Juni 2019

Nationales E-Government Kompetenzzentrum (2018) Digitale Mündigkeit. Eine Analyse der Fähigkeiten der Bürger in Deutsch-land zum konstruktiven und souveränen Umgang mit digitalen Räumen. Abschlussbericht. https://negz.org/wp-content/uploads/2018/06/NEGZ-ISPRAT-Studie-Dig-M%C3%BCnd-Abschlussbericht.pdf. Zugegriffen: 8. Juni 2019

Naumann M (2018) Facebook-Alternative: Soziale Netzwerke im Überblick. Utopia vom 01.07.2018. https://utopia.de/ratgeber/facebook-alternative-soziale-netzwerke-im-ueberblick/. Zugegriffen: 8. Juni 2019

Netzwerk Leichte Sprache (2013) Die Regeln für Leichte Sprache. http://www.leichte-sprache.de/dokumente/upload/21dba_regeln_fuer_leichte_sprache.pdf. Zugegriffen: 8. Juni 2019

Neue Zürcher Zeitung (2018) Airbnb schafft ersten Jahresgewinn. Beitrag vom 26.01.2018. https://www.nzz.ch/wirtschaft/airbnb-schafft-ersten-jahresgewinn-ld.1351326. Zugegriffen: 14. Sept. 2019

Nominacher M (2018) Digitalisierung gerecht be-steuern. Deutsche Gesellschaft für die Vereinten Nationen vom 13.12.2018. https://dgvn.de/meldung/digitalisierung-gerecht-be-steuern/. Zugegriffen: 8. Juni 2019

Obar JA, Oeldorf-Hirsch A (2018) The biggest lie on the internet: ignoring the privacy policies and terms of service policies of social networking services. Inform Commun Soc, S 1–20. http://dx.doi.org/10.2139/ssrn.2757465. Zugegriffen: 14. Sept. 2019

OECD (2011) OECD-Leitsätze für multinationale Unternehmen Neufassung 2011. OECD Publishing. https://www.oecd-ilibrary.org/docserver/9789264122352-de.pdf?expires=1562409879&id=id&accname=guest&checksum=03C8CE7ADAF6C70F564155A018D5283E. Zugegriffen: 6. Juli 2019

OECD (2018) Business models for the circular economy opportunities and challenges from a policy perspective. Policy Highlights. https://www.oecd.org/environment/waste/policy-highlights-business-models-for-the-circular-economy.pdf. Zugegriffen: 8. Juni 2019

Orange by Handelsblatt (2019) Wie Uber täglich 10 Millionen Euro Verlust einfährt. Beitrag vom 05.06.2019. https://orange.handelsblatt.com/artikel/61372. Zugegriffen: 14. Sept. 2019

Oroverde (2019) Papier. Was Papierverbrauch mit Regenwald zu tun hat. https://www.regenwald-schuetzen.org/verbrauchertipps/papier/. Zugegriffen: 24. Aug. 2019

Osterwalder A, Pigneur Y (2010) Business model generation. A handbook for visionaries, game changers, and challengers. Wiley, Hoboken

Otto P, Graf E (2017) 3TH1CS. Die Ethik der digitalen Zeit. Irightsmedia, Berlin

Our world in data (2019) Global income inequality. https://ourworldindata.org/global-economic-inequality. Zugegriffen: 8. Juni 2019

PACE Magazin (2018) So funktionieren selbstfahrenden Autos. Beitrag vom 12.04.2018. https://www.pace.car/de/magazin/smartcars/sind-selbstfahrende-autos-die-zukunft. Zugegriffen: 14. Sept. 2019

Paderta D, Dörr S (2019) Ethics Inside. Digitale Produkte und Dienste wertesensibel gestalten. Wertelabor. https://wertelabor.de/. Zugegriffen: 13. Juli 2019

Pardes A (2018) Silicon valley writes a playbook to help avert ethical disasters. Wired vom 08.07.2018. https://www.wired.com/story/ethical-os/. Zugegriffen: 13. Juli 2019

Petersen H (2015) Innerbetriebliches Nachhaltigkeitsmanagement. Fernstudienbrief Nr. 2 im Modul: Betriebliches Nachhaltigkeitsmanagement. Interdisziplinäres Fernstudium Umweltwissenschaften (infernum). FernUniversität in Hagen und Fraunhofer UMSICHT, Hagen und Oberhausen

Photoindustrie-Verband (2019) Absatz von Sofortbild-Kameras in Deutschland von 2013 bis 2018 (in 1.000 Stück). Statista. Statista GmbH. https://de.statista.com/statistik/daten/studie/810354/umfrage/absatz-von-sofortbild-kameras-in-deutschland/. Zugegriffen: 14. Sept. 2019

Pickshaus K (2018) Industrie 4.0 Reine Rationalisierung oder Chance zur Humanisierung? http://klaus-pickshaus.de/wp-content/uploads/2018/09/Industrie-4-0_neu_kairos.pdf. Zugegriffen 14. Sept. 2019

Popoveniuc B (2013) Pro and cons singularity: Kurzweil's theory and its critics. ACM Int Conf Proc Ser. https://doi.org/10.1145/2466816.2466848

Porter M, Kramer MR (2006) Strategy & society. The link between competitive advantage and corporate social responsibility. Harv Bus Rev 84:78–92

Porter M, Kramer MR (2011) Creating shared value. Harv Bus Rev. http://hbr.org/2011/01/the-big-idea-creating-shared-value. Zugegriffen: 20. Juli 2019

PricewaterhouseCoopers (2019) Digitale Ethik 2019. Studie. https://www.pwc.de/de/management-beratung/berichtsband-digitale-ethik-vorabversion.pdf. Zugegriffen: 14. Sept. 2019

Rat für nachhaltige Entwicklung (2006) Unternehmerische Verantwortung in einer globalisierten Welt – Ein deutsches Profil der Corporate Social Responsibility. Texte Nr 17

Reputation Institute (2018) Raising the Stakes on Corporate Responsibility.Global CR RepTrak® 100. https://insights.reputationinstitute.com/reptrak-reports/2018-global-csr-100-reptrak-data. Zugegriffen: 1. Aug. 2019

Responsible Business Alliance (2018) Verhaltenskodex der Responsible Business Alliance. http://www.responsiblebusiness.org/media/docs/RBACodeofConduct6.0_German.pdf. Zugegriffen: 13. Juli 2019

Retzbach J (2018) Die Filterblase im Kopf. Spektrum vom 30.10.18. https://www.spektrum.de/magazin/filterblasen-algorithmen-sind-nicht-das-problem/1597144. Zugegriffen: 8. Juni 2019

Richard R, Limbacher E-L, Engelhardt,T (2017) Analyse der mit erhöhten IT-Einsatz verbundenen Energieverbräuche. Status Quo und Prognosen. Deutsche Energie-Agentur. https://www.dena.de/fileadmin/dena/Dokumente/Pdf/9232_dena-Metastudie_Analyse_IT-Einsatz_Energiever-braeuche_Digitalisierung.pdf. Zugriffen: 8. Juni 2019

Richters K (2018) Lakestar und Burda investieren 16 Millionen in Nebenan.de. Gründerszene vom 22. März 2018. https://www.gruenderszene.de/allgemein/nebenan-vollmann-finanzierung-2018. Zugegriffen: 1. Aug. 2019

Rifkin J (2014) Die Null-Grenzkosten-Gesellschaft. Das Internet der Dinge, kollaboratives Gemeingut und der Rückzug des Kapitalismus. Campus, Frankfurt a. M.

Rohde N (2018) Gütekriterien für algorithmische Prozesse Eine Stärken- und Schwächenanalyse ausgewählter Forderungskataloge. Arbeitspapier. Bertelsmann Stiftung. https://www.bertels-mann-stiftung.de/fileadmin/files/BSt/Publikationen/GrauePublikationen/Guetekriterienalgorith-mischeProzesse29062018.pdf. Zugegriffen: 8. Sept. 2019

Rosa H (2017) Resonanzen im Zeitalter der Digitalisierung. Medienj 1:16–25. http://www.ogk.at/wp-content/uploads/2017/05/MedienJournal-1_-2017_H.-Rosa.pdf. Zugegriffen: 24. Jan. 2019

Rosling H (2010) Hans Rosling's 200 countries, 200 years, 4 minutes. Joy of Stats. BBC. https://www.youtube.com/watch?v=jbkSRLYSojo. Zugegriffen: 8. Juni 2019

Russ-Mohl S (2019) Von der Aufmerksamkeits-Ökonomie zur desinformierten Gesellschaft? Bundeszentrale für politische Bildung. https://www.bpb.de/gesellschaft/digitales/digitale-des-information/290484/von-der-aufmerksamkeits-oekonomie-zur-desinformierten-gesellschaft. Zugegriffen: 8. Juni 2019

Sacasas LM (2019). The easy way out. How the pursuit of convenience produces new forms of inconvenience. Reallife vom 24.06.2019. https://reallifemag.com/the-easy-way-out/. Zugegriffen: 28. Juni 2019

SAI Global (2019) 2019 SAI global reputational trust index. https://www.saiglobal.com/hub/whitepapers/2019-sai-global-reputation-trust-index-executive-summary. Zugegriffen: 7. Aug. 2019

Samulat P (2018) Die Digitalisierung der Welt. Wie das industrielle Internet der Dinge aus Produkten Services macht. Springer Gabler, Berlin

SAP (2018) Die Grundsätze für Künstliche Intelligenz von SAP. https://news.sap.com/germany/2018/09/ethische-grundsaetze-kuenstliche-intelligenz/. Zugegriffen: 9. Febr. 2019

Sarkar A (2016) We live in a VUCA World: the importance of responsible leadership. Dev Learn Organ Int J30:9–12. https://www.researchgate.net/publication/303317070_We_live_in_a_VUCA_World_the_importance_of_responsible_leadership. Zugegriffen: 13. Juli 2019

Sattelberger T (2015) Abhängiger oder souveräner Unternehmensbürger – der Mensch in der Aera der Digitalisierung. In: Sattelberger T, Welpe I, Boes A (Hrsg) Das demokratische Unternehmen: Neue Arbeits- und Führungskulturen im Zeitalter digitaler Wirtschaft. Haufe-Lexware, Freiburg, S 33–53

Sawyer RJ (2019) AI and Sci-Fi: My, Oh, My! Lifeboat Foundation. https://lifeboat.com/ex/ai.and.sci-fi. Zugegriffen: 8. Juni 2019

Schaltegger S, Burritt R (2005) Corporate sustainability. In: Folmer H, Tietenberg T (Hrsg) The international yearbook of environmental and resource economics 2005/2006: a survey of current issues. Edward Elgar, Cheltenham, S 185–222

Schaltegger S, Hasenmüller P (2005) Nachhaltiges Wirtschaften aus Sicht des „Business Case of Sustainability". Ergebnispapier zum Fachdialog des Bundesumweltministeriums (BMU) am 17. November 2005. Center for Sustainability Management. Leuphana Universität, Lüneburg. http://m.bmu.de/fileadmin/Daten_BMU/Download_PDF/Wirtschaft_und_Umwelt/fachdialog_nachhaltiges_wirtschaften.pdf. Zugegriffen: 11. Juli 2019

Schaltegger S, Petersen H (2017) Die Rolle des Nachhaltigkeitsmanagements in der Digitalisierung. In: B.A.U.M. e. V. (2017) Jahrbuch Digitalisierung und Nachhaltigkeit, S 17–20

Schaltegger S, Wagner M (2006) Managing und measuring the business case for sustainability. In: Schaltegger S, Wagner M (Hrsg) Managing the business case for sustainability. Greenleaf, Sheffield, S 1–28

Schaltegger S, Burritt R, Petersen H (2003) An Introduction to corporate environmental management. Striving for sustainability. Greenleaf, Sheffield

Schaltegger S, Herzig C, Kleiber O, Klinke T, Müller J (2007) Nachhaltigkeitsmanagement in Un-ternehmen. Von der Idee zur Praxis Managementansätze zur Umsetzung von Corporate Social Responsibility und Corporate Sustainability. 3. Aufl. Center for Sustainability Management. Leuphana Universität, Lüneburg

Schaltegger S, Hörisch J, Windolph SE, Harms D (2010) Corporate Sustainability Barometer. Wie nachhaltig agieren Unternehmen in Deutschland? Centre for Sustainability Management. Leuphana Universität, Lüneburg

Schaub H (2005) Störungen und Fehler beim Denken und Problemlösen. In: Funke J (Hrsg) Denken und Problemlösen. Enzyklopädie der Psychologie, Göttingen. S 447–482. https://www.psychologie.uni-heidelberg.de/ae/allg/enzykl_denken/Enz_09_Schaub.pdf. Zugegriffen: 26. Juli 2019

Schäuble W (2017) Grußwort. In: Hildebrandt A, Landhäußer W (Hrsg) CSR und Digitalisierung. Springer, Berlin, S XXV–XXVIII

Scheibler D (2016) Open Data: Deutsche Bahn startet Datenportal. ZRB – Der Zugreiseblog. https://www.zugreiseblog.de/open-data-deutsche-bahn-startet-datenportal/. Zugegriffen: 1. Aug. 2019

Schiel A, Seidel A (2019) Menschpunktnull. https://digihuman.org/. Zugegriffen: 8. Juni 2019

Schilder K, Forstater M (2018) Sollen Konzerne ihre Steuerzahlungen veröffentlichen? Weltsichten vom 27.02.2018. https://www.welt-sichten.org/artikel/33308/sollen-unternehmen-ihre-steuerzahlungen-veroeffentlichen. Zugegriffen: 8. Juni 2019

Schlatt V, Schweizer A, Urbach N, Fridgen G (2016) Blockchain: Grundlagen, Anwendungen und Potenziale. Whitepaper. Fraunhofer-Institut für Angewandte Informationstechnik. https://www.fit.fraunhofer.de/content/dam/fit/de/documents/Blockchain_WhitePaper_Grundlagen-Anwendungen-Potentiale.pdf. Zugegriffen: 8. Juni 2019

Schmidt H (2018) Großunternehmen profitieren am stärksten von Digitalisierung. https://www.netzoekonom.de/2018/05/08/grossunternehmen-profitieren-am-staerksten-von-digitalisierung/. Zugegriffen: 24. Jan. 2019

Schmidtpeter R (2017) Digitalisierung – die schöpferische Kraft der Zerstörung mit Verantwortung managen. In: Hildebrandt A, Landhäußer W (Hrsg) CSR und Digitalisierung. Springer, Berlin, S 595–602

Schmiester D (2018) Digitaler Zahlungsverkehr. Schwedens Weg in die (fast) bargeldlose Gesellschaft. Deutschlandfunk vom 24.07.2018. https://www.deutschlandfunk.de/digitaler-zahlungsverkehr-schwedens-weg-in-die-fast.1773.de.html?dram:article_id=423655. Zugegriffen: 14. Sept. 2019

Schmiester D (2019) Digitalisierung. Estland setzt auf eine Zukunft ohne Papier. Deutschlandfunk vom 21.08.2019. https://www.deutschlandfunkkultur.de/digitalisierung-estland-setzt-auf-eine-zukunft-ohne-papier.979.de.html?dram:article_id=456906. Zugegriffen: 14. Sept. 2019

Schneemelcher P, Dittrich P-J (2019) Nutzer, Daten, Netzwerke. Ein Vorschlag zur Besteuerung der Digitalwirtschaft im europäischen Binnenmarkt. Policy Paper vom 06.03.2019. Bertelsmann Stiftung and the Jacques Delors Institute, Berlin. https://www.bertelsmann-stiftung.de/fileadmin/files/BSt/Publikationen/GrauePublikationen/EZ_JDI_BST_Policy_Paper_Digitalbesteuerung_2019_DT.pdf. Zugegriffen: 8. Juni 2019

Schneider A (2012) Reifegradmodell CSR – eine Begriffserklärung und -abgrenzung. In: Schneider A, Schmidtpeter R (Hrsg) Corporate Social Responsibility. Verantwortungsvolle Unternehmensführung in Theorie und Praxis. Springer Gabler, Heidelberg, S 17–38

Schössler M (2018) Plattformökonomie als Organisationsform zukünftiger Wertschöpfung. Chancen und Herausforderungen für den Standort Deutschland. Friedrich-Ebert-Stiftung, Bonn. http://library.fes.de/pdf-files/wiso/14756.pdf. Zugegriffen: 8. März 2019

Schrader U, Muster V, Harrach C, Schmidt-Keilich M, Schäfer M, Süßbauer E, Blazejewski S, Buhl A (2018) Design Thinking für Nachhaltigkeitsinnovation. http://www.nachhaltigkeitsinnovation.de/. Zugegriffen: 13. Juli 2019

Schreiber F, Becker A, Göppert H, Schnur O (2017) Digital vernetzt und lokal verbunden? – Nachbarschaftsplattformen als Potenziale für sozialen Zusammenhalt und Engagement. Forum Wohnen und Stadtentwicklung 4:211–216. https://www.vhw.de/fileadmin/user_upload/08_publikationen/verbandszeitschrift/FWS/2017/4_2017/FWS_4_17_Digital_vernetzt_und_lokal_verbunden_F._Schreiber_et_al.pdf. Zugegriffen: 1. Aug. 2019

Schüler D (2019) Seltene Erden – Potenziale für Effizienz und Recycling. Öko-Institut e. V. https://www.oeko.de/forschung-beratung/themen/rohstoffe-und-recycling/seltene-erden-potenziale-fuer-effizienz-und-recycling/. Zugegriffen: 8. Juni 2019

Schwegler P (2018) „True Media": Fünf Verlage machen sich für Qualität stark. W&V vom 20.11.2018. https://www.wuv.de/medien/true_media_fuenf_verlage_machen_sich_fuer_qualitaet_stark. Zugegriffen: 8. Juni 2019

Schweitzer H, Peitz M (2018) Datenmärkte in der digitalisierten Wirtschaft: Funktionsdefizite und Regelungsbedarf? ZEW Discussion Papers 17-043 http://hdl.handle.net/10419/170697. Zugegriffen: 20. Febr. 2019

SDG Compass (2019) Inventory of Business Indicators. https://sdgcompass.org/business-indicators/. Zugegriffen: 1. Sept. 2019

Seele P (2016) Envisioning the digital sustainability panopticon: a thought experiment how big data may help advancing sustainability in the digital age. Sustain Sci 11:845–854. https://doi.org/10.1007/s11625-016-0381-5. Zugegriffen: 8. Juni 2019

Seele P (2017) Predictive sustainability control: a review assessing the potential to transfer big data driven ‚predictive policing' to corporate sustainability management. J Clean Prod 153:637–686. https://doi.org/10.1016/j.jclepro.2016.10.175. Zugegriffen: 8. Juni 2019

Seele P, Gatti L (2017) Greenwashing revisited. In search for a typology and accusation-based definition incorporating legitimacy strategies. Bus Strategy Environ 26:239–252. https://doi.org/10.1002/bse.1912. Zugegriffen: 8. Juni 2019

Seele P, Lock I (2017). The game-changing potential of digitalization for sustainability: possibilities, perils, and pathways. Sustain Sci 12:183–185. https://www.researchgate.net/publication/313790844_The_game-changing_potential_of_digitalization_for_sustainability_possibilities_perils_and_pathways. Zugegriffen: 8. Juni 2019

Seele P, Zapf L (2017) Die Rückseite der Cloud – Eine Theorie des Privaten ohne Geheimnis. Springer, Heidelberg.

Seibel K (2019) Steuer gegen Google, Amazon und Facebook ist gescheitert. Welt vom 12.03.2019. https://www.welt.de/wirtschaft/webwelt/article190209973/Digitalsteuer-fuer-Amazon-und-Co-ist-gescheitert.html. Zugegriffen: 8. Juni 2019

Seidel A (2019) Digitalisierung als informatisierte Energie – Über Risiken der digitalen Zukunft im Kontext der Energiewende. In: Schiel A, Seidel A (Hrsg) Menschpunktnull, S 83–106. https://digihuman.org/. Zugegriffen: 8. Juni 2019

Sharkley A (2019) Autonomous weapons systems, killer robots and human dignity. Ethics Inf Technol 21:75–87

Sidewalk Talk (2019) You talk. We listen. https://www.sidewalk-talk.org. Zugegriffen: 14. Sept. 2019

Simonite T (2018) When it comes to gorillas, google photos remains blind. Wired vom 01.11.2018. https://www.wired.com/story/when-it-comes-to-gorillas-google-photos-remains-blind/. Zugegriffen: 14. Sept. 2019

Smart-Data-Begleitforschung (2018) Corporate Digital Responsibility. Fachgruppe Wirtschaftliche Potenziale und gesellschaftliche Akzeptanz. https://www.digitale-technologien.de/DT/Redaktion/DE/Downloads/Publikation/2018_02_smartdata_corporate_digital_responsibility.pdf?__blob=publicationFile&v=8. Zugegriffen: 15. Juni 2018

Sommer M (2018) AWA 2018. Aktuelle Konsumtrends: Luxus, Nachhaltigkeit und Gesundheit. Allensbach Institut für Demoskopie. https://www.ifd-allensbach.de/fileadmin/AWA/AWA_Praesentationen/2018/AWA_2018_Sommer_Konsumtrends_Handout.pdf. Zugegriffen: 8. Juni 2019

Sooth S, Tausch T (2017) DB Open Data. Erfahrungen aus 2 Jahren, 8 + Hackathons und 35 Mio. Datensätzen. https://open.nrw/sites/default/files/atoms/files/mob_tina_tausch_sebastian_sooth_db_open_data.pdf. Zugegriffen: 1. Aug. 2018

Sortino A (2018) „Liefern am Limit": Fahrradkuriere kämpfen für Arbeitnehmerrechte. Vorwärts vom 07.09.2018. https://www.vorwaerts.de/artikel/liefern-limit-fahrradkuriere-kaempfen-arbeitnehmerrechte. Zugegriffen: 8. Juni 2019

Speck A (2018) Kein Vertrauen in Internet-Giganten. https://www.springerprofessional.de/-/corporate-social-responsibility/internet/kein-vertrauen-in-internet-giganten/16236660. Zugegriffen: 24. Jan. 2019

Spektum (2019) Nicht-Linearität. Lexikon der Psychologie. https://www.spektrum.de/lexikon/psychologie/nicht-linearitaet/10576. Zugegriffen: 26. Juli 2019

Spiekermann S (2019) Digitale Ethik. Ein Wertesystem für das 21. Jahrhundert. Droemer, München

Spitz M (2017) Daten – das Öl des 21. Jahrhunderts? Nachhaltigkeit im digitalen Zeitalter. Hoffmann und Campe, Hamburg

Statista (2016) Anzahl der Internetnutzer, die auf einen virtuellen Sprachassistenten zurückgreifen in Deutschland im Jahr 2016 (in Millionen). Statista. Statista GmbH. https://de.statista.com/statistik/daten/studie/620225/umfrage/nutzung-von-sprachassistenten-in-deutschland/. Zugegriffen: 14. Sept. 2019

Statista (2017) Anteil der Personen in Deutschland, der sich vorstellen kann, ein selbstfahrendes Auto zu kaufen im Jahr 2017. https://de.statista.com/statistik/daten/studie/443124/umfrage/interesse-an-selbstfahrenden-autos-in-deutschland/. Zugegriffen: 9. Febr. 2019

Statista (2019) Umsatz und Nettoergebnis von Facebook weltweit in den Jahren 2007 bis 2018 (in Millionen US-Dollar). https://de.statista.com/statistik/daten/studie/217061/umfrage/umsatz-gewinn-von-facebook-weltweit/. Zugegriffen: 8. Juni 2019

Stiftung Datenschutz (2017) Datenschutzbezogene Zertifizierungen unter der DSGVO. https://stiftungdatenschutz.org/themen/datenschutzzertifizierung/zertifikate-uebersicht/. Zugegriffen: 8. Juni 2019

Stiftung Neue Verantwortung (2019) Digitalisierung braucht Zivilgesellschaft. https://www.stiftung-nv.de/de/publikation/digitalisierung-braucht-zivilgesellschaft. Zugegriffen: 9. Febr. 2019

Stilz M (2017) Als die Welt das Internet vergaß. In: betterplacelab (Hrsg) trendradar_2030. Ein Blick in die Zukunft der digitalen Technologien und wie sie unsere Welt besser machen können. https://www.trendradar.org/uploads/tx_betterplacelab/fce/Trendradar2030_Doppelseiten-WEB-DEUTSCH.pdf. Zugegriffen: 22. Febr. 2019

Strecker F (2017) Born in the Cloud – Start-ups in Deutschland. Silicon vom 20.11.2017. https://www.silicon.de/41663237/born-in-the-cloud-start-ups-in-deutschland. Zugegriffen: 13. Juli 2019

Stresing L (2013) Ein individueller Preis für jeden. Der Tagesspiegel vom 18.06.2013. https://www.tagesspiegel.de/themen/digitalisierung-ki/verbraucherschutz-ein-individueller-preis-fuer-jeden/8353500.html. Zugegriffen: 8. Juni 2019

Ströhl C (2017) Welche Online-Angebote in „Leichter Sprache" gibt es? Osnabrücker Zeitung vom 05.03.2017. https://www.noz.de/deutschland-welt/gut-zu-wissen/artikel/857514/welche-online-angebote-in-leichter-sprache-gibt-es-1. Zugegriffen: 8. Juni 2019

Stürmer M (2017) Digitale Nachhaltigkeit: Digitale Gemeingüter für die Wissensgesellschaft der Zukunft. IT Business 02/2017. https://www.parldigi.ch/wp-content/uploads/2017/07/Digitale-Nachhaltigkeit_ITbusiness2017.pdf. Zugegriffen: 8. Juni 2019

Stürmer M, Abu-Tayeh G, Myrach T (2017) Digital sustainability: basic conditions for sustainable digital artifacts and their ecosystems. Sustain Sci 12:247–262. https://link.springer.com/article/10.1007/s11625-016-0412-2. Zugegriffen: 8. Juni 2019

Suchanek A (2012) Vertrauen als Grundlage nachhaltiger unternehmerischer Wertschöpfung. In: Schneider A, Schmidtpeter R (Hrsg) Corporate Social Responsibility. Verantwortungsvolle Unternehmensführung in Theorie und Praxis. Springer Gabler, Heidelberg, S 55–66

Suchanek A, Lin-Hi N, Günther E (2018) Selbstverpflichtungen. Revision vom 19.02.2018. In: Gabler Wirtschaftslexikon (Hrsg) Das Wissen der Experten. Springer Gabler, Wiesbaden. https://wirtschaftslexikon.gabler.de/definition/selbstverpflichtungen-46564/version-269842. Zugegriffen: 13. Juli 2019

Sühlmann-Faul F, Rammler S (2018) Der blinde Fleck der Digitalisierung. Oekom, München

SustainAbility (2014) Model Behavior. 20 Business Model Innovations for Sustainability. http://sustainability.com/our-work/reports/model-behavior/. Zugegriffen: 13. Juli 2019

Tagesschau (2019) ARD-DeutschlandTrend: Grüne erstmals vor Union. 06.06.2019. https://www.tagesschau.de/inland/deutschlandtrend/index.html. Zugegriffen: 8. Juni 2019

Telefónica Deutschland (2019) Exklusive Studie zur Smartphone-Nutzung: Das Smartphone wird zum Mittelpunkt des persönlichen Entertainments. Presseportal vom 27.03.2019. https://www.presseportal.de/pm/56051/4229035. Zugegriffen: 8. Juni 2019

Testbirds (2019a) Code of Conduct. Grundsätze für bezahltes Crowdsourcing/Crowdworking. http://www.crowdsourcing-code.de/. Zugegriffen: 30. Aug. 2019

Testbirds (2019b) Verdiene Geld in Deiner Freizeit! https://nest.testbirds.com/home/tester. Zugegriffen: 1. Aug. 2019

Testbirds (2019c) Code of Conduct: Grundsätze für bezahltes Crowdsourcing bzw. Crowdworking. http://www.crowdsourcing-code.de/. Zugegriffen: 13. Juli. 2019

The Ethical Move (2019) Our stand. https://www.theethicalmove.org. Zugegriffen: 8. Juni 2019

The Institute for Ethical AI & Machine Learning (2019) The responsible machine learning principles. A practical framework to develop AI responsibly. https://ethical.institute/principles.html. Zugegriffen: 8. Juni 2019

The Marketing Journal (2017) „The Platform Revolution" – An interview with Geoffrey Parker and Marshall Van Alstyne. http://www.marketingjournal.org/the-platform-revolution-an-interview-with-geoffrey-parker-and-marshall-van-alstyne/. Zugegriffen: 8. Febr. 2019

Theuws M, van Huijstee M (2013) Corporate responsibility instruments. A comparison of the OECD guidelines, ISO 26000 und the UN global compact. https://www.somo.nl/wp-content/uploads/2013/12/Corporate-Responsibility-Instruments.pdf. Zugegriffen: 8. Juni 2019

ThingsCon (2019) The trustable technology. https://trustabletech.org/about/. Zugegriffen: 13. Juli 2019

Thorun C (2018) Corporate Digital Responsibility: Unternehmerische Verantwortung in der digitalen Welt. In: Gärtner C, Heinrich C (Hrsg) Fallstudien zur Digitalen Transformation. Springer Gabler, Wiesbaden. https://www.springerprofessional.de/corporate-digital-responsibility-unternehmerische-verantwortung-/15214480. Zugegriffen: 24. Jan. 2019

Thorun C, Kettner SE, Johannes Merck J (2018) Ethik in der Digitalisierung. Der Bedarf für eine Corporate Digital Responsibility. WISO direkt. Friedrich-Ebert-Stiftung, Bonn. http://library.fes.de/pdf-files/wiso/14691.pdf. Zugegriffen: 24. Jan. 2019

Tiemann I, Fichter K (2016) Geschäftsmodellentwicklung mit dem Sustainable Business Canvas. Carl von Ossietzky Universität, Oldenburg. https://uol.de/fileadmin/user_upload/wire/fachgebiete/innovation/download/Tiemann_Fichter_Workshopkonzept_SBC_2016_web.pdf. Zugegriffen: 20. Juli 2019

Tönnesmann J (2018) In guter Nachbarschaft. Soziale Netzwerke. Die Zeit vom 12. April 2018. https://www.zeit.de/2018/16/soziale-netzwerke-facebook-konkurrenz-datenschutz/. Zugegriffen: 1. Sept. 2019

Tractica (2019) Forecast growth of the artificial intelligence (AI) software market worldwide from 2019 to 2025. Statista. https://www.statista.com/statistics/607960/worldwide-artificial-intelligence-market-growth/. Zugegriffen: 8. Juni 2019

Trautwein C, Fichter K (2018) Leitfaden zur Nachhaltigkeitsbewertung von Start-ups. Ein Praxistool für Gründerteams, Investoren und Fördermittelgeber. GreenUp Invest. https://www.forum-ng.org/images/GreenUpInvest/GreenUpInvest_Leitfaden-zur-Nachhaltigkeitsbewertung_DE.pdf. Zugegriffen: 20. Juli 2019

Umweltbundesamt (2018) Einkommen, Konsum, Energienutzung, Emissionen privater Haushalte. https://www.umweltbundesamt.de/daten/private-haushalte-konsum/strukturdaten-privater-haushalte/einkommen-konsum-energienutzung-emissionen-privater#textpart-3. Zugegriffen: 8. Juni 2019

UN Global Compact Netzwerk Deutschland (2019) UN Global Compact. https://www.globalcompact.de/de/ueber-uns/dgcn-ungc.php?navid=539859539859. Zugegriffen: 6. Juli 2019

Ungson GR, Wong Y-Y (2008) Global strategic management. Routledge, New York

United Nations (2016) The promotion, protection and enjoyment of human rights on the Internet. Human Rights Council. General assembly of 30.06.2016. https://www.article19.org/data/files/Internet_Statement_Adopted.pdf. Zugegriffen: 6. Juli 2019

United Nations (2019) Sustainable Development Goals. https://www.un.org/sustainabledevelopment/. Zugegriffen: 1. Sept. 2019

United Nations Secretary-General (2018) Secretary-General's remarks at closing of High-Level Political Forum on Sustainable Development [as delivered]. 18.07.2019. https://www.un.org/sg/en/content/sg/statement/2018-07-18/secretary-generals-remarks-closing-high-level-political-forum. Zugegriffen: 13. Juli 2019

Upward A, Jones P (2015) An ontology for strongly sustainable business models. Defining an enterprise framework compatible with natural and social science. Organization & Environment 29:10. https://www.researchgate.net/publication/280920965_An_Ontology_for_Strongly_Sustainable_Business_Models_Defining_an_Enterprise_Framework_Compatible_With_Natural_and_Social_Science. Zugegriffen: 20. Juli 2019

Utopia (2018) Black Friday: 5 Gründe, warum du nicht mitmachen solltest. https://utopia.de/black-friday-gruende-dagegen-70963/. Zugegriffen: 20. Juli 2018

Ver.di (2018) Gemeinwohl in der digital vernetzten Gesellschaft: Wir arbeiten dran! https://www.verdi.de/themen/digitalisierungskongresse/kongress-2018. Zugegriffen: 9. Febr. 2019

Ver.di (2019) Persönlichkeitsrechte im Arbeitsleben. https://www.verdi.de/themen/digitalisierung/personlichkeitsrechte. Zugegriffen: 8. Juni 2019

Verbraucher Initiative e. V. (2019) Label online. Das Portal mit Informationen und Bewertungen zu Labels in Deutschland. https://label-online.de/. Zugegriffen: 13. Juli 2019

Verbraucherzentrale Nordrhein-Westfalen (2018) Stellungnahme der Verbraucherzentrale Nordrhein-Westfalen e. V. zur „Strategie für das digitale Nordrhein-Westfalen: Teilhabe ermöglichen – Chancen eröffnen" der Landesregierung Nordrhein-Westfalen. https://www.verbraucherzentrale.nrw/sites/default/files/2018-10/VZNRW_DigitalstrategieNRW_Stellungnahme.pdf. Zugegriffen: 7. Febr. 2019

Vereinte Nationen (1948) Allgemeine Erklärung der Menschenrechte. Generalversammlung vom 10.12.1948. https://www.un.org/depts/german/menschenrechte/aemr.pdf. Zugegriffen: 6. Juli 2019

Verivox (2019) Selbstverpflichtung zur Stärkung des Verbraucherschutzes auf digitalen Vergleichs- und Verbraucherplattformen. https://www.verivox.de/company/selbstverpflichtung/. Zugegriffen: 13. Juli 2019

Versammlung Eines Ehrbaren Kaufmanns (2019) Vision und mission. https://veek-hamburg.de/wp-content/uploads/2011/09/Vision-Mission_VEEK_Din-lang_6-Seiten_final.pdf. Zugegriffen: 14. Juni 2019

Vogt P, Jäpel M (2019) Steigert die Digitalisierung das Gemeinwohl? Informatik aktuell vom 12.02.2019. https://www.informatik-aktuell.de/management-und-recht/digitalisierung/steigert-die-digitalisierung-das-gemeinwohl.html#c27577. Zugegriffen: 8. Juli 2019

Von Gehlen D (2019) Zeit, in Sachen Datenschutz zu entspannen. Daten schützen vs. Daten nutzen. Süddeutsche Zeitung vom 13.09.2019. https://www.sueddeutsche.de/digital/datenschutz-ueberwachung-sozialkredit-privatsphaere-1.4598906. Zugegriffen: 14. Sept. 2019

Wagner FW (2017) Steuervermeidung und gesellschaftliche Verantwortung von Unternehmen. Eberhard-Karls-Universität, Tübingen und Universität Wien. https://www.ifu.ruhr-uni-bochum.de/mam/content/pdf/folien/9_11_17_folien_wagner.pdf. Zugegriffen: 8. Juli 2019

Waldrop MM (2016) The chips are down for Moore's law. Nature 530:144–147. https://www.nature.com/news/the-chips-are-down-for-moore-s-law-1.19338. Zugegriffen 14. Sept. 2019

Ward AF, Duke K, Gneezy A, Bos MW (2017): Brain drain: the mere presence of one's own smartphone reduces available cognitive capacity. J Assoc Consum Res 2(2017):140–154. https://www.journals.uchicago.edu/doi/abs/10.1086/691462. Zugegriffen: 8. Juni 2019

Wedde P (2016) Beschäftigtendatenschutz: Rechlicher Rahmen und Handlungsmöglichkeiten für Betriebsräte. Hans-Böckler-Stiftung MitbestimmungsPraxis 3: 5–18. https://www.boeckler.de/pdf/p_mbf_praxis_2016_003.pdf. Zugegriffen: 14. Sept. 2019

Weiss H (2018) Fast zum Nulltarif. Zeit Online vom 25. Februar 2018. https://www.zeit.de/2018/09/hightech-konzerne-umsatzsteuer-steuerausfall-europaeische-union. Zugegriffen: 8. Juni 2019

Welzer H (2017) Die smarte Diktatur. Der Angriff auf unsere Freiheit. Fischer, Frankfurt a. M.

Wertelabor (2019) Ethics Inside. Digitale Produkte und Service wertesensibel gestalten. https://wertelabor.de. Zugegriffen: 8. Juni 2019

Whelan T, Fink C (2016) The comprehensive business case for sustainability. Harv Bus Rev. https://hbr.org/2016/10/the-comprehensive-business-case-for-sustainability. Zugegriffen: 20. Febr. 2019

Wilke F (2018) Künstliche Intelligenz diskriminiert (noch). Zeit Online vom 18.10.2018. https://www.zeit.de/arbeit/2018-10/bewerbungsroboter-kuenstliche-intelligenz-amazon-frauen-diskriminierung. Zugegriffen: 14. Sept. 2019

Wilkens A (2015) Analog ist das neue Bio. Ein Plädoyer für eine menschliche digitale Welt. Bundeszentrale für politische Bildung, Bonn

Wilts H (2016) Deutschland auf dem Weg in die Kreislaufwirtschaft? Friedrich-Ebert-Stiftung. 06/2016. http://library.fes.de/pdf-files/wiso/12576.pdf. Zugegriffen: 8. Juni 2019

Wilts H (2018) Digitaler Kreislauf. Factory Magazin 1:9–16. https://www.factory-magazin.de/fileadmin/magazin/media/digitalisierung/digitalisierung_factory_1_2018_web.pdf. Zugegriffen: 8. Juni 2019

Wilts H, Berg H (2016) Digitale Kreislaufwirtschaft. Die Digitale Transformation als Wegbereiter ressourcenschonender Stoffkreisläufe. Wuppertal Institut. in brief 04/2017. https://epub.wupperinst.org/frontdoor/deliver/index/docId/6977/file/6977_Wilts.pdf. Zugegriffen: 15. März 2019

Wissenschaftlicher Beirat der Bundesregierung Globale Umweltveränderungen WBGU (2019) Unsere gemeinsame digitale Zukunft. Zusammenfassung. Berlin, WBGU. https://www.wbgu.de/fileadmin/user_upload/wbgu/publikationen/hauptgutachten/hg2019/pdf/WBGU_HGD2019_Z.pdf. Zugegriffen: 3. Mai 2019

Witfeld A, Friedberg M (2019) Update: Besteuerung der digitalen Wirtschaft – Fortschritte auf der Ebene der OECD/G20. CMS Deutschland bloggt vom 03.04.2019. https://www.cmshs-bloggt.de/steuerrecht/digitalsteuer-oecdg20-besteuerung-der-digitalen-wirtschaft/. Zugegriffen: 8. Juni 2019

Wittmann R (2019) Warum Achtsamkeit für Ihr Unternehmen wichtig ist. Haufe Akademie vom 29.07.2019. https://www.haufe-akademie.de/blog/themen/persoenliche-kompetenz/achtsamkeit-im-unternehmen/. Zugegriffen: 14. Sept. 2019

Wolff T, Yogheswar R (2019) Der große Umbruch. Wie künstliche Intelligenz unser Leben verändert. Reportage und Dokumentation in zwei Teilen. ARD Mediathek

World Commission on Environment and Development (1987) Report of the world commission on environment and development: our common future. A/42/427 Annex – UN Documents: gathering a body of global agreements: „Brundtland Report". https://sustainabledevelopment.un.org/content/documents/5987our-common-future.pdf. Zugegriffen: 1. Aug. 2019

World Economic Forum (2018a) Future of jobs report 2018. https://www.weforum.org/reports/the-future-of-jobs-report-2018. Zugegriffen: 8. Juni 2019

World Economic Forum (2018b) Artificial intelligence for the common good. https://weforum.ent.box.com/v/AI4Good. Zugegriffen: 9. Febr. 2019

Zarra A, Simonelli F, Lenaerts K, Luo M, Baiocco S, Ben S, Li W, Echikson W, Kilhoffer Z (2019) Sustainability in the age of platforms. Centre for European Policy Studies und Academy of Internet Finance, Zhejiang University. https://www.ceps.eu/wp-content/uploads/2019/06/Sustainability-in-the-Age-of-Platforms-2.pdf. Zugegriffen: 13. Juli 2019